国家科学技术学术著作出版基金资助出版

陆上无人系统行驶空间自主导航

DRIVING SPACE-BASED AUTONOMOUS NAVIGATION
FOR OVERLAND UNMANNED SYSTEM

付梦印　杨　毅　宋文杰◎编著

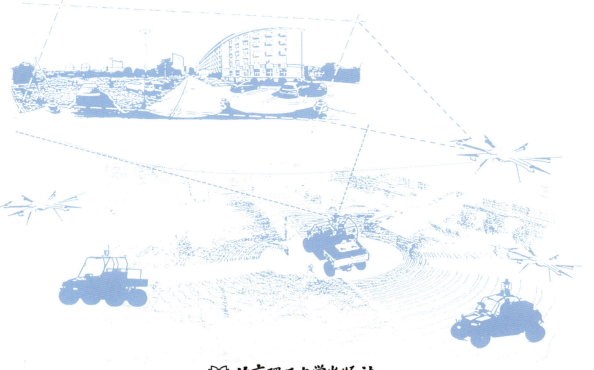

北京理工大学出版社
BEIJING INSTITUTE OF TECHNOLOGY PRESS

内容简介

自主导航是陆上无人系统实现智能化、协同化运行的核心关键技术，是一个综合性高、交叉性强、理论与实践紧密结合的研究领域。本书完整系统地提出并构建了适用于无人车、无人机等多类型平台的陆上无人系统自主导航技术体系，从系统架构、理论方法、关键技术、典型应用等方面进行了详细介绍。

本书可供从事无人系统自主导航技术研究的相关科研院所的专业技术人员和导航、控制、机器人等相关专业的研究生学习，也可为相关领域的研究人员提供理论与工程实践参考。

版权专有　侵权必究

图书在版编目（CIP）数据

陆上无人系统行驶空间自主导航／付梦印，杨毅，宋文杰编著. －－ 北京：北京理工大学出版社，2021.11
ISBN 978－7－5763－0391－9

Ⅰ. ①陆⋯ Ⅱ. ①付⋯ ②杨⋯ ③宋⋯ Ⅲ. ①无人值守 － 智能系统 － 导航 － 研究 Ⅳ. ①TP18

中国版本图书馆 CIP 数据核字（2021）第 195946 号

出版发行／	北京理工大学出版社有限责任公司
社　　址／	北京市海淀区中关村南大街5号
邮　　编／	100081
电　　话／	（010）68914775（总编室）
	（010）82562903（教材售后服务热线）
	（010）68944723（其他图书服务热线）
网　　址／	http://www.bitpress.com.cn
经　　销／	全国各地新华书店
印　　刷／	雅迪云印（天津）科技有限公司
开　　本／	710毫米×1000毫米　1/16
印　　张／	21.25
字　　数／	335千字
版　　次／	2021年11月第1版　2021年11月第1次印刷
定　　价／	136.00元

责任编辑／曾　仙
文案编辑／曾　仙
责任校对／周瑞红
责任印制／李志强

图书出现印装质量问题，请拨打售后服务热线，本社负责调换

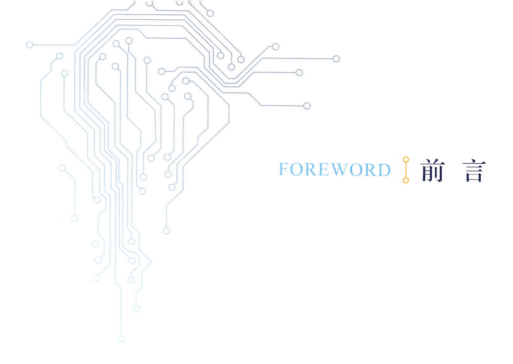

FOREWORD 前 言

随着信息革命向纵深推进,智能无人系统已在农业、医疗、教育、交通、安防和军事等领域得到广泛应用与发展。空中有无人机,地面有无人车,全域无人系统装备发展如火如荼,而不同空间或不同形式的无人平台均依赖于自主导航技术。面向复杂、动态、多约束的地面与近地面作业场景,需要构建适用于无人车、无人机等平台的陆上无人系统自主导航技术体系,以确保多类型无人平台在结构化道路、非结构化道路、非道路区域及近地面空域下可以连续、实时地自主协同工作。

北京理工大学自动化学院组合导航与智能导航团队长期从事无人系统自主导航技术研究,突破了无人系统自主导航过程涉及的全局高精度地图构建、全局任务及路径规划、传感器信息融合及精确定位、局部路径规划及运动控制等核心关键技术,提出并构建了以"度量感知""语义认知""行为策控"为基础的陆上无人系统行驶空间自主导航体系架构,研究成果在"跨越险阻"陆上无人系统挑战赛、"中国智能车未来挑战赛"等国内外军事、民用无人系统顶级赛事中成功应用并取得优异成绩。在此统一理论框架下,本书首先简要介绍了陆上无人系统的研究背景和发展现状,并概括性地阐述了陆上无人系统行驶空间构建的基本原理。然后,以行驶空间概念为基础,逐章详细介绍了多传感器标定、全局地图构建、图像信息语义理解、激光信息语义理解、路径规划和运动控制等关键技术。最后,本书列举了度量空间、语义空间、行为空间和跨域协同导航中若干实践特例，以辅助读者更好地理解和应用各章所述的相关技术。

  本书相关研究得到了国家自然科学基金联合基金重点支持项目（No. U1913203）、国家自然科学基金面上项目（No. 61973034、No. 61473042）、国家自然科学基金青年项目（No. 61903034）的支持，本书的出版得到了国家科学技术学术著作出版基金和"十四五"时期国家重点出版物出版专项规划项目的支持，在此表示衷心感谢！在本书编写过程中，张婷、杨帅聪、封志奇、唐笛、张满、刘室先等提供了极大帮助，感谢他们的努力；王新宇、张凯、张立天、闫光、邱凡、汪稚力、张宽、王冬生、张鲁、李浩、朱敏昭、王健行、苏圣、王俊博等提供了丰富的资料与素材，在此深表感谢。同时，本书参考了大量文献，在此向相关作者表示感谢！

付梦印
2021 年 9 月

CONTENTS 目 录

第1章 陆上无人系统概述 ·· 1

1.1 陆上无人系统简介 ··· 1
1.2 陆上无人系统现状与发展 ······································· 3
1.3 陆上无人系统自主导航体系架构 ······························· 9
1.4 行驶空间概述 ·· 12
1.5 本书的主要内容 ··· 14

第2章 度量空间：多传感器标定 ·································· 17

2.1 双目相机成像与标定 ·· 17
 2.1.1 相机模型与畸变校正 ······································ 17
 2.1.2 双目相机成像原理与标定方法 ···························· 24
 2.1.3 双目相机标定实例 ·· 26
2.2 全景相机成像与标定 ·· 35
 2.2.1 多项式通用相机模型 ······································ 35
 2.2.2 全景相机系统空间感知模型 ······························ 37
 2.2.3 全景相机系统内参标定方法 ······························ 39
 2.2.4 全景相机系统外参标定方法 ······························ 40
 2.2.5 全景相机系统标定实例 ···································· 41

2.3 激光雷达与相机的标定 ·········· 47
 2.3.1 激光雷达与相机联合感知模型 ·········· 47
 2.3.2 激光雷达与相机联合标定实例 ·········· 49
2.4 本章小结 ·········· 56

第3章 度量空间：全局地图构建 57

3.1 地图构建技术概述 ·········· 57
3.2 三维激光点云地图构建 ·········· 60
 3.2.1 投影图获取 ·········· 61
 3.2.2 特征提取 ·········· 62
 3.2.3 帧间位姿配准 ·········· 65
 3.2.4 后端位姿优化 ·········· 70
3.3 二维激光占据栅格地图构建 ·········· 76
 3.3.1 激光扫描信息预处理 ·········· 77
 3.3.2 关键点提取 ·········· 79
 3.3.3 扫描匹配与位姿优化 ·········· 81
 3.3.4 栅格地图构建及更新 ·········· 86
3.4 稀疏特征点云地图构建 ·········· 87
 3.4.1 视觉里程计 ·········· 88
 3.4.2 后端位姿优化 ·········· 93
 3.4.3 稀疏特征点云地图构建 ·········· 97
3.5 稠密彩色点云地图构建 ·········· 99
 3.5.1 稠密视差计算 ·········· 100
 3.5.2 多视图融合 ·········· 105
3.6 地空协同联合定位与建图 ·········· 111
 3.6.1 系统框架 ·········· 113
 3.6.2 基于语义信息优化的激光里程计 ·········· 114
 3.6.3 基于学习的交叉视角配准算法 ·········· 119
 3.6.4 多视角位姿优化 ·········· 128
3.7 本章小结 ·········· 131

第4章 语义空间：图像信息语义理解 133

4.1 像素级语义分割 ·········· 133

目 录

    4.1.1 从全连接到全卷积 …………………………………… 134
    4.1.2 优化算法 …………………………………………… 143
    4.1.3 像素级语义分割野外环境测试 ………………………… 147
4.2 图像目标检测、定位与跟踪 ……………………………………… 151
    4.2.1 目标识别算法概述 …………………………………… 151
    4.2.2 视觉目标跟踪 ………………………………………… 163
4.3 本章小结 …………………………………………………………… 173

第 5 章　语义空间：激光信息语义理解　　175

5.1 激光点云目标检测 ………………………………………………… 176
    5.1.1 三维目标的数学表达方法和基于分类器的分类策略 …… 176
    5.1.2 难点及主流方法 ……………………………………… 178
5.2 激光点云目标检测方法设计 ……………………………………… 181
    5.2.1 极坐标栅格地图构建 ………………………………… 181
    5.2.2 可通行区域提取 ……………………………………… 183
    5.2.3 基于全局运动补偿与混合高斯模型的
          动态目标检测算法 …………………………………… 185
5.3 激光点云语义模型识别方法 ……………………………………… 190
    5.3.1 三维点云的地面点滤波 ……………………………… 193
    5.3.2 点云分割 …………………………………………… 196
    5.3.3 训练样本生成 ………………………………………… 200
    5.3.4 离线语义模型训练 …………………………………… 201
    5.3.5 点云块在线识别 ……………………………………… 212
    5.3.6 激光点云语义模型识别测试 ………………………… 213
5.4 本章小结 …………………………………………………………… 215

第 6 章　行为空间：路径规划　　217

6.1 代价地图构建 ……………………………………………………… 218
6.2 行为决策 …………………………………………………………… 219
6.3 全局路径规划 ……………………………………………………… 220
    6.3.1 基于搜索的方法 ……………………………………… 222
    6.3.2 基于采样的方法 ……………………………………… 236
6.4 局部路径规划 ……………………………………………………… 238

6.4.1 非结构化环境下的局部路径规划 ……………………………… 240
  6.4.2 结构化环境下的局部路径规划 ………………………………… 242
 6.5 本章小结 ………………………………………………………………… 249

第7章 行为空间：运动控制 ……………………………………………… 251

 7.1 车辆模型构建 …………………………………………………………… 251
  7.1.1 运动学模型构建 ………………………………………………… 251
  7.1.2 动力学模型构建 ………………………………………………… 256
 7.2 路径跟踪与控制 ………………………………………………………… 262
  7.2.1 运动控制问题描述 ……………………………………………… 263
  7.2.2 局部参考轨迹特征分析 ………………………………………… 264
  7.2.3 控制器设计 ……………………………………………………… 267
  7.2.4 运动控制系统的稳定条件分析 ………………………………… 274
 7.3 本章小结 ………………………………………………………………… 282

第8章 行驶空间自主导航系统实例 ………………………………………… 283

 8.1 度量空间构建实例 ……………………………………………………… 283
  8.1.1 测试数据来源 …………………………………………………… 284
  8.1.2 稀疏点云地图构建 ……………………………………………… 285
 8.2 语义空间构建实例 ……………………………………………………… 287
  8.2.1 测试数据来源 …………………………………………………… 288
  8.2.2 全景语义分割实例 ……………………………………………… 288
 8.3 行为空间构建实例 ……………………………………………………… 289
  8.3.1 多源信息融合与局部地图构建 ………………………………… 290
  8.3.2 自主驾驶决策与规划 …………………………………………… 291
 8.4 行驶空间协同实例 ……………………………………………………… 295
  8.4.1 空地无人平台协同实例 ………………………………………… 295
  8.4.2 无人车跟驰实例 ………………………………………………… 299
 8.5 本章小结 ………………………………………………………………… 302

参考文献 ……………………………………………………………………………… 305

第1章

陆上无人系统概述

随着人工智能、自动控制、动力与能源、新材料等技术日臻成熟，无人系统呈现智能化、多域化、协同化等发展态势，其将机械、电气、信息、网络等技术融为一体，将人类认识世界、改造世界、利用世界的能力提高到一个新水平，在军事、安防、民生等领域崭露头角，推动生产方式、生活方式、作战模式、社会文化和社会治理等方面发生深刻的颠覆性变化。其中，面向地面与近地面等人类活动空间的无人系统对人类的影响最为突出，是无人系统研究的重中之重，统称为陆上无人系统。

1.1 陆上无人系统简介

陆上无人系统是面向复杂、动态、多约束的地面与近地面环境，由平台、任务载荷、指挥控制系统及天－空－地信息网络等组成，控制科学与工程、计算机科学与技术、信息与通信工程、机械工程、人工智能、航空宇航科学与技术等多学科交叉融合的综合系统（图1.1）。该系统所具备的自主导航功能可保障多类型无人平台在结构化道路、非结构化道路、非道路区域、近地面空域下连续、实时地自主协同工作。

陆上无人系统所涉及的平台一般包括无人车和无人机等（图1.2），多类型无人平台通过天－空－地信息网络进行信息交互，并基于指挥控制系统完成大范围地面、近地面协同调度与导航，以克服单一平台感知视角有限、行为决策片面、规划响应迟滞以及卫星定位拒止等挑战，其系统工作示意图如图1.3所示。为应对大范围、高动态复杂环境下多目标自主导航

图 1.1 陆上无人系统关键技术

任务,无人车、无人机及物联感知平台等采取多视角布局方式,通过多模态异构传感器联合标定,针对大范围、不全知、高动态复杂环境,进行语义感知、动态环境理解及地图构建等任务;在全局地图构建、多无人平台精确定位和实时多语义目标状态分析的基础上,通过任务联合优化、协同规划决策,实时生成多无人平台期望目标点和全局最优路径簇;在多任务多路径智能决策的基础上,各类型无人平台结合自身运动特性进行规划状态跟踪,实现各类平台的最优控制。其中,无人车作为高续航、多功能平台,在目标区域内执行巡逻、侦察、报警等任务;无人机具备高机动、快部署、广视角等优势,能够在复杂环境中完成快速感知、协同构图与定位、目标跟踪及预测等服务;交通、安防摄像机等物联感知平台在大范围部署后,与无人车和无人机形成联动,可有效扩大整体系统的环境感知、全局规划和任务执行范围。

图 1.2 陆上无人系统主要平台示意图

图1.3 陆上无人系统工作示意图

1.2 陆上无人系统现状与发展

陆上无人系统主要由无人车、无人机等平台组成，涉及单一无人平台自主导航以及多无人平台协同导航相关技术。本节将分别分析无人车、无人机以及地空协同系统的国内外研究现状与发展。

无人车概念是在1939年纽约世界博览会上被提出的，当时由通用汽车公司赞助研制了一款由电动机驱动并由无线电控制的全自动汽车[1]。无人车技术于20世纪80年代步入高速发展阶段，以美国国防高级研究规划局（Defense Advanced Research Projects Agency，DARPA）组织的无人车地面挑战赛参赛车辆为主要代表，如卡耐基梅隆大学的Boss[2]、斯坦福大学的Stanley[3]等。连续多年获得高关注度的挑战赛以评估无人车在越野、城市道路等复杂多变环境下的自动驾驶水平为宗旨，将世界无人车研究推向了新高度，同时极大地推进了美国在无人车技术上的发展。在极端环境探测方面，以美国国家航空航天局的"Spirit""Opportunity"以及"Curiosity"火星探测车为代表，无人车在航天领域中一直发挥着重要作用。相比美国，欧盟各国针对无人车技术也投入了巨大的研究力度，其主要研究计划包括1987—1995年的PROMETHEUS计划以及2004—2008年的PReVENT计划等。1994年，戴姆勒奔驰和德国国防大学研制出两款全自动汽车VaMp[4]和Vita-2，在巴黎三车道公路上以速度130 km/h顺利行驶超过1 000 km，被认为是真正意义的无人车。1995年，德国国防大学改装的S-Class奔驰全自动汽车进行了一次1 600 km测试（从慕尼黑出发，到哥本哈根后返回），在德国高速公路上速度高达175 km/h，自动驾驶部分达95%。2010年，意大利帕尔马大学研制的VIAC进行了13万千米无人驾驶实验，成功到达上海，完成了无人车历史上第一次洲际旅行。此外，日本、以色列、韩国、加拿大等国家的一些研究机构也在无人车技术方面取得了一系列研究成果。

近年来，无人车研究及开发主体逐渐由研究型实验室转向了实体企业，更大程度地加快了无人技术的发展。其中，既包括谷歌、优步、特斯拉等科技公司，也有福特、宝马等传统车企。2012年5月，谷歌在美国内华达州获得了美国首个自动驾驶汽车许可证，并于同年8月宣布其研发的自动驾驶汽车已经在计算机的控制下安全行驶30万英里①。根据特斯拉在2020年公布的数据，其Autopilot自动驾驶系统行驶里程累计总量已达30亿英里。同时，该公司还在2021年的Autopilot安全性报告中指出："在开启Autopilot功能的情况下，车辆每行驶334万英里会发生一起事故，而在未启用Autopilot的情况下，车辆每行驶192万英里就会发生一起事故"。根据美国高速交通安全管理局（NHTSA）制定的汽车自动化等级划分[5]，作为目前全球最为领先的研究水平，谷歌、特斯拉等研究机构的无人车仍处于第3阶段，即有条件自动化水平。由此可见，虽然无人车技术已在全球范围内得到广泛研究和提升，但仍存在很大的发展空间。国外无人车部分研究成果如图1.4所示。

相比欧美等发达地区和国家，我国无人车相关研究起步较晚[6]。第八个五年计划期间，由北京理工大学、国防科技大学等5家单位联合研制成功了ATB无人车，这是我国第一个实现自动驾驶的无人车。为进一步促进国内无人车技术的发展，国家自然科学基金委发布了"视听觉信息认知计算"重大研究计划。在该计划支持下，自2009年起，"中国智能车未来挑战赛"已举办多届，比赛规模逐年扩大且考核科目难度不断增加，从最初的基本道路通行到社会车辆交互、高速公路收费、高架桥通行等，该赛事极大地推动了我国无人车技术的研究进展。在诸多研究单位中，涌现出了

---

① 1英里≈1.6 km。

(a)

(b)

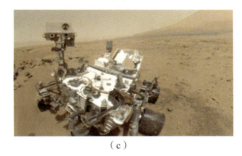
(c)

(d)

图 1.4　国外无人车部分研究成果

(a) 卡耐基梅隆大学无人车——Boss；(b) 斯坦福大学无人车——Stanley；
(c) 美国"好奇号"火星探测车；(d) 谷歌旗下 Waymo 公司无人车

军事交通学院、西安交通大学、国防科技大学、北京理工大学等知名团队。其中，2011 年 7 月，国防科技大学研制的红旗 HQ3 首次完成了从长沙到武汉（286 km）的高速全程自动驾驶试验，全程平均速度为 87 km/h，创造了我国自主研制无人车在复杂交通状况下自动驾驶的新纪录。同时，为加速推进我军地面无人作战平台的装备与发展，陆军装备部已举办了多届面向野外环境的"跨越险阻"陆上无人系统挑战赛。该赛事主要包括野外战场行驶、阻断道路重规划、弹坑避让等高难度项目。其中，国防科技大学、北京理工大学、军事交通学院等单位在比赛中发挥出色，取得了优异成绩。

此外，无人车技术也引起了国内企业界的广泛关注，主要有百度、腾讯、华为等高新科技公司和小鹏汽车、吉利、蔚来等车企[7]。同时，国内也涌现出众多与无人车相关的新型创业公司，典型代表主要有小马智行、图森未来、毫末智行、文远知行、AutoX 等。2015 年，百度公司在城市道路环境、环路以及高速公路等混合路口下成功实现了国内首次全自动无人驾驶。目前，百度公司旗下的无人车累计路测里程超过 2 500 万千米，已获得中国自动驾驶牌照 411 张（其中载人牌照 231 张），测试车辆已超过 500 辆。2020 年以来，百度的自动驾驶出租车已实现在无人驾驶测试路段的常态化运营。2020 年 2 月，国家发展改革委、中央网信办等 11 个部门联合印发了《智能汽车创新发展战略》，着力推动智能汽车创新发展。我国在发展无人驾驶技术方面具有独特的优势：广阔覆盖的通信基础设施和网络规模、5G 通信等创新领域的领先地位以及逐步成熟完善的汽车产业，能够为无人驾驶技术的发展提供良好的技术基础和全面保障。国内无人车部分研究成果如图 1.5 所示。

（a）

（b）

（c）

（d）

图 1.5　国内无人车部分研究成果

（a）"中国智能车未来挑战赛"参赛车辆；（b）"跨越险阻-2016"参赛车辆；
（c）百度 Apollo 自动驾驶平台；（d）图森未来无人重型卡车

无人机是利用无线电遥控设备和自主程序控制装置操纵的不载人飞机。无人机可以基于不同程度的自主控制，从无线遥控飞行的半自动控制到半自主控制，再到完全自主控制[8]。从发展历史来看，无人机技术起源于 20 世纪初期，在第一次世界大战爆发前的 1900 年左右，已经有部分气球炸弹、靶机等被研制出来。第一次世界大战的爆发使得无人机技术获得发展机会，英国、美国等国家陆续开始了无人机技术的研发。例如，1916 年，英国军事航空学会指定 A. M. Low 教授研发遥控无人机投弹；1917 年，美国第一架无人机在纽约长滩试飞成功，但此类飞机仅作为炸弹使用，既无法实现回收，也无法完成遥控操作、自主飞行等复杂任务。

20世纪80年代开始,军用无人机技术的成熟化使其开始进入民用领域,这也是本书将重点讨论的领域。目前各国政府、企业均大力发展无人机技术,可见民用无人机在发展初期主要借助政府的资金投入和区域试点,而无人机技术的应用可以在科研、监测、农业植保、环保、送货等领域带来经济效益,提升工作质量。目前知名的无人机公司主要有法国的Parrot公司、美国的3D Robotics公司、我国的大疆创新科技有限公司(DJI)等。

无人机系统一般由地面站、飞机、链路三个核心部分组成。地面站是整个无人机系统的指挥控制中心,专门用于对无人机进行地面控制和管理[9]。飞机是无人机系统的主体,其核心组件是飞行控制系统(简称"飞控"),这是飞行器稳定飞行的保证。链路主要负责飞机与地面站之间的通信,通过多种通信方式将飞机的飞行数据实时传输到地面站,并将地面站发出的控制信号传输给飞机,从而使得无人机按照既定的指令飞行。常见的无人机系统主要分为固定翼无人机和旋翼无人机,国内外经典无人机研究成果如图1.6所示。大型固定翼无人机主要用于军事领域。典型无人机有:美国的RQ-4"全球鹰"攻击无人机,翼展35.4 m、长13.5 m、高4.62 m、最快飞行速度为644 km/h、最大起飞质量为11 622 kg、最高飞行高度为18 000 m、续航时间为42 h;我国的彩虹-5无人机,翼展超过20 m、最大载重为1 000 kg、续航时间为40 h。

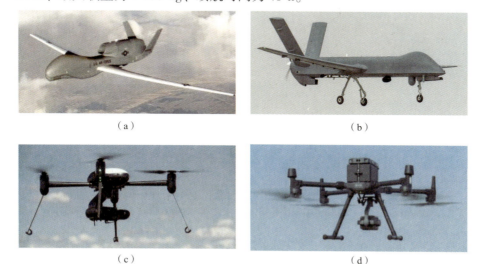

图1.6 国内外经典无人机研究成果

(a)"全球鹰"无人机;(b)彩虹无人机;(c)Draganflyer无人机;(d)大疆无人机

旋翼无人机起源于 20 世纪初，在 21 世纪初得到迅速发展。2004 年，美国 Spectrolutions 公司推出 Draganflyer 系列多旋翼无人机，早期用于商用，目前 Draganflyer Commander 的续航时间为 45 min、最大载重为 1 000 kg；国内旋翼无人机以大疆为代表，最新的经纬 M300 RTK 四旋翼无人机的最长飞行时间为 55 min、最大载重为 2.7 kg、最大可承受风速为 15 m/s、最高飞行高度为 7 000 m。

无论是固定翼无人机还是旋翼无人机，均能克服地面地形约束、遮挡等困难，协助无人车实现远距离、大范围快速侦查、预警、制图、打击等任务。因此，结合无人车与无人机形成一套地空协同系统是陆上无人系统自主导航性能提升的有效途径。

地空协同系统是由无人车和无人机组成的跨域无人系统，既可单机自主执行任务，又可多机跨域交互协同。在第一次世界大战中，飞行器广泛应用于侦察、通信、炮校等辅助性任务，为地面部队提供支援和保障，成为地空跨域协同的较早范例。进入 21 世纪，随着自主导航、人工智能等技术的迅猛发展，地空协同系统真正进入无人时代。国内外经典的地空协同无人系统如图 1.7 所示。

图 1.7　国内外经典地空协同无人系统

(a) 美国 NASA "毅力号"火星车与"机智号"无人机；(b) Otsaw 地空协同系统；
(c) 卡内基梅隆大学地空协同系统；(d) 中国电科地空协同系统

为推动地空协同无人系统的发展，国外已开展大量研究。21 世纪初，美国国防高级研究计划局（DARPA）资助了 MARS2020 项目，利用地空无人系统的互补感知信息提升系统整体感知能力。该项目于 2004 年在美军 Fort Benning 基地开展了联合演示，演示中 2 台固定翼无人机和 8 台无人车组成跨域协同系统，完成了移动目标的联合检测。2007 年，法国 Action 跨域协同项目开发了异构平台软件架构，支持地空无人系统能够在未知动态环境中合作完成任务。2012 年，德国锡根大学等机构联合研制了地空机器人协同系统，验证了其开发的跨域协同编程与操控语言。2013 年，欧盟 SHERPA 项目构建了一套可利用地面、空中无人平台联合开展人员搜救的协同无人系统。同年，葡萄牙 ROBOSAMPLER 项目利用旋翼无人机和无人车在野外复杂场景协同实现了有害物质采样。2015 年，欧盟 euRathlon 挑战赛正式引入地空协同科目，要求地空无人系统在灾难响应场景中开展共同行动，识别关键目标。2016 年，美国 DARPA 进攻性蜂群战术项目使用 250 个小型无人机和无人车组成了集群作战系统。2020 年，美国国家航空航天局（NASA）耗资 27 亿美元研发了携带微型无人机的"毅力号"火星探测车，首次将地空协同平台发射至地外行星。

与国外相比，国内地空协同无人系统研究起步较晚，但发展态势迅猛。2018 年起，我国陆军装备部数次举办"跨越险阻"陆上无人系统挑战赛地空协同组比测，要求无人机对城镇街区、山地丛林等复杂环境进行侦察，并与无人车配合完成联合调度、协同搜索等任务，有力推动了地空协同技术的发展。2020 年，中国电子科学研究院研发了固定翼无人机与无人车协同的集群系统。2021 年，中国科学院沈阳自动化研究所开展了"大型群众活动现场安保"地空跨域协同应用示范，演示了地空无人平台在公共安全领域应用的新模式。由此可见，地空协同无人系统发展潜力巨大，在军用和民用领域均具有广阔的应用前景。

1.3 陆上无人系统自主导航体系架构

对于陆上无人系统，目前主流的自主导航架构主要包括全局地图（或高精度地图）构建、全局任务及路径规划、传感器信息融合及精确定位、局部路径规划及运动控制等部分。其中，全局地图（或高精度地图）构建模块主要采用特征匹配、回环检测、图优化等技术构建全局地图（或高精度地图），并通过有限状态机、机器学习等技术获取路网、规则等信息；全局任务及路径规划模块依据全局地图等信息，采用 A* 搜索、决策树等技术进行全局任务及路径规划；传感器信息融合及精确定位模块主要是将机载传感器信息与全局地图进行融合，以实现精确定位及局部地图构建；局部路径规划及运动控制模块是在局部地图和所得全局路径的基础上，采用样条曲线、人工势场、模型预测控制等技术进行局部路径规划及运动控制，从而实现单一无人平台或综合无人系统自主导航。

北京理工大学自动化学院"特立笃行"智能车队自 2010 年成立以来，主要围绕无人车、移动服务机器人、多旋翼无人机等方面，面向城市复杂交通环境、战场极端越野条件、室内动态服务场景的需求开展无人系统架构设计、环境感知与地图构建、路径规划与智能决策、运动控制与故障分析等研究[10]，现已成功研制涵盖电动汽车、山地越野车、轿车、卡车、移动机器人在内的多类型"特立笃行"系列无人平台，如图 1.8 所示。本书主要围绕以上各类平台展开讨论，分别介绍无人系统的硬件组成及软件架构，并在此基础上介绍本团队提出的陆上无人系统行驶空间自主导航架构。

图 1.8 "特立笃行"系列无人平台
（a）第一代；（b）第二代；（c）第三代；（d）第四代；
（e）第五代；（f）第六代；（g）第七代

无人平台硬件系统通常由机载传感器（一般包括三维或二维激光雷达、摄像机、GPS 组合定位系统等）、底层设备及驱动（平台执行机构等设备）、计算机集群或处理板、电源等设备组成。如图 1.9 所示，此处以

第1章 陆上无人系统概述

"特立笃行"第二代无人平台为例详细展示了无人系统的主要硬件组成，并且系统分析了无人系统硬件设备的分布情况及通信方式（图1.10）。本书大部分研究工作是在该类硬件平台的支撑下开展的，主要涉及立体相机、三维或二维激光雷达、车轮里程计等设备。同时，本书涉及的研究方法主要在搭载不同操作系统（主要为Windows和Linux）的分布式工业计算机上实现并进行测试或投入使用。

图1.9 "特立笃行"第二代无人平台硬件系统

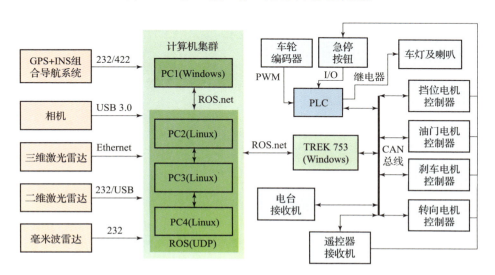

图1.10 "特立笃行"第二代无人平台设备信息流示意图

11

1.4 行驶空间概述

在"特立笃行"无人系统硬件平台的基础上,本团队提出了基于"度量–语义–行为"的行驶空间概念搭建陆上无人系统自主导航体系架构(图 1.11),实现了无人平台与环境交互的闭环系统设计。在行驶空间中,度量空间是对运动环境空间位置属性的表征;语义空间是对度量空间中对象的认知、描述和解释;行为空间是按照无人平台的行为规则,在度量空间、语义空间的基础上,结合本体运动状态而产生的控制决策簇。"行驶空间"概念的提出,为有效实现无人系统的自主导航与控制提供了有力保障。在此统一理论框架下,研究对运动环境的表征和描述以及对运动体的规划与控制会更加系统、准确、有效。

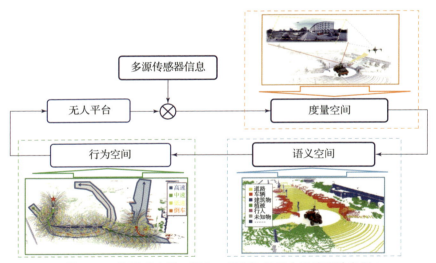

图 1.11 基于"度量–语义–行为"的无人系统行驶空间

构建行驶空间的具体过程如下:

首先,无人车、无人机及物联感知平台协同对环境进行检测并对自身进行定位,通过视觉图像、激光雷达(特别是无人车端全景视觉、无人机机载相机及城市社会布置的安防摄像机)等多视角信息进行时空配准与融合,将处理后的环境信息以高效合理的方式进行存储与管理,构成度量空间。

其次,基于度量空间,把环境信息转化为几何数据、拓扑关系、动态特性、环境属性类别等,实现可通行区域探测、环境对象属性描述,构成语义空间。

最后，基于度量空间与语义空间，结合多类型无人平台行为规则，以及信息获取的主动需求，通过对平台运动属性与任务规划的认知，得到用于平台导航的控制决策簇，构成行驶空间。

然而，对于大范围、包含大量不确定要素、高动态场景下的自主导航系统，仅靠单一无人平台所载的单一信息源并不能满足全域安防、快速响应、自主运维等要求，还需要利用无人机（空中无人平台）和物联感知平台来实现全息全域的快速、大范围感知。无人机搭载感知载荷，作为无人车有效的非本体传感器，根据自主导航任务需求，与无人车形成地空协同的环境感知与规划决策系统，能够灵活有效地扩展环境信息获取的空间维度；而城市安防系统、交通监管系统等物联感知平台则可以通过在敏感区域进行大范围部署来补充无人车及无人机感知域的缺失，在智能交通、未来战场、科学探测、精准农业、反恐救援等领域拥有广阔的应用前景，其研究成果具有重要的战略意义和巨大的社会与经济价值。在构建多类型无人平台空地协同行驶空间自主导航架构（图 1.12）过程中，需要将度量空间、语义空间、行为空间之间的数据共享，在构建度量空间时要考虑初始语义描述的约束作用；建立地形适应与信息获取综合规划的行为空间构建模式；提高"度量–语义–行为"空间相互校验、动态感知、交替优化的并行构建能力。

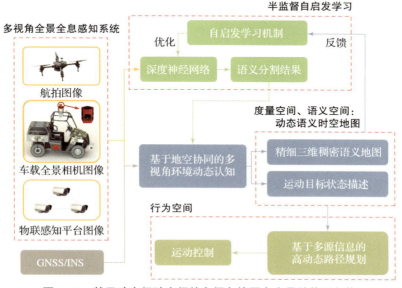

图 1.12　基于动态行驶空间的多视角协同自主导航体系架构

一般而言，在多类型无人平台地空协同行驶空间自主导航架构中，度量空间和语义空间具有共性客观的属性，行为空间则具有个性主观的属性。通过多平台所载多源传感器数据协同共享、分布融合，就可以在统一时空域下构建共性的度量空间、语义空间，并进行传递共享。在此基础上，各类型无人平台可根据相应的优化目标，在决策簇中确定控制信息，引导其自主行驶；同时，也可以将行驶空间信息以虚拟现实技术再现给遥操作决策人员，为遥操作提供参考与支撑，实现人机共融协同导航。

1.5 本书的主要内容

本书主要围绕陆上无人系统自主导航的系统架构、理论方法、关键技术和典型应用展开介绍。

第1章，概述陆上无人系统的基本组成、工作原理及国内外发展现状，并以北京理工大学自动化学院组合导航与智能导航团队"特立笃行"第二代无人平台为例，介绍其硬件架构以及"行驶空间"自主导航基本原理。本书后续内容将以相关硬件和所涉及的主要技术为基础，逐章展开介绍。

第2章，主要介绍包括单目、双目、全景相机以及激光雷达等陆上无人系统常用主流传感器的校准及相互间联合标定方法。该章为随后章节在统一时空尺度下完成地图构建、语义理解和规划控制创建了数据基础。

第3章，主要介绍如何利用统一时空尺度的多源数据完成全局地图构建和实时精确定位，具体介绍了三维激光点云地图构建、二维激光占据栅格地图构建、稀疏特征点云地图构建、稠密彩色点云地图构建以及地空协同联合定位与建图的原理与方法。该章为随后章节中语义理解和规划控制等技术提供了大范围全局度量信息。

第4章，主要介绍如何从图像数据中实时获取所处环境的静动态语义信息，具体介绍了像素级语义分割、图像目标检测、定位与跟踪的原理与方法。该章为随后章节中规划控制等技术提供了多类型图像语义目标的实时状态。

第5章，主要介绍如何从激光数据中实时获取所处环境的静动态语义信息，具体介绍了激光点云目标检测，激光点云语义模型识别的原理与方法。该章为随后章节中的规划控制等技术提供了多类型激光语义目标的实时状态。

第 6 章，主要介绍如何基于全局地图、实时精确位姿信息和实时多类型语义目标状态，构建代价地图并完成全局路径规划和局部路径规划。该章为随后章节中的运动控制等技术提供了待跟踪期望轨迹序列。

第 7 章，主要以地面无人平台为例，介绍了平台运动学和动力学模型，并基于待跟踪期望轨迹序列阐述了运动控制器的设计原理与方法。至此，实现了陆上无人系统的可靠稳定自主导航。

第 8 章，分别给出了全局地图构建、语义目标感知、动态路径规划、地空协同定位以及多平台协同跟驰等应用实例，以帮助读者更好地理解陆上无人系统自主导航的原理和应用方式。

第 2 章

度量空间：多传感器标定

对于陆上无人系统，单一的传感器往往无法有效获取其所处大范围环境下的丰富信息，难以为地图构建、路径规划及运动控制等模块提供充分的决策依据。因此，陆上无人系统的主流感知方案主要通过融合多平台、多传感器对环境信息进行捕获，通常涉及双目相机、全景相机系统及激光雷达与相机联合感知系统。对于多传感器感知模型，要获取统一时空尺度下的环境信息，首先应了解多传感器各坐标系之间的变换关系，以便感知信息的有机融合。求解各传感器坐标系间变换关系的过程称为多传感器标定。

2.1 双目相机成像与标定

2.1.1 相机模型与畸变校正

按照入射光线能否相交于唯一一点，相机可以分为中央相机和非中央相机。其中，非中央相机又称为非单一视点相机，通常由折反射镜片和普通透视相机组合而成，广泛应用于计算机领域的近距离环境三维重建、全景图像拼接等研究。非中央相机的成像原理如图 2.1（a）所示，其光线从环境发出，经镜面反射而不相交于一点，从而放宽了光学装置之间相对位置的几何约束。中央相机能将环境发出的光线通过光的直射、反射、折射等方式相交于一点，该类相机使得单一有效视点特性得到完美体现，因此通常也被称为单一视点相机，其成像原理如图 2.1（b）所示。中央相机系统有着较为成熟的制作工艺和建模方法，是目前计算机视觉领域应用最为广泛的相机系统，主流的视觉传感器（如针孔（透视）相机、满足比较严格的工艺和成像条件的部分折反射镜式相机[11]以及鱼眼相机[12]）都属于中央相机。

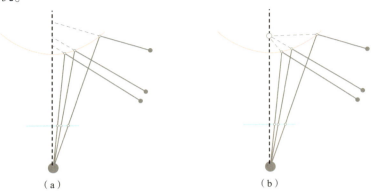

图 2.1　非中央与中央相机成像原理示意图
（a）非中央相机；（b）中央相机

2.1.1.1　针孔相机模型

现实生活中，一个三维物体发出或反射的光线，通过相机镜头后落在感光元件上，感光元件对接收到的光线进行测量并输出，便形成了平时见到的图像。图像成像这一从三维到二维的过程可以使用多种数学模型进行描述。对于普通视角大小的相机，最常用且最简单的模型是针孔相机模型[13]，该成像模型如图 2.2 所示，它利用光沿直线传播的原理将实际物体发出的光线沿光轴方向通过针孔汇聚到成像平面上。

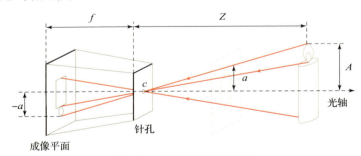

图 2.2　相机针孔成像模型

在成像过程中，三维空间中的实际物体通过光心汇聚到成像平面后是一个与实际物体成倒立关系的像[14]。基于该原理，可以得出二维空间像与三维空间物体的尺度变换公式：

$$\frac{-x}{f} = \frac{X}{Z} \tag{2.1}$$

式中，X——物体的实际物理尺寸；

x——物体在成像平面中映射的像的尺寸；

Z——实际物体距离光心的距离；

f——光心到成像平面的距离，即相机的焦距。

在实际应用过程中，为便于对图像进行处理，通常对上述模型进行等价变换，变换后的模型如图 2.3 所示。

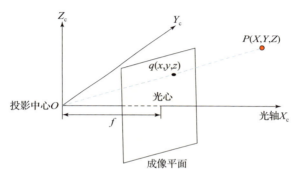

图 2.3　相机针孔成像等价模型

基于该等价模型，可得

$$\frac{x}{f} = \frac{X}{Z} \tag{2.2}$$

为进一步用数学模型表达三维空间点到二维图像上的映射关系，建立包含世界坐标系、二维成像平面物理坐标系及图像坐标系的针孔相机模型，如图 2.4 所示。

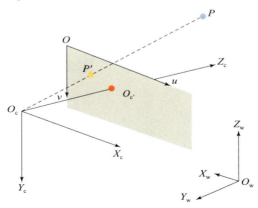

图 2.4　针孔相机模型

图 2.4 中，O_w 为世界坐标系原点，空间中一点 P 在世界坐标系下的坐标为 $P_w(x_w, y_w, z_w)$，通过相机投影后，该点在图像坐标系下的像素坐标为 $p(u, v)$。O_c 为相机坐标系，其原点位于相机光心处；Z_c 轴垂直于图像平面向前，X_c 轴向右，Y_c 轴向下。相机当前位姿和世界坐标系的关系为 $\boldsymbol{T}_w^c$。$O_{c'}$ 为二维成像平面的物理坐标系，其原点位于相机坐标系 Z_c 轴与成像平面的交点处；X' 轴向右，Y' 轴向下。uOv 为像素坐标系，其原点位于图像的左上角；u 轴沿图像边缘向右，v 轴沿图像边缘向下。

为将空间中的点 P_w 投影到像素坐标系下，首先应将世界坐标系下的点变换到相机坐标系下，即

$$\tilde{\boldsymbol{P}}_c = \boldsymbol{T}_w^c \tilde{\boldsymbol{P}}_w \tag{2.3}$$

式中，$\tilde{\boldsymbol{P}}_w, \tilde{\boldsymbol{P}}_c$——点 P_w 在世界坐标系和相机坐标系的齐次坐标形式。

基于图 2.3 所示的相机针孔成像等价模型，将空间中的三维点投影到成像平面上，即

$$\begin{cases} x_{c'} = f \dfrac{x_c}{z_c} \\ y_{c'} = f \dfrac{y_c}{z_c} \end{cases} \tag{2.4}$$

由图 2.4 可知，成像平面坐标系和像素坐标系的变换关系可以通过平移-缩放的方法获得。设坐标系在 u 轴、v 轴的缩放系数分别为 α 和 β，平移量分别为 c_x、c_y，可得

$$\begin{cases} u = \alpha x_{c'} + c_x \\ v = \beta y_{c'} + c_y \end{cases} \tag{2.5}$$

将式（2.4）代入式（2.5），并将 αf、βf 分别记作 f_x、f_y，可得

$$\begin{cases} u = f_x \dfrac{x_c}{z_c} + c_x \\ v = f_y \dfrac{y_c}{z_c} + c_y \end{cases} \tag{2.6}$$

将其转换为矩阵形式：

$$\tilde{\boldsymbol{p}} = \begin{bmatrix} u \\ v \\ 1 \end{bmatrix} = \frac{1}{z_c} \begin{bmatrix} f_x & 0 & c_x \\ 0 & f_y & c_y \\ 0 & 0 & 1 \end{bmatrix} \begin{bmatrix} x_c \\ y_c \\ z_c \end{bmatrix} \triangleq \boldsymbol{KP}_c \tag{2.7}$$

式中，$\boldsymbol{K}$——相机内参矩阵。

类似地,将式(2.3)中的 T_w^c 定义为相机外参矩阵,包含相机相对于世界坐标系的旋转矩阵 R 和平移向量 t。综合式(2.3)~式(2.7),可得世界坐标系下的三维点 $P_w(x_w,y_w,z_w)$ 到像素坐标 $p(u,v)$ 的变换关系:

$$z_c \begin{bmatrix} u \\ v \\ 1 \end{bmatrix} = \begin{bmatrix} f_x & 0 & c_x & 0 \\ 0 & f_y & c_y & 0 \\ 0 & 0 & 1 & 0 \end{bmatrix} T_w^c \begin{bmatrix} x_w \\ y_w \\ z_w \\ 1 \end{bmatrix} \tag{2.8}$$

2.1.1.2 相机畸变

受制作工艺限制,相机的光学镜片及感光器件的安装存在偏差,因此相机拍摄的图像往往存在畸变[15]。常见的畸变分为两种情况——径向畸变[16]、切向畸变[17]。径向畸变往往是光学镜片的制造工艺存在误差导致的。在径向畸变中,透镜上不同位置的放大率会因为与相机光心的距离不同而发生变化,这种变化通常是径向对称的,因此称为径向畸变,其按照放大率变化的方向又可以进一步分为桶形畸变和枕形畸变,如图 2.5 所示。切向畸变则是在相机组装过程中感光元件平面未能与成像平面保持平行导致的,如图 2.6 所示。

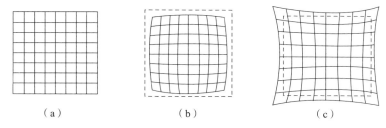

图 2.5 径向畸变示意图

(a) 正常图像; (b) 桶形畸变; (c) 枕形畸变

为消除畸变对成像的影响,在相机归一化平面(即成像平面)上对图像进行校正。对于径向畸变,使用与距图像中心距离有关的多项式函数进行校正[18]:

$$\begin{cases} x_{rad} = x(1 + k_1 r^2 + k_2 r^4 + k_3 r^6) \\ y_{rad} = y(1 + k_1 r^2 + k_2 r^4 + k_3 r^6) \end{cases} \tag{2.9}$$

式中,$(x,y)^T$——畸变校正前的原始点坐标;

$(x_{rad}, y_{rad})^T$——畸变校正后的对应点坐标。

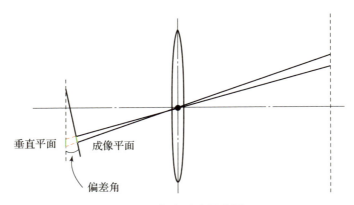

图 2.6 切向畸变示意图

对于切向畸变[19],畸变校正函数如下：

$$\begin{cases} x_{\tan} = x + 2p_1 xy + p_2(r^2 + 2x^2) \\ y_{\tan} = y + p_1(r^2 + 2y^2) + 2p_2 xy \end{cases} \quad (2.10)$$

联合式（2.9）和式（2.10），基于 5 个畸变参数 $[k_1, k_2, k_3, p_1, p_2]$ 实现对镜头畸变的校正：

$$\begin{cases} x_{\text{undist}} = x(1 + k_1 r^2 + k_2 r^4 + k_3 r^6) + 2p_1 xy + p_2(r^2 + 2x^2) \\ y_{\text{undist}} = y(1 + k_1 r^2 + k_2 r^4 + k_3 r^6) + p_1(r^2 + 2y^2) + 2p_2 xy \end{cases} \quad (2.11)$$

由式（2.8）和式（2.11），畸变校正后的相机成像数学模型如下：

$$\tilde{\boldsymbol{p}}_{\text{undist}} = \boldsymbol{K}_{3 \times 4} \text{Undist}\left(\frac{1}{z} \boldsymbol{T}_{\text{w}}^{\text{c}} \tilde{\boldsymbol{P}}_{\text{w}}\right) \quad (2.12)$$

式中，Undist(·)——施加在相机归一化平面上的去畸变函数。

2.1.1.3 张氏标定法

为了使相机图像能准确反映真实世界物体的空间位置关系，需要获得可靠的相机内参和畸变参数。目前，相机的标定方法已发展得较为成熟，其中应用较为广泛的是文献［20］提出的基于平面棋盘格的相机标定方法。该方法通过拍摄不同位姿下实际尺寸已知的平面棋盘格来得到相机内参、畸变系数等，具有实用性强、标定精度较高等优点。

当相机所观测到的对象点分布在世界坐标系下的一个平面上时，可以将世界坐标系原点固定于此平面上，世界坐标系的 Z 轴与该平面法线方向平行。由此，这些对象点的坐标可以表示为 $(X, Y, 0)$。由针孔相机模型及世界坐标系到像素坐标系的变换关系可得

$$s\begin{bmatrix}u\\v\\1\end{bmatrix}=K\begin{bmatrix}r_1&r_2&r_3&t\end{bmatrix}\begin{bmatrix}X\\Y\\0\\1\end{bmatrix}$$

$$=K\begin{bmatrix}r_1&r_2&t\end{bmatrix}\begin{bmatrix}X\\Y\\1\end{bmatrix} \tag{2.13}$$

式中，s——尺度因子；

r_1, r_2, r_3, t——世界坐标系到相机坐标系的变换矩阵 T_w^c 中的列向量。

将内参 $K\begin{bmatrix}r_1&r_2&r_3&t\end{bmatrix}$ 记作 $H=\begin{bmatrix}h_1&h_2&h_3\end{bmatrix}$，称为单应性矩阵，表示由被观测平面到像素平面的变换矩阵。在实际运用中，使用尺寸已知的棋盘格图像作为被观测平面，使得棋盘格中的角点易于检测，基于至少 4 对已匹配的角点与它们在图像中的像素点，就可以求解在某个 T_w^c 下的单应性矩阵。

进一步，由于 r_1、r_2、r_3 属于旋转矩阵的一部分，它们满足标准正交性，因此可以得到以下约束：

$$\begin{cases}h_1^T(K^{-1})^T K^{-1} h_2 = 0\\ h_1^T(K^{-1})^T K^{-1} h_1 = h_2^T(K^{-1})^T K^{-1} h_2\end{cases} \tag{2.14}$$

进一步，记 $(K^{-1})^T K^{-1}$ 为矩阵 B，该矩阵为对称矩阵，共有 6 个与相机内参直接相关的待求解量，将这 6 个待求解量用一个向量 $b=\begin{bmatrix}B_{11}&B_{12}&B_{22}&B_{13}&B_{23}&B_{33}\end{bmatrix}$ 表示。同时，使用 $h_i^T B h_j = v_{ij}^T b$ 来表述以上两组约束，因此，由相机在世界坐标系下的位姿可以得到如下约束：

$$\begin{bmatrix}v_{12}^T\\(v_{11}-v_{12})^T\end{bmatrix}b=0 \tag{2.15}$$

向量 b 具有 6 个自由变量，那么矩阵左侧至少需要 3 对约束才能求解。因此，在使用棋盘格进行相机内参标定时，至少需要 3 幅不同位姿的棋盘格图像。相机内参的测量结果可以为畸变校正提供基本信息。将归一化坐标平面上的理想成像点坐标 (x,y)、成像平面上对应的理想像素坐标 (u,v) 以及实际坐标 $(\hat{u},\hat{v})$ 通过相机内参联系，可以得到以下矩阵：

$$\begin{bmatrix}(u-c_x)(x^2+y^2)&(u-c_x)(x^2+y^2)^2\\(v-c_y)(x^2+y^2)&(v-c_y)(x^2+y^2)^2\end{bmatrix}\begin{bmatrix}k_1\\k_2\end{bmatrix}=\begin{bmatrix}\hat{u}-u\\\hat{v}-v\end{bmatrix} \tag{2.16}$$

将式（2.16）记为

$$Dk = d \tag{2.17}$$

可以得到关于畸变系数的最小二乘解 $k = (D^T D)^{-1} D^T d$。得到畸变系数后，可以基于估计的畸变系数与估计的相机内参构建一个非线性优化问题[21]：最小化棋盘格中共 m 个角点 M_j 的在 n 幅图像 i 的像素平面上的重投影误差，该重投影误差可以表示为

$$\sum_{i=1}^{n}\sum_{j=1}^{m}\left\| m_{ij} - \hat{m}(K, k_1, k_2, R_i, t_i, M_j) \right\|^2 \tag{2.18}$$

使用 Levenberg – Marquard[22] 方法可以对该误差进行迭代方式的优化。最后，使用收敛后相机内参以及畸变系数来校正图像。

2.1.2 双目相机成像原理与标定方法

由 2.1.1 节可知，由相机得到的图像是真实世界物体的三维坐标在二维成像平面上的投影，因此利用单目相机获取图像信息会丢失真实世界物体的深度信息[23]。具体来说，当距离相机成像平面远近不同的物体都排列在与光心所成的同一直线上时，实际上在成像平面上得到的是同一个点。为了解决这一问题，可以使用多个相机对同一物体进行观察。当同一对象在不同的相机下具有不同的像素坐标时，便可以根据相机间的位置关系来恢复对象的深度信息。一般来说，使用双目相机对真实世界进行观察，便可以得到真实世界物体的三维坐标。

如图 2.7 所示，双目相机的两个像素坐标系 $u_1 O v_1$ 与 $u_2 O v_2$ 的坐标轴 v_1 与 v_2 平行，且坐标轴 u_1 与 u_2 共线。两个相机的焦距 f 一致，相机坐标系原点之间与 u_1 轴方向的距离被称为基线长度 b，空间点 $p(x_c, y_c, z_c)$ 在两个相机的像素坐标系下分别得到投影 $p'(u_1, v_1)$ 与 $p''(u_2, v_2)$，由三角形相似性质可以得到

$$\frac{z_c - f}{z_c} = \frac{b - (u_1 - u_2)}{b} \tag{2.19}$$

式中，$(u_1 - u_2)$ ——投影点之间沿 u_1 与 u_2 方向之间的像素坐标差，称为视差 d，则式（2.19）可表示为

$$z_c = \frac{f \times b}{d} \tag{2.20}$$

其中，视差单位为像素，基线距离单位与深度单位一致。

第 2 章 度量空间：多传感器标定

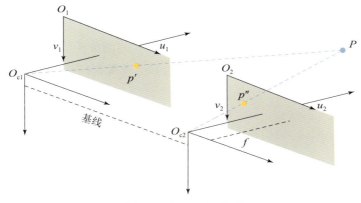

图 2.7 双目相机模型

上述公式表明，双目相机的测距能力与其基线长度和焦距有着密切联系。但需要注意的是，上述模型推导是建立在相机的光轴完全平行这一理想条件下，而在实际应用过程中，受制造工艺和安装方法的限制，难以保证双目相机的两条相机光轴完全平行。因此，在使用双目相机还原真实世界物体的三维坐标时，不仅要对每个相机的图像进行畸变校正，还要在两个相机之间进行立体校正，以保证双目图像成像时所对应的光轴是相互平行的。这样才能使得双目相机所观测到的同一对象点出现在双目图像中的同一行，从而便于后续双目深度估计任务的进行。这一过程称为双目相机的标定[24]。

由以上分析可以得出，对双目相机进行标定的关键在于准确实现双目相机两个单目之间的立体校正[25]。如图 2.8 所示，双目相机左、右光心分别为 O_1、O_2。真实世界中的空间点 P 与双目相机的左、右光心确定了一个平面 PO_1O_2，该平面称为极平面。设极平面与两个相机成像平面的交点为 p_1、p_2、e_1、e_2，连线 O_1O_2 称为基线，则该连线与两个相机成像平面的交点 e_1、e_2 称为极点，极平面与两个像平面所成的交线 l_1、l_2 称为极线。

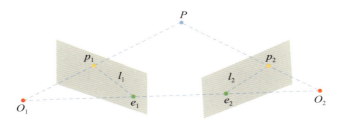

图 2.8 对极几何示意图

立体校正就是使两条相机光轴 O_1P、O_2P 相互平行，以保证两条极线相互平行且存在于像素坐标系中的同一行，从而利于立体匹配算法在像素坐标系的同一行中寻找同一个对象点在左、右图像中的位置差异，进而确定视差。根据相机模型，可以得到两个像素点的像素位置：

$$\begin{cases} \boldsymbol{p}_1 = \boldsymbol{KP} \\ \boldsymbol{p}_2 = \boldsymbol{K}(\boldsymbol{RP} + \boldsymbol{t}) \end{cases} \quad (2.21)$$

通过内参求逆，可以得到像素点在归一化平面上的坐标：

$$\begin{cases} \boldsymbol{x}_1 = \boldsymbol{K}^{-1}\boldsymbol{p}_1 \\ \boldsymbol{x}_2 = \boldsymbol{K}^{-1}\boldsymbol{p}_2 \end{cases} \quad (2.22)$$

将式（2.21）代入式（2.22），并在两边同时与 $\boldsymbol{t}$ 做外积运算。这里用左乘 $\hat{\boldsymbol{t}}$ 表示，两侧再同时左乘 $\boldsymbol{x}_2^{\mathrm{T}}$，由于 $\boldsymbol{x}_2^{\mathrm{T}}\hat{\boldsymbol{t}}$ 是一个与 $\boldsymbol{t}$ 和 $\boldsymbol{x}_2$ 都垂直的向量，因此进行外积运算后的结果为 0，于是得到对极约束表达式如下：

$$\boldsymbol{x}_2^{\mathrm{T}}\hat{\boldsymbol{t}}\boldsymbol{R}\boldsymbol{x}_1 = 0 \quad (2.23)$$

在对双目相机进行立体校正时，首先要得到左、右目相机在当前状态下的位姿变换。定义 $\hat{\boldsymbol{t}}\boldsymbol{R}$ 为本质矩阵 $\boldsymbol{E}$，通过一对匹配点 $\boldsymbol{x}_1 = \begin{bmatrix} u_1 & v_1 & 1 \end{bmatrix}^{\mathrm{T}}$，$\boldsymbol{x}_2 = \begin{bmatrix} u_2 & v_2 & 1 \end{bmatrix}^{\mathrm{T}}$，可以得到满足对极约束下的方程：

$$\begin{bmatrix} u_1 & v_1 & 1 \end{bmatrix} \begin{bmatrix} e_1 & e_2 & e_3 \\ e_4 & e_5 & e_6 \\ e_7 & e_8 & e_9 \end{bmatrix} \begin{bmatrix} u_2 \\ v_2 \\ 1 \end{bmatrix} = 0 \quad (2.24)$$

其中，本质矩阵 $\boldsymbol{E}$ 共有 9 个元素。如果选择 8 对已匹配的特征点，且 8 对特征点组成的矩阵满足秩为 8 的条件，那么本质矩阵的各个元素就可以根据八点法求解得出。进一步，可以通过分解本质矩阵来得到两个相机之间的 $\boldsymbol{R}$、$\boldsymbol{t}$，并得到两个相机各自完成立体校正所需的旋转矩阵，最后根据旋转矩阵对相机图像进行变换，从而实现立体校正。

2.1.3 双目相机标定实例

在双目相机联合标定之前，首先应对其左、右单目相机进行单目标定，得到其左、右单目相机的内参和畸变参数，进而获得双目相机两个单目之间的外参矩阵。本节将通过几个具体实例来介绍双目相机标定的具体过程[26]。

2.1.3.1 基于 ROS 的单目相机内参与畸变系数标定

ROS（Robot Operating System，机器人操作系统）是一种用于编写机器

第 2 章　度量空间：多传感器标定

人程序的软件架构，具有高度灵活性。它包含大量工具软件、库代码和约定协议，旨在简化跨机器人平台创建复杂的、鲁棒的机器人行为这一过程的难度与复杂度。ROS 提供了一个简单易用的功能包 camera_calibration，可用于实现单目相机的内参与畸变参数的标定。完整安装的桌面版 ROS 已经包含该功能包，可在终端界面输入以下命令进行检查：

```
rosdep install camera_calibration
```

如果没有安装 camera_calibration 功能包，则输入上述命令后在网络连接正常条件下会自动对该功能包进行安装。如果已经正确安装该功能包，则终端会反馈以下信息：

```
#ALL required rosdeps installed successfully
```

在正确安装 camera_calibration 功能包后，还需要准备一张平面棋盘格标定板，用于后续相机标定使用。可下载 ROS 官方提供的标准 8×6 大小的标定板[①]，然后用标准 A4 纸打印，其单条棋盘格边长为 0.024 5 m。

除此之外，ROS 也支持基于自定义数量和大小的棋盘格标定板的单目相机内参标定，用户可根据需要自行定制。

在做好以上准备工作后，便可以开始对相机内参和畸变系数进行标定。首先，在终端输入如下命令启动 roscore：

```
roscore
```

在 roscore 命令成功运行后，在 ROS 环境下启动相机，并获取相机发布图像的节点名称。多数相机可通过 ROS 提供的 usb_cam 驱动，在终端输入如下命令以打开相机：

```
roslaunch usb_cam usb_cam-test.launch
```

在相机正常运行条件下，在终端输入如下命令打开 camera_calibration 节点对相机进行标定：

```
rosrun camera_calibration cameracalibrator.py --size 8x6 --square 0.0245 image:=/usb_cam/image_raw camera:=/usb_cam
```

---

① http://wiki.ros.org/camera_calibration/Tutorials/MonocularCalibration? action = AttachFile&do = view&target = check-108.pdf。

其中，size 参数为标定板内棋盘格的个数，以内圈顶点个数为标准进行计算，图 2.9 所示为 8×6 大小的棋盘格标定板；square 参数为棋盘格标定板内一个小正方形格子的实际边长，单位为米（m）；image 参数为发布图像的节点；camera 参数为自定义相机的名称，一般默认为 Camera。以上参数需要根据实际情况进行调整，以保证标定的正确性与准确性。

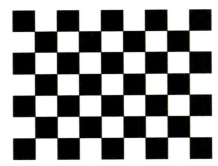

图 2.9　size 参数为 8×6 的棋盘格标定板

节点启动成功后，会出现 ROS 标定窗口，如图 2.10 所示。

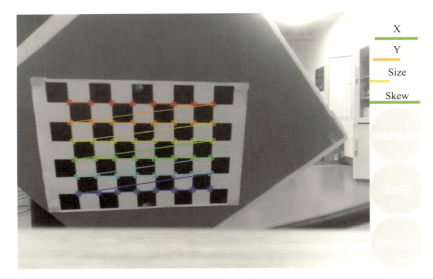

图 2.10　ROS 标定窗口

在图 2.10 中，X 代表标定板在相机视野内的横向位置，左右移动标定板可使 X 所对应的进度条增加；Y 代表标定板在相机视野内的竖向位置，上下移动标定板可使 Y 所对应的进度条增加；Size 代表标定板在相机视野内的大小，前后移动标定板可使 Size 对应的进度条增加；Skew 代表标定板在相机视野内的倾斜程度，可通过向不同角度倾斜标定板使其对应的进度条增加。当标定板以足够多的位置和姿态出现在相机视野中后，X、Y、Size、Skew 4 项参数对应的进度条均会由红色转变为绿色，理想情况下应使得 4 个进度条均达到百分之百；同时，"CALIBRATE"按钮高亮，此时单击该按钮，节点开始计算校正参数，等待 1~2 min 后，终端将输出迭代后的相机参数和畸变系数。此时单击"COMMIT"按钮，将相机校正文件保存到"/home/sun/.ros/camera/_info/"路径下，文件格式为.yaml，其参数如下：

```
image_width:640
image_height:480
camera_name:head_camera
camera_matrix:
rows:3
cols:3
data:[644.9871208555877,0,331.7351157700301,0,647.3085714349502,
     248.5058450461932,0,0,1]
distortion_model:plumb_bob
distortion_coefficients:
rows:1
cols:5
data:[0.2483720478627449,-0.4360360704160953,
     -0.008073532467450732,-0.0004951782308249399,0]
rectification_matrix:
rows:3
cols:3
data:[1,0,0,0,1,0,0,0,1]
projection_matrix:
rows:3
cols:4
data:[669.4783935546875,0,331.064954159061,0,0,
     669.2264404296875,245.2322330954958,0,0,0,1,0]
```

各项参数的意义如下：
- image_width：图像像素宽度。
- image_height：图像像素高度。
- camera_name：相机名称。
- camera_matrix：相机内参矩阵。
- distortion_model：相机畸变模型。
- distortion_coefficients：相机畸变系数。
- rectification_matrix：校正矩阵。
- projection_matrix：世界坐标系到像平面坐标系的投影矩阵。

至此，基于 ROS 的单目相机内参和畸变系数标定完成。当再次在 ROS 环境下利用 usb_cam 对相机进行驱动时，会自动根据相机名称调用对应的校正文件，并输出畸变校正后的图像。相机的畸变校正效果如图 2.11 所示。

（a）　　　　　　　　　　　　　　（b）

图 2.11　利用相机内参及畸变系数进行校正的对比示意图

（a）原图像；（b）校正后的图像

2.1.3.2　基于 MATLAB 的单目相机内参与畸变系数标定

在基于 ROS 的单目相机参数标定过程中，需要实时对标定板进行捕获，并对相机节点的配置有一定要求。MATLAB 相机标定工具箱 Camera Calibration Toolbox 提供了一种仅依赖离线图像对单目相机进行标定的方法[27]，因此能更加便捷地获取相机的内参和畸变系数，但其标定准确度对所提供的标定图像依赖性较强，在标定过程中没有直观的进度条表示是否已经提供足够多姿态的标定图像。

在利用 Camera Calibration Toolbox 对相机进行标定前，仍需准备一张棋

第 2 章 度量空间：多传感器标定

盘格标定板，其制作过程和参数与上节中所述相同。将棋盘格标定板固定后，使用待标定相机在不同角度、距离、方向上对棋盘格进行拍摄，从而得到标定素材。一般标定素材以 20 幅左右为宜，同时应保证图像分辨率大小一致。

做好以上准备工作后，打开 MATLAB 程序，在"APP"-"图像处理与计算机视觉"一栏中找到 Camera Calibration 程序并启动。启动成功后，Camera Calibration 程序界面如图 2.12 所示。

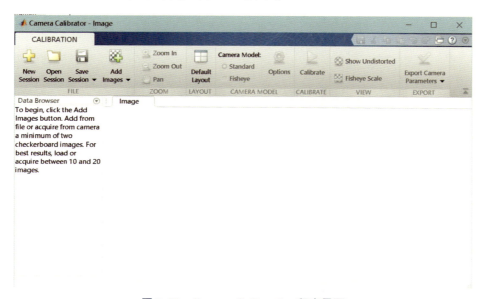

图 2.12　Camera Calibration 程序界面

单击工具栏中的"Add Images"按钮，选择"From file"选项，从文件夹中添加已准备的标定素材，单击"确定"按钮后，在图 2.13 所示的对话框中输入棋盘格单个正方形的实际边长。

图 2.13　棋盘格参数输入界面

单击"确定"按钮后，MATLAB 会对添加的图像进行初步筛选并显示筛选结果，从而剔除不符合规格的图像，如图 2.14 所示。

31

图 2.14　MATLAB 图像检测界面

检测完成后，单击"Calibrate"按钮，程序开始相机参数的计算和迭代，如图 2.15 所示。

图 2.15　开始相机参数的计算和迭代

等待 1~2 min，相机参数计算完成，单击工具栏中的"Export Camera"选项，保存相机参数，返回命令窗口，即可看到相机相关参数。在此基础上，在命令窗口分别输入如下命令，可获得内参矩阵、径向畸变和切向畸变：

```
>> cameraParams.IntrinsicMatrix
```

```
>> cameraParams.RadialDistortion
```

```
>> cameraParams.TangentialDistortion
```

2.1.3.3　基于 MATLAB 的双目相机标定

在单目相机标定的基础上，MATLAB 相机标定工具箱 Camera Calibration Toolbox 还提供了双目相机标定方法，可基于双目相机在不同角度对棋盘格标定板拍摄的图像得到左目相机、右目相机的内参和畸变参数，以及两个相机间的外参。

首先仍需准备一张棋盘格标定板，并用双目相机在不同角度、距离、位姿下对棋盘格标定板进行多次采样拍照，一般以 20 幅为宜，并将左目图像和右目图像分别存储在不同文件夹中。

以上准备工作完成后，在"APP"-"图像处理与计算机视觉"一栏中找到"Stereo Camera Calibration"程序并打开，程序运行成功后将出现图 2.16 所示的界面。

第 2 章　度量空间：多传感器标定

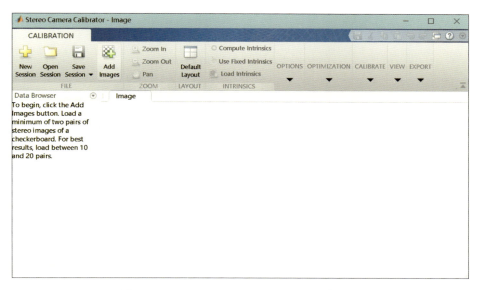

图 2.16　Stereo Camera Calibration 程序界面

单击工具栏中的"Add Images"按钮，分别在"camera 1"和"camera 2"下的文本框中添加左目图像和右目图像所在的目录，并设置棋盘格标定板中单个正方形的边长，如图 2.17 所示。

图 2.17　添加左目图像和右目图像

在单击"确定"按钮后，MATLAB 对所添加的图像进行初步筛选，去除拍摄角度不佳的图像后，工具栏中的"Calibrate"按钮高亮，单击此按钮，开始标定。

标定完成后，单击工具栏中的"Export Camera Parameters"按钮，将标定结果输出，如图 2.18 所示。其中，"TranslationOfCamera2"为 camera 2

相对于 camera 1 的平移向量，"RotationOfCamera2" 为 camera 2 相对于 camera 1 的旋转矩阵。

图 2.18　双目相机标定结果

单击"CameraParameters1"和"CameraParameters2"所对应的值，可以查看双目相机左、右目相机的单目标定参数，从而获得左目相机、右目相机的内参和畸变参数以及两个相机间的外参，完成双目相机标定。进一步，可以依据以上参数对相机图像进行变换，得到立体校正后的图像，此时三维世界中同一对象点所对应的像素点在双目相机左、右图像矩阵中分布在同一行中，如图 2.19 所示（在本例中，将双目相机竖立拍摄，即上图为左目图像、下图为右目图像）。

图 2.19　双目立体校正结果（彩色竖线表示极线）

第 2 章 度量空间：多传感器标定

2.2 全景相机成像与标定

随着无人驾驶技术的发展，传统的相机系统因受单个相机视场的限制，已经不能满足无人驾驶技术对周围复杂空间环境的感知要求。全景相机成像系统可通过多个布置在不同角度的相机（包括折反射相机、鱼眼相机以及其他全向相机等），在单幅图像中提供360°视场范围的景象，从而显著提高无人车对周边环境的感知能力[28]，因此在无人车领域得到广泛应用，并具有广阔的前景。

由 2.1 节可知，相机标定是求解相机参数的过程，从而建立空间三维世界中的对象点到图像中的二维点之间的映射关系。其主要参数可分为两类：一类为相机内参，即与相机内部几何光学特性相关的参数；另一类为相机外参，即相机成像平面相对于外部某一个参考坐标系的三维姿态参数，包括旋转矩阵和平移向量。全景相机成像系统通常由多个相机构成，以便在获得360°视场范围的前提下保证成像精度。因此，对于全景相机成像系统，对相机的精确标定是从周围环境中获得准确信息至关重要的前提。本节将基于多项式通用相机模型[29]，介绍全景相机系统标定的主流方法，并通过一个全景相机系统标定实例介绍全景相机系统标定的具体过程[30]。

2.2.1 多项式通用相机模型

在全景成像系统中，为了获得360°视场范围的景象，常采用多个大视场角度相机对周围环境进行捕捉。其中，视场角大于100°的相机通常称为鱼眼相机。针对鱼眼相机的成像模型有等距投影模型[31]、等立体角投影模型[32]、正交投影模型[33]、球极投影模型[34]、透视投影模型，其投影原理如图 2.20 所示。其中，透视投影模型即前文提到的针孔相机模型，在焦距足够短的情况下也能让视场角达到100°以上，但其对相机的加工工艺要求极高。因此，透视投影模型在标定鱼眼相机中应用得较少，其他投影模型在实际中应用得较多。然而，实际相机镜头的加工效果很难严格遵循图 2.20 所示的投影模型精确实现，导致在利用上述模型标定相机时会存在较大的误差。

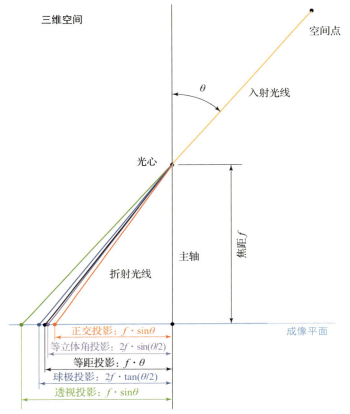

图 2.20 非多项式投影模型的成像原理

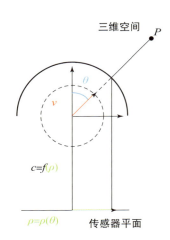

图 2.21 多项式投影模型的成像原理

为了解决上述问题，Scaramuzza 等[35]于 2006 年在数学上将前面提到的几种鱼眼相机成像模型表达式进行泰勒展开并总结，提出了一种可用于折反射式相机、鱼眼相机及其他全向相机的通用广义相机模型。该模型利用泰勒多项式表达全景相机的成像原理，如图 2.21 所示。

该模型将空间中任意一点通过球面映射到成像平面，建立空间点与成像平面中点的对应关系。理论上，该模型可以表示视场角大于 270°的超广角相机，而且不需要提前预知相机的镜片类型。从二维成像平面到三维空间点方向向量的映射模型表达式如下：

第 2 章 度量空间：多传感器标定

$$\lambda g(m) = \frac{\lambda (x,y,f(x,y))^{\mathrm{T}}}{\|(x,y,f(x,y))^{\mathrm{T}}\|} = \frac{\lambda (x,y,f(\rho))^{\mathrm{T}}}{\|(x,y,f(\rho))^{\mathrm{T}}\|} = P \quad (2.25)$$

式中，$g(\cdot)$——相机坐标系下一个三维空间点 P 对应的方向向量，其模长为 1，方向为从光的汇聚中心（虚拟光心）指向空间点 P；

m——传感器成像平面中的二维点的坐标，$m = [x,y]^{\mathrm{T}}$；

λ——空间点的尺度信息，即空间点到虚拟光心的物理距离；

ρ——成像平面中点 (x,y) 距离成像平面中心的距离，$\rho = \sqrt{x^2+y^2}$。

因此，映射函数 $g(\cdot)$ 具有旋转对称性；函数 $f(\cdot)$ 与相机镜头距离成像平面的安装距离有关。Scaramuzza 等[35]提出了一种对于任何全景相机都具有普适性的表示方法，即用泰勒多项式表达该函数：

$$f(\rho) = a_0 + a_1\rho + a_2\rho^2 + \cdots + a_n\rho^n \quad (2.26)$$

式中，$a_1\rho = 0$。其原因在于，在对相机建模时，希望相机坐标系的 z 轴与 $f(\rho)$ 的极值相交。因此，假设

$$\left.\frac{\mathrm{d}f(\rho)}{\mathrm{d}\rho}\right|_{\rho=0} = 0 \quad (2.27)$$

计算可得，a_1 为 0。

当前研究的只是成像平面与相机坐标系下空间点的映射关系，受相机加工工艺的影响，传感器成像平面与图像像素平面不能完美重合。因此，需要考虑成像平面中的二维点到图像平面的映射，映射函数为

$$\begin{bmatrix} u \\ v \end{bmatrix} = \begin{bmatrix} c & d \\ e & 1 \end{bmatrix} \begin{bmatrix} x \\ y \end{bmatrix} + \begin{bmatrix} o_x \\ o_y \end{bmatrix} \quad (2.28)$$

式中，$[u,v]^{\mathrm{T}}$——图像像素坐标系中的点，该坐标系的原点在图像的左上角，该像素点坐标用向量 m' 表示；

$\begin{bmatrix} c & d \\ e & 1 \end{bmatrix}$——传感器平面与镜头轴线平面不对齐的数字化处理过程，用矩阵 A 表示；

$[o_x,o_y]^{\mathrm{T}}$——成像平面中存在畸变的光学中心，用 o_c 表示。

因此，点在传感器平面与图像像素平面变换的模型也可以表示为 $m' = r(m) = Am + o_c$，从而利用相机的泰勒多项式模型可以得到相机坐标系下三维点到二维图像点的映射函数。

2.2.2 全景相机系统空间感知模型

单目视觉系统涉及的坐标系包括世界坐标系、相机坐标系、成像平面

坐标系、图像像素坐标系等。在多相机构成的全景相机成像系统中，除了要考虑单个相机成像以外，还要考虑如何将多个相机的空间数据统一关联，因此需要引入本体坐标系。各坐标系变换关系如图2.22所示。

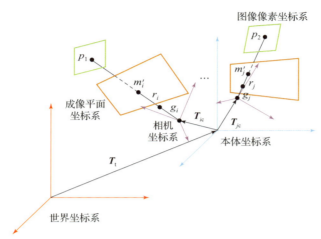

图 2.22　全景相机成像系统坐标系变换关系

图 2.22 中，T_t 为从世界坐标系到本体坐标系的变换矩阵；T_{ic} 为第 i 个相机坐标系到本体坐标系的变换矩阵；g_i 为第 i 个相机坐标系到成像平面坐标系的映射函数；r_i 为成像平面坐标系到图像像素坐标系的映射函数。因此，在式（2.25）和式（2.28）的基础上可以推导出由多相机构成的全景相机系统空间感知模型，即空间坐标系下任一三维空间点 P 与图像坐标系下二维点的映射公式：

$$m'_i = r_i(m_i) = r_i \psi_c^g (T_{ic} T_t P_i) \tag{2.29}$$

式中，m'_i, P_i ——对应的图像点坐标与空间点坐标；

T_t ——多相机系统在世界坐标系下的实时位姿；

T_{ic} ——第 i 个相机相对于本体坐标系的位姿变换矩阵；

$\psi_c^g(\cdot)$ ——从三维空间点 P 到二维成像平面点的逆映射函数。

一般情况下，每个相机采用固连的方式安装，即每个相机相对于本体坐标系的变换矩阵是不变的。因此，可以通过提前标定的方式获取每个相机对应的变换矩阵 T_{ic}。通常，变换矩阵由旋转平移参数组成：

$$T_{ic} = \begin{bmatrix} R_c & t_c \\ 0 & 1 \end{bmatrix} \tag{2.30}$$

式中，t_c ——平移向量，$t_c \in \mathbb{R}^{3\times1}$，表示对应本体坐标系 x、y、z 轴向上的位移；

$\boldsymbol{R}_c$——旋转矩阵，$\boldsymbol{R}_c \in \mathbb{R}^{3\times3}$，表示对应本体坐标系 x、y、z 轴上的旋转角度。

2.2.3　全景相机系统内参标定方法

在由多相机构成的全景相机系统中，通常利用多项式通用相机模型对相机进行建模，以保证全景相机系统内相机模型的通用性和一致性。基于多项式通用相机模型的标定方法最初由 Scaramuzza 等[35]提出，并开源了一个 MATLAB 标定工具箱，但标定程序使用的是对图像中棋盘格角点自动提取的方法，存在提取错误的情况，而且优化结果的重投影误差比较大，从而限制了其使用精度。2015 年，Steffen 等[36]提出了改进方法，该方法扩展了 Scaramuzza 等提出的多项式相机模型标定方法，通过替换所有参数的残差函数和联合参数来提高非线性优化的精度，并使用 M 估计器扩展非线性角点的连接，可准确地提取亚像素连接点，使得系统对于异常角点提取更鲁棒，进而实现更稳定、更准确的校准。这两种标定方法标定结果的均方根投影误差（RMS）对比结果如图 2.23 所示。

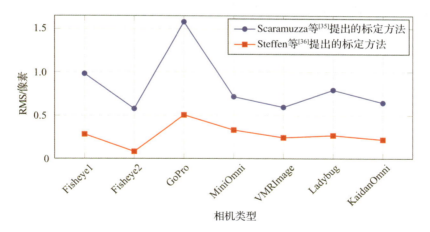

图 2.23　两种标定方法在不同相机类型中的 RMS 结果对比

结果显示，Steffen 等[36]提出的标定方法能将均方根投影误差控制在 0.5 像素以内，其精度的最好效果是 Scaramuzza 所提标定方法的 7.1 倍，并且适用于多种相机类型。其 MATLAB 工具箱及测试数据集下载网址：http://www.ipf.kit.edu/code.php。

2.2.4 全景相机系统外参标定方法

全景相机系统外参是指每个相机所在的相机坐标系相对于本体坐标系的变换矩阵，包括三维空间下的旋转平移共 6 个自由度信息，通过标定的外参可以将本体坐标系中的点 P_b 投影到各个相机坐标系下。该过程可用下式表示：

$$P_{ic} = \begin{bmatrix} R_{ic} & t_{ic} \end{bmatrix} P_b \tag{2.31}$$

目前主流的外参标定方法按使用标定板的不同可以分为基于棋盘格、基于 Aprilgrid 图以及基于随机图的标定方法，所使用的标定板如图 2.24 所示。

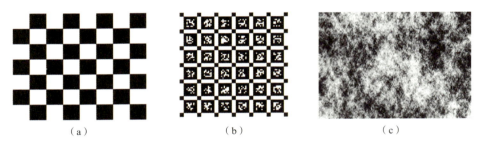

图 2.24　全景相机系统外部参数校准常用标定板
(a) 棋盘格标定板；(b) Aprilgrid 标定板；(c) 随机图标定板

基于棋盘格的标定方法最早由 Heikkila 等[37]提出，该方法因其易于使用和高校准精度，被认为是用于校准单目和立体相机的最先进方法。然而，对于具有指向不同方向的多个相机系统，难以使用这些工具箱来校准相机系统的外部空间。这是因为，目前的自动和半自动棋盘检测器的使用前提是棋盘格完全在相机视野内，而全景相机系统内的相机重叠视野过小，导致不能同时清晰获取完整的棋盘格，因此难以将棋盘格标定方法用于多相机全景系统的外部参数校准。

随后，Maye 等[38]提出使用 Aprilgrid 标定板对相机进行标定。该标定方法将 AprilTags 的识别融入传统棋盘格识别，可以赋予每个棋盘格独立的编号，因此能克服传统利用棋盘格标定方法时必须保证相机重叠区域对所有棋盘格可见的约束。不过，该方法优化的信息仍是棋盘格的角点。

Li 等[39]提出了一种基于特征描述符随机图的方法,以标定相机外参。该方法可以根据标定需求任意设定随机图的尺寸,能包含更多不同尺度的特征,这些特征分布稠密、使用简单,将可优化的角点信息从棋盘格中的几十个扩展到成百上千个,从而能有效提高标定结果的精度;同时,该方法所支持校准的相机模型涵盖范围广泛,既可以是普通的针孔相机模型也可以是鱼眼相机模型,并且该方法仅要求相机能够看到标定板的一部分。因此,对于相机视野重叠区域小甚至不具有重叠区域的相机组,该方法也能很好地实现相机外参的标定,其标定的外参投影效果如图 2.25 所示。

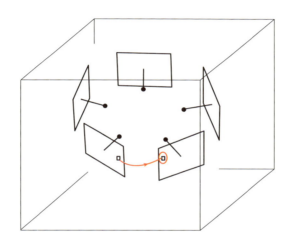

图 2.25　全景相机系统外参标定效果示意图

2.2.5　全景相机系统标定实例

本节将通过基于 MATLAB 的全景相机系统标定工具箱 calibration-toolbox-0.9①,具体说明全景相机系统的标定过程。该工具箱为 Li 等[39]基于其论文进行开源,可以较容易地得到包含普通针孔相机、鱼眼相机、折反射相机在内的全景相机系统的内参与外参,因此具有广泛的适用性。

---

① 下载网址:https://sites.google.com/site/prclibo/toolbox。

该工具箱需要运行于 MATLAB 2012b 或更高版本，所需标定板为随机图案标定板[①]，以便获得更多尺度特征，进而提高标定结果精度。

在准备好标定板后，需要将标定板移动到全景相机系统的每对相邻相机前面，并拍摄同步图像，将图像以 camera - time.extension 格式命名。其中，camera 为相机编号，是从 1 开始的正整数；time 为图像所对应的时间戳，应为正数。将拍摄得到的图像存储在同一文件夹中，以便后续标定使用。

在完成准备工作后，调用 calibration - toolbox - 0.9 工具箱中的 scripts→main 文件，开始进行标定，在 MATLAB 命令窗口中将出现以下提示并弹出文件选择对话框：

```
>> main
-----------------------------------------------
Multiple - Camera Calibration Toolbox
-----------------------------------------------
### Load Pattern
Input the path of the pattern
```

在弹出的文件选择对话框中添加已下载的标定板图像后，MATLAB 命令窗口将出现以下提示：

```
C:\Users\zhangman\Desktop\demo\pattern.png successfully loaded
### Resize Pattern
Do you need to resize the pattern?
If the pattern resolution is very high,
suitable shrinking can help speed up and enhance the feature detection.
Input the scale([] = no resize):
```

由于从上述网址下载的标定板图像具有较高的分辨率，因此需要输入调整系数"0.5"，以调整标定板图像的大小。输入调整系数后，MATLAB 命令窗口将出现以下提示：

---

① 下载网址：https://docs.google.com/file/d/0BwxCBduyhug1Ry1nZ0 R0Nl9OS0E/edit。

```
Resized to 50%
------------------------------------------------
### Camera Numbers
Input the number of cameras in the system:
```

接下来,根据全景相机系统中的相机个数输入相应参数。在本例中,全景相机系统共包括 5 个相机,因此输入"5"。然后,MATLAB 命令窗口将出现以下提示:

```
### Camera Type
Use pinhole(1)or catadioptric(2)model for Camera #1(1/2)?
```

根据全景相机系统中每个相机的类型,可以为每个相机选择不同的模型,其中参数 1 对应针孔相机模型、参数 2 对应折反射相机模型,Camera 为当前选择的相机模型在全景相机系统中所对应的相机编号。在为 1 号相机选定相机模型后,MATLAB 命令窗口将出现以下提示:

```
Use the same model for the rest of the cameras (Y/N,[] = Y)?
```

按【Enter】键可为系统中剩余相机选择与 1 号相机相同的相机模型。当全景相机系统中包含多个适用于不同相机模型的相机时,可以输入"N"后依次独立地设置全景相机系统中剩余相机所适用的相机模型。在确定全景相机系统中所有相机的适用模型后,MATLAB 命令窗口将出现以下提示,并弹出文件选择对话框:

```
### Load Images
### Select images all together (should be named in form
"cameraIndex-timeStamp")
```

在文件选择对话框中添加已准备好的标定图像,单击"确认"按钮后,程序将开始加载标定图像并显示图像加载信息。

```
75 images loaded
------------------------------------------------
### Process Images
Camera #1: Adding photo #129...
```

```
....Matches: 60
....Matches after Fundam. Check: 50
....Matches after smoothness Check: 0
.... Invalid photo due to too few inliers by coarse Homography
check.
Camera #1: Adding photo #132 ...
....Matches: 62
....Matches after Fundam. Check: 49
....Matches after smoothness Check: 35
....35 features kept
....
....
```

在加载信息中可以看到对每幅图像检测到的有效特征个数,然后程序将自动启动校准程序。校准结束后,将在 MATLAB 命令窗口输出全景相机系统所对应的内参与外参。

```
### Intrinsics:
Camera #1 :
....xi: [0.65283]
....Focal length: [666.0163, 665.7701]
....Aspect ratio: 0
....Principle Point: [414.4583, 224.1895]
....Distortion Coeff: [ -0.27932, 0.091451, 2.2887e-05,
    -0.0007834]
Camera #2 :
....xi: [0.97522]
....Focal length: [808.0249, 802.131]
....Aspect ratio: 0
....Principle Point: [425.7122, 243.3074]
....Distortion Coeff: [ -0.24185, 0.073079, -0.0016074,
    -0.004699]
```

```
Camera #3:
....xi: [0.71802]
....Focal length: [701.7525, 699.4926]
....Aspect ratio: 0
....Principle Point: [429.4812, 231.1852]
....Distortion Coeff: [-0.28707, 0.081733, -0.0016077,
    0.0017757]
Camera #4:
....xi: [0.88314]
....Focal length: [765.5139, 765.9976]
....Aspect ratio: 0
....Principle Point: [433.4785, 229.8539]
....Distortion Coeff: [-0.24854, 0.087669, -0.0010827,
    -0.00050116]
Camera #5:
....xi: [3.3476]
....Focal length: [1763.2499, 1764.0331]
....Aspect ratio: 0
....Principle Point: [417.5776, 236.8838]
....Distortion Coeff: [1.2603, 13.5175, -0.0014666,
    0.0057048]
### Extrinsics:
Extrinsics:
Camera #1:
1 0 0 0
0 1 0 0
0 0 1 0
0 0 0 1
Camera #2:
0.4640087   0.001735698   -0.8858289   -279.4238
0.04912703  0.9984086     0.02768966   -2.550196
0.8844673   -0.05636639   0.463185     -204.4289
```

```
0            0              0            1
Camera #3 :
-0.7728156    0.08470548     0.6289524    297.8468
-0.1147579    0.956063      -0.2697668   -78.23345
-0.6241688   -0.2806573     -0.7291397   -493.3369
0            0              0            1
Camera #4 :
0.4427148   -0.02634907     0.8962753    343.7024
-0.09387387   0.9927132      0.07555315  -1.418267
-0.891735   -0.1175853      0.4370153   -103.2369
0            0              0            1
Camera #5 :
-0.7229034  -0.09485381    -0.6844074   -128.6446
0.1151779    0.9601303     -0.2547232   -76.85794
0.6812817   -0.2629689     -0.6831563   -506.6182
0            0              0            1
Press ENTER to visualize camera poses plot and pose graph
```

按【Enter】键，程序将输出全景相机系统各相机姿态与可视化三维姿态图，如图 2.26 所示。至此，完成了一组全景相机成像系统的参数标定。

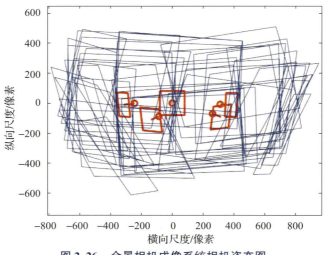

图 2.26　全景相机成像系统相机姿态图

2.3 激光雷达与相机的标定

在无人平台环境感知领域中，激光雷达与相机各有优缺点[40]。相机成本低廉，可感知环境中丰富的色彩信息，技术相对成熟。近年来，双目（或多目）相机及相关算法的出现，初步解决了单目相机难以获得空间三维信息的问题，推进了视觉 SLAM 等技术的发展，进一步拓展了相机的应用范围。然而，相机本身受环境光线的影响较大，现阶段难以突破该技术难题，且通过双目（或多目）相机获得的空间三维信息精度较低。相对相机而言，激光雷达能准确地获得空间及物体三维信息，且稳定性高、鲁棒性强，基本不受环境光线的影响，在强光或弱光环境下均能保持稳定性能。然而，激光雷达会丢失大量视觉信息，不能提供物体颜色、文本等详细信息，难以有效分辨路标、指示牌等目标物体的细微差别。因此，应用单一传感器进行环境感知会存在一定缺陷，难以取得较好的结果。

为解决上述问题，将激光雷达与相机信息融合逐步成为环境感知研究领域的新热点，可实现这两种传感器对颜色、纹理、尺度等多类型环境要素感知的有效融合。为实现两者有效融合，目前的通用技术手段是通过激光雷达与相机联合标定获得雷达坐标系与相机坐标系间的变换矩阵，进而实现点云信息与图像信息匹配，同时获得物体的三维坐标信息与图像信息。因此，准确地完成激光雷达与相机的联合标定是实现两者融合的前提和关键。

2.3.1 激光雷达与相机联合感知模型

由 2.1 节已知，通过建立相机感知模型，可以实现世界坐标系下的三维坐标点与像素平面坐标系下像素坐标的映射。对于激光雷达，可以简单地通过旋转矩阵和平移向量建立世界坐标系下三维坐标点与激光雷达坐标系下三维坐标点之间的映射关系。因此，使用激光雷达和相机同时对世界坐标系下若干个已知三维坐标点进行观测，便可以求解出激光雷达坐标系下三维坐标点与相机坐标系下像素坐标间的映射关系，从而建立激光雷达与相机联合感知模型，如图 2.27 所示。图中，UOV 为像素坐系，$O_L X_L Y_L Z_L$ 为激光雷达坐标系，$P_w(x_w,y_w,z_w)$ 为世界坐标系下的一个三维坐标点，$P_c(u,v)$ 为点 $P_w(x_w,y_w,z_w)$ 在像素平面坐标系下对应的二维坐标点，$P_L(x_L,y_L,z_L)$ 为点 $P_w(x_w,y_w,z_w)$ 在激光雷达坐标系下对应的三维坐标点。

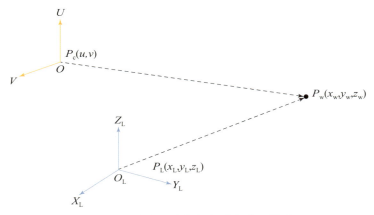

图 2.27　激光雷达与相机联合感知模型

由相机感知模型，已知：

$$z_c \begin{bmatrix} u \\ v \\ 1 \end{bmatrix} = \begin{bmatrix} f_x & 0 & c_x & 0 \\ 0 & f_y & c_y & 0 \\ 0 & 0 & 1 & 0 \end{bmatrix} \boldsymbol{T}_w^c \begin{bmatrix} x_w \\ y_w \\ z_w \\ 1 \end{bmatrix} \quad (2.32)$$

同时，世界坐标系下的三维坐标点 $P_w(x_w,y_w,z_w)$ 与激光雷达坐标系下的三维坐标点 $P_L(x_L,y_L,z_L)$ 之间存在如下映射关系：

$$\begin{bmatrix} x_L \\ y_L \\ z_L \\ 1 \end{bmatrix} = \boldsymbol{T}_w^L \begin{bmatrix} x_w \\ y_w \\ z_w \\ 1 \end{bmatrix} \quad (2.33)$$

式中，$\boldsymbol{T}_w^L$——世界坐标系到激光雷达坐标系的变换矩阵。

联合式（2.32）与式（2.33），可以得到

$$z_c \begin{bmatrix} u \\ v \\ 1 \end{bmatrix} = \begin{bmatrix} f_x & 0 & c_x & 0 \\ 0 & f_y & c_y & 0 \\ 0 & 0 & 1 & 0 \end{bmatrix} \boldsymbol{T}_w^c (\boldsymbol{T}_w^L)^{-1} \begin{bmatrix} x_L \\ y_L \\ z_L \\ 1 \end{bmatrix} \quad (2.34)$$

式中，$T_w^c(T_w^L)^{-1}$——旋转平移量，将其写成如下矩阵形式：

$$z_c \begin{bmatrix} u \\ v \\ 1 \end{bmatrix} = \begin{bmatrix} f_x & 0 & c_x & 0 \\ 0 & f_y & c_y & 0 \\ 0 & 0 & 1 & 0 \end{bmatrix} \begin{bmatrix} R_{cL} & t_{cL} \\ 0 & 1 \end{bmatrix} \begin{bmatrix} x_L \\ y_L \\ z_L \\ 1 \end{bmatrix} \quad (2.35)$$

式中，R_{cL}——激光雷达坐标系相对像素平面坐标系的旋转矩阵；

t_{cL}——激光雷达坐标系相对像素平面坐标系的平移向量。

通过标定可以求解旋转矩阵 R_{cL} 和平移向量 t_{cL} 的参数，建立激光雷达坐标系下三维点与像素平面坐标系下二维点之间的映射关系，从而构建激光雷达与相机联合感知模型。

2.3.2 激光雷达与相机联合标定实例

激光雷达与相机的联合标定包含两部分内容，分别是时间校准和空间校准[41]。其中，时间校准是完成激光雷达与相机空间校准的前提和基础。在时间校准方面，目前普遍采用的方案有两种。较为传统的方案是基于每帧激光雷达数据和图像数据的时间戳实现两者时间校准，该方案的优点是适用于各种品牌、类型的激光雷达和相机，且不受硬件条件的限制，但在校准过程中会耗费一部分时间。随着激光雷达与相机联合应用的不断成熟，基于硬件触发的时间校准方案逐渐走进应用领域，该方案通过硬件电路触发激光雷达和相机进行同步采样，具有校准耗时短、校准精度高等特点。

激光雷达与相机的空间校准是两者联合标定的关键。多数情况下，激光雷达与相机之间为刚性连接，因此对激光雷达与相机的空间校准实际上就是利用相应的标定手段获取激光雷达坐标系到像素平面坐标系的旋转矩阵、平移向量，从而建立点云与像素之间的映射关系。目前，常用的激光雷达与相机联合标定方法可根据标定条件的不同分为基于自然特征的联合标定方法、基于标定板的联合标定方法。接下来，将通过两个标定实例具体说明激光雷达与相机的联合标定过程[42]。

2.3.2.1 Apollo 2.0

随着无人车技术的发展，百度在 Apollo 2.0 传感器校准指南[43]中开源了激光雷达与相机联合标定工具①，下载完成后，将文件解压缩至 Apollo 存储库根目录：$APOLLO_HOME/modules/calibration。

Apollo 激光雷达和相机校准工具包没有提供相机校准功能，因此在应用该工具包时，需要利用其他相机校准工具（如基于 ROS 的相机校准工具或基于 MATLAB 的相机校准工具箱）获得相机内参，并根据相机内参更改校准工具中的相机内参文件 yaml，其文件格式如下：

```
header:
seq: 0
stamp:
secs: 0
nsecs: 0
frame_id: short_camera
height: 1080
width: 1920
distortion_model: plumb_bob
D: [-0.535253, 0.259291, 0.004276, -0.000503, 0.0]
K: [1959.678185, 0.0, 1003.592207, 0.0, 1953.786100,
    507.820634, 0.0, 0.0, 1.0]
R: [1.0, 0.0, 0.0, 0.0, 1.0, 0.0, 0.0, 0.0, 1.0]
P: [1665.387817, 0.0, 1018.703332, 0.0, 0.0, 1867.912842,
    506.628623, 0.0, 0.0, 0.0, 1.0, 0.0]
binning_x: 0
binning_y: 0
roi:
x_offset: 0
y_offset: 0
height: 0
width: 0
do_rectify: False
```

---

① https://github.com/ApolloAuto/apollo/blob/master/docs/quickstart/apollo_2_0_sensor_calibration_guide.md。

第 2 章 度量空间：多传感器标定

由于 Apollo 标定工具箱使用自然环境中的特征对激光雷达和相机进行空间校准，因此该工具箱需要用户提供旋转矩阵和平移向量作为参考。值得注意的是，较大的初始偏差可能导致校准时间过长或校准失败。因此，应在标定工具箱初始外部文件中提供尽可能准确的初始参数。初始文件格式如下：

```
header:
seq: 0
stamp:
secs: 0
nsecs: 0
frame_id: velodyne64
child_frame_id: short_camera
transform:
rotation:
y: 0.5
x: -0.5
w: 0.5
z: -0.5
translation:
x: 0.0
y: 1.5
z: 2.0
```

在完成以上准备工作后，使用以下命令运行校准工具：

```
cd /apollo/scripts
bash sensor_calibration.sh lidar_camera
```

校准工具开始运行后，保持车辆低速直线行驶，以便激光雷达和相机收集数据进行校准。校准完成后，相应的配置文件将以 .yaml 格式保存，位置：/apollo/modules/calibration/lidar_camera_calibrator/camera_camera_calibrtor.conf。同时，该工具箱还将输出一幅带有深度的图像，用于直观展示联合标定的结果，如图 2.28 所示。

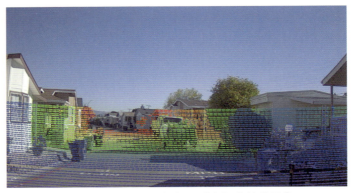

图 2.28　激光雷达与相机联合标定的结果①

2.3.2.2　Lidar_camera_calibration 标定工具包

Lidar_camera_calibration 是一款由 Dhall 等[44]开源的利用 ArUco 标记对激光雷达和相机进行联合标定的工具包②。

在开始标定前，需要制作至少两张 ArUco 标记板，用于之后的标定工作，如图 2.29 所示。其中，$s1, s2, b1, b2, e$ 为可自行选择的标定板参数，单位为厘米（cm）。ArUco 标记的 y 轴应指向外侧，x 轴应与 $s2$ 边平行，z 轴应与 $s1$ 边平行，且保证从左到右悬挂的 ArUco 标记 ID 按升序排列。ArUco 标记悬挂示意如图 2.30 所示。

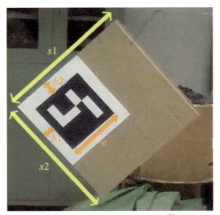

图 2.29　ArUco 标记板③

---

①③　来自第三方 github 开源项目 lidar_camera_calibration 的 readme 文件：https://github.com/ankitdhall/lidar_camera_calibration。

②　其 ROS 安装包下载网址：https://github.com/ankitdhall/lidar_camera_calibration。

图 2.30　ArUco 标记悬挂示意图①

之后，根据所用标定板对 marker_coordinates.txt 文件进行设置，文件格式如下：

```
N
length(s1)
breadth(s2)
border_width_along_length(b1)
border_width_along_breadth(b2)
edge_length_of_ArUco_marker(e)
length(s1)
breadth(s2)
border_width_along_length(b1)
border_width_along_breadth(b2)
edge_length_of_ArUco_marker(e)
...
```

其中，N 为所使用标定板的数目，后面每 5 行参数设定一个标定板，根据 ArUco 标记将 ID 从小到大进行排列。

---

① 来自第三方 github 开源项目 lidar_camera_calibration 的 readme 文件：https://github.com/ankitdhall/lidar_camera_calibration。

此外，在开始标定前，需要给出相机内参，并在文件 config_file.txt 中对该参数进行设定。文件格式如下：

```
image_width image_height
x- x+
y- y+
z- z+
cloud_intensity_threshold
number_of_markers
use_camera_info_topic?
fx 0 cx 0
0 fy cy 0
0 0 1 0

MAX_ITERS

initial_rot_x initial_rot_y initial_rot_z

lidar_type
```

参数说明：

- image_width，image_height：相机图像的像素宽度和像素高度。
- x-,x+,y-,y+,z-,z+：用于对激光雷达点云进行过滤，单位为米（m），从而能够更容易地得到标定板边缘。设定后，激光雷达采集的信息将仅包括符合以下要求的点云：

$$\begin{cases} x \in [x-, x+] \\ y \in [y-, y+] \\ z \in [z-, z+] \end{cases} \quad (2.36)$$

- cloud_intensity_threshold：滤波器参数，通常默认为 0.05，当在点云图中发现标定板边缘点缺失时，可通过调整该项参数来改善边缘点丢失的情况。
- number_of_markers：标定板个数。
- use_camera_info_topic：可设置为 1 或 0。设置为 1 时，标定程序将

第 2 章 度量空间：多传感器标定

会自动从相机驱动程序中读取相机参数；设置为 0 时，标定程序将会从 config_file.txt 文件中读取相机参数。一般推荐将该参数设置为 0，以保证能够正确加载相机参数。

- fx, cx, fy, cy：相机参数，可以通过 2.1 节中介绍的相机参数标定方法获得。
- MAX_ITERS：标定过程中的迭代次数。
- initial_rot_x, initial_rot_y, initial_rot_z：用于指定激光雷达相对于相机的初始方向，单位为弧度（rad）。若相机与激光雷达指向一致，则其参考值为 1.57、−1.57、0.0；若相机与激光雷达指向不一致，则应根据实际指向对初始方向参数进行调整。
- lidar_type：激光雷达类型参数。将该参数设置为 0 时，适用于 Velodyne 系列激光雷达；设置为 1 时，适用于 Hesai 系列激光雷达。

完成以上设置后，开启激光雷达节点和相机节点，保证标定板能够同时出现在激光雷达采集范围和相机视野内，然后在终端输入以下命令，开始校准过程：

```
roslaunch lidar_camera_calibration find_transform.launch
```

校准开始后，需要在标定界面手动框选每个标定板所对应的边缘点。具体操作步骤：在屏幕上单击一个点并按空格键确定该点，进而通过 4 个点构成一个四边形来框选标定板的一条边。对于某个确定的标定板，其边缘框选应从左上边缘开始，按顺时针方向进行框选；对于全部标定板，应按照从左到右的顺序开始框选。校准标定过程中选定的四边形如图 2.31 所示。

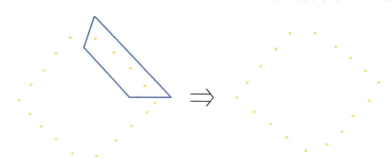

图 2.31　校准标定过程中选定的四边形

当所有标定板边缘被框选后，程序就进行标定参数迭代。迭代完成后，将在终端输出标定参数：

```
Rigid-body transformation:
0.999524     -0.0299726   0.00733764   0.331391
0.0304669    0.996284     -0.0805604   -0.168235
-0.00489576  0.0807456    0.996723     -0.0643203
0            0            0            1
```

2.4 本章小结

本章主要介绍了包括单目、双目、全景相机以及激光雷达等陆上无人系统常用主流传感器的感知模型、校正原理以及相互联合标定方法，并列举了多个相机校正与联合标定实例。

具体地，本章首先对单目相机成像原理进行介绍，分析了成像的畸变过程与矫正方法，详细阐述了张氏标定法的基本原理和相机内参的估计方法。在此基础上，进一步建立了双目相机的感知数学模型，并阐述了双目相机的外参标定原理。之后，本章分别介绍了基于 ROS、MATLAB 的单目、双目相机标定实例。同时，考虑到全景相机因其更广阔感知视野被越来越多无人系统装配，还介绍了适用于全景相机的多项式通用相机模型与空间感知模型。然后，本章对多种主流全景相机内参标定方法进行了分析与对比，并给出了基于 MATLAB 的全景相机标定实例。最后，本章介绍了激光雷达与相机联合标定方法，推导了激光雷达与相机联合感知过程中涉及的坐标变换关系，并针对两者具体标定过程分别介绍了基于 Apollo、Lidar_camera_calibration 工具包的相关实例。

本章介绍的多传感器感知原理与标定方法建立了环境要素到感知数据的映射模型，为后续章节在统一时空尺度下完成地图构建、语义理解和规划控制奠定了基础。

第3章

度量空间：全局地图构建

陆上无人系统执行自主导航任务的前提条件是完成全局地图及相应坐标系统构建，并实时获取自身在全局地图中的精确位姿。在实际应用场景中，陆上无人系统受其工作环境、作业要求、系统成本等限制，无法确保实时获取高精度卫星定位信息并接入全球坐标系统。因此，必须依靠其自身所载传感器感知环境有效特征，构建统一的度量空间，为其自主决策、路径规划、运动控制提供实时完备的时空尺度信息。

陆上无人系统对全局地图构建的需求与其所处环境、传感器类别、导航任务息息相关。针对不同作业环境下多类自主导航任务需求，研究人员提出了多种形式的全局地图。本章主要介绍几种典型全局地图构建与实时定位方法的基本原理及应用思路。

3.1 地图构建技术概述

地图构建技术起源于 Smith 等[45]关于概率构图（stochastic mapping）的研究。之后，该问题由 Bailey 和 Durrant – Whyte[46-47]进一步阐述：移动机器人在一个未知的、不确定环境的任意位置出发，使用传感器感知周围环境，并不断对自身移动轨迹以及环境中路标点位置进行估计，实现环境地图的实时构建，即 SLAM（simultaneous localization and mapping，即时定位与地图构建）过程。SLAM 技术对移动机器人导航的意义重大，一经提出便引起相关研究人员的广泛关注，SLAM 相关理论及应用也不断被提出和改进。根据所选用传感器的不同，SLAM 大致可分为两类——以激光雷达为主、以视觉为主[48]。

经过多年研究，SLAM 算法目前已基本形成通用的框架[49]，该框架包含前端和后端两大核心模块，以及回环检测和地图构建两个附加模块。其中，前端为里程计，通过传感器相邻帧间的配准估计帧间相对运动，同时构建局部地图；后端则对里程计的估计结果进行优化，以得到更精确的全局位姿轨迹和地图；回环检测通过计算当前场景与历史场景的相似度，判断机器人是否运动到此前经过的位置，从而可以在后端添加新的位姿约束关系进行优化，使地图具备全局一致性（global consistency）；地图构建是在传感器所获取信息以及前端和后端估计结果的基础上，根据机器人的任务需求构建合适的地图。

SLAM 的前端模块根据应用场景、所用传感器以及所提取的特征不同，其细节各有不同。本章介绍的不同方法的主要区别正是体现在前端。激光雷达 SLAM 的前端通常采用轮式里程计或惯性测量单元，也可直接利用激光里程计，即通过相邻帧激光点云求解位姿变换关系。视觉 SLAM 的前端一般采用视觉里程计，主要可分为两种——基于特征点的方法、直接法。

由于前端估计帧间位姿变换会存在误差累积的问题，因此通常需要建立后端来对位姿的估计值进行优化，以减小里程计的累积误差。早期的 SLAM 系统后端采用基于滤波的方法，如扩展卡尔曼滤波（extended Kalman filter，EKF）[45]、扩展信息滤波[50]、无迹卡尔曼滤波（unscented Kalman filter，UKF）[51]以及粒子滤波（partical filter，PF）[52]等。这类算法适用于地图中路标点较少的情况，如基于 Rao‑Blackwellized 粒子滤波的二维激光 SLAM 算法 GMapping[53]、基于扩展卡尔曼滤波的单目视觉 SLAM 算法 MonoSLAM[54]。然而，基于滤波器的方法存在特征点数量过多时导致计算耗时大幅增加、难以表达回环约束等问题，难以应用于大规模环境的地图创建。近年来，SFM（structure from motion，运动恢复结构法）中的非线性最小二乘优化算法被引入 SLAM。比起只考虑与上一帧的关系进行迭代的传统滤波器方法，最小二乘优化算法能综合所有帧的信息，把误差平均分配到每一次观测中。在 SLAM 中捆集优化一般以拓扑图的形式给出，通常称之为图优化方法，其优点是可以直观地表达优化问题，并可以利用稀疏代数的算法进行快速求解，且可以方便地表达回环，即使面对大范围 SLAM 问题也可以获得较高精度的解，因此逐渐成为解决 SLAM 问题的主流方法。目前，大部分 SLAM 系统都基于非线性最小二乘优化，如 cartographer[55]、LOAM[56]、ORB‑SLAM[57‑58]等。

第3章 度量空间：全局地图构建

后端能有效减小传感器观测噪声、运动估计误差等因素造成的影响，但仅依靠后端无法有效解决误差累积问题。若无人平台的运动轨迹存在环形，则可通过回环检测添加回环约束，并结合后端优化有效消除累积的误差。目前主流视觉 SLAM 系统（如 ORB – SLAM[57-58]、FAB – MAP[59]）的回环检测一般利用 ORB[60]、SURF[61]、SIFT[62]等人工设计的图像特征，使用词袋模型建立一个特征向量描述该图像对应场景，通过对比描述各图像场景的特征向量距离，就可以找出具有相似场景的图像，实现回环检测。激光雷达 SLAM 的回环检测一般转化为局部地图的匹配问题进行处理，如 cartographer[55]和 LOAM[56]。

不同的自主导航任务对地图有不同的需求，因此选择的地图形式由无人系统的自主导航任务而定。SLAM 中常用的地图形式大致可分为度量地图（metric map）和拓扑地图（topological map）两种。度量地图精确表示环境中物体间的位置关系，可根据不同的需要选择不同种类的地图，如稀疏特征地图、稠密点云地图、占据栅格地图、八叉树地图等。其中，稀疏特征地图仅记录图像特征点的空间位置，一般仅用于定位；稠密点云地图对所有像素点的空间位置都进行记录，一般用于地图可视化；占据栅格地图和八叉树地图[63]根据一定的分辨率表征环境中的地形障碍物情况，常用于定位与路径规划。拓扑地图将环境中元素的联通关系用图和节点来表达，而不记录其精确位置和环境中的细节信息，因此只需要很小的存储空间就可以表达很大范围的环境，但其难以表达具有复杂结构的地图，一般用于全局路径规划。

上述 SLAM 框架中涉及大量的图像处理、特征匹配、场景识别等技术，相关传统算法越来越难以满足研究者对 SLAM 性能的要求。随着深度学习的飞速发展，相关技术也被大量应用于 SLAM 的各模块，包括特征提取、位姿估计、深度估计、回环检测、语义地图构建等。例如，Yi 等[64]设计了一种深度神经网络结构，可实现特征检测与描述的端到端学习；Tateno 等[65]将 LSD – SLAM 中的深度估计和图像匹配替换成基于神经网络的方法；Qiu 等[66]利用语义信息提纯候选特征匹配对，以提高匹配的正确率；Yin 等[67]通过无监督学习的方法实现单目相机深度估计和位姿估计；Yin 等[68]利用无监督自编码器提取激光点云特征，Arandjelovic 等[69]将卷积神经网络用于传统 VLAD 特征[70]，可实现更准确的回环检测。还有大量工作构建语义地图或带有物体模型的地图，并利用其中的语义信息提高构图精度。另外，融合多种传感器信息也成为目前 SLAM 的一大研究趋势。例如，融合视觉和激光雷达的 Zhang 等[71]的研究等；融合惯性器件和视觉信息的 MSCKF[72]、VINS[73] 等；融合惯性器件和激光雷达的 MC2SLAM[74]等。

本章将按照传感器和地图构建类型的不同，分别介绍三维激光点云地图构建、二维激光占据栅格地图构建、稀疏特征点云地图构建以及稠密彩色点云地图构建方法。

3.2 三维激光点云地图构建

基于激光雷达的 SLAM 可大致分为二维和三维激光 SLAM。二维激光雷达可探测平面方向的障碍物情况，但难以获得障碍物高度等信息，因此一般用于室内环境或室外平坦环境；三维激光雷达可还原场景三维信息，但成本远高于二维激光雷达。由于激光雷达具有空间测距精度高的优点，因此目前基于激光雷达的 SLAM 算法的构图精度普遍高于基于视觉的 SLAM 算法。

如前文所述，三维激光点云地图构建算法可以分为前端和后端两大核心模块。三维激光 SLAM 前端的主要功能是求解激光雷达相邻帧间点云位姿变换关系。在载体高速运动的情况下，由于帧率有限，激光雷达 SLAM 通常采用轮式里程计或惯性测量单元（inertial measurement unit，IMU）提供相邻激光帧间的初始位姿变换关系。当激光雷达扫描速率足够高（通常 360°扫描频率需在 10 Hz 及以上）时，相邻帧间的运动失真通常可以忽略不计，在这种情况下，可以采用激光雷达里程计，如迭代最近点（iterative closest points，ICP）算法[75]或正态分布变换（normal distributions transform，NDT）算法[76]。传统的 ICP 算法逐点寻找可能的对应关系，计算在该对应关系假设下的变换，并在新的变换关系下再次寻找对应关系并计算新的变换，直到满足停止标准为止；其缺点是在处理大规模点云时速度非常慢且严重依赖初值。NDT 算法将点云空间划分为栅格并分别构建局部概率密度函数，通过优化位姿估计值使似然函数最大来实现配准。由于不需要寻找匹配点，因此 NDT 算法的运算速度比 ICP 算法快且无须给定初值。然而，NDT 算法要求两帧点云大致相似，并且在选取栅格尺寸时需要权衡精度和运算速度的需求；大的栅格尺寸会使精度降低，而小的栅格尺寸会占用大量内存并降低运算速度。三维激光 SLAM 的后端大多采用滤波或最小二乘优化方法，因此不同方法间的差别主要体现在前端。

Zhang 等[56]提出的 LOAM 算法是目前主流的激光 SLAM 方法之一。该算法包含两个不同频率的配准模块,其中一个进行高频低精度配准,另一个进行低频高精度配准,通过将这两个模块的结果融合得到实时的高精度配准结果。该算法的配准思想与 ICP 算法类似:ICP 算法考虑点云中的所有点;LOAM 算法根据局部区域的粗糙度来提取一些特征点,将其与历史点云的特征进行匹配,并用新的优化函数替换 ICP 算法中的点到点距离来估计位姿。然而,LOAM 算法有可能将位置不固定的物体(如草丛、树叶、行人、车辆等)选为特征点,导致里程计精度下降。LeGO - LOAM 算法[77]针对 LOAM 算法将草丛、树叶、行人、车辆等噪声点提取为特征的缺点,通过点云梯度分割出激光点云中的地面点与非地面点,并分别在两类点中以不同的规则提取特征点,不仅提高了 LOAM 算法在野外环境的精度,还提高了该算法的实时性。因此,本节主要介绍 LeGO - LOAM 算法,首先介绍投影图获取方法,然后介绍特征提取与位姿配准方法,最后介绍后端位姿优化方法。

3.2.1 投影图获取

LeGO - LOAM 算法首先将激光点云转换为投影图,该投影图与激光雷达的扫描机理密切相关。激光雷达每旋转到一个角度就会发回一组数据,包括当前激光雷达的旋转角度和各条激光束测得的距离及回波强度。对于某个旋转角度的激光束 i,令 D_i 为激光束测得的距离,θ_r 为当前雷达的旋转角度,θ_i 为该激光束与水平面的夹角,I_i 为回波强度。激光雷达旋转 360°后,传感器驱动程序会将这些数据转换为一帧三维点云,即一系列点 $P_i = (x_i, y_i, z_i, I_i)$,其转换过程为

$$\begin{cases} x_i = D_i \cos \theta_i \sin \theta_r \\ y_i = D_i \cos \theta_i \cos \theta_r \\ z_i = D_i \sin \theta_i \end{cases} \tag{3.1}$$

投影图的生成就是将点云按照扫描线及激光雷达的角度转换为投影坐标系的二维图像,如图 3.1 所示。以 64 线激光雷达为例,若角分辨率设置为 0.2°,则投影图水平方向为 1 800 像素,垂直方向为 64 像素。因此根据定义,三维直角坐标系到投影图的坐标变换公式为

$$\begin{cases} u_i = \dfrac{1}{\pi} f(y_i, x_i) \cdot w + c_w \\ v_i = \left(1 - \dfrac{1}{f_v} \arcsin \dfrac{z_i}{D_i}\right) \cdot h + c_h \end{cases} \tag{3.2}$$

式中，u_i, v_i——点 (x_i, y_i) 在投影图坐标系下的坐标；

f_v——激光雷达激光器的角度范围；

w, h——投影图的水平方向和垂直方向像素范围；

c_w, c_h——原三维直角坐标系 x 轴正方向上的点在投影图中的横坐标和纵坐标；

$f(y_i, x_i)$——计算点 (x_i, y_i) 与 x 轴的夹角，定义如下：

$$f(y_i, x_i) \begin{cases} \arctan \dfrac{y}{x}, & x > 0 \\ \arctan \dfrac{y}{x} + \pi, & y \geq 0, x < 0 \\ \arctan \dfrac{y}{x} - \pi, & y < 0, x < 0 \\ \dfrac{\pi}{2}, & y > 0, x = 0 \\ -\dfrac{\pi}{2}, & y < 0, x = 0 \\ 无效值, & y = 0, x = 0 \end{cases}$$

图 3.1 所示为激光雷达点云投影示意图。

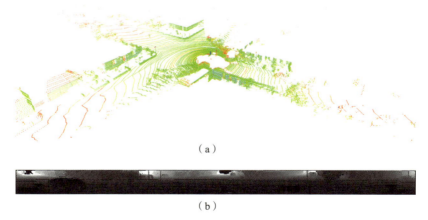

(a)

(b)

图 3.1　激光雷达点云投影示意图

(a) 原始激光点云；(b) 距离投影图

3.2.2　特征提取

得到投影图后，LeGO-LOAM 算法一方面利用点的梯度筛选出地面点,另一方面计算投影图 $\mathcal{R}$ 中每个点的粗糙度。粗糙度的计算方法为:在投影图 $\mathcal{R}$ 中给定一个点 p_i,令 S 为在投影图 $\mathcal{R}$ 中与点 p_i 同一行的若干连续点构成的无向图,且 S 中一半的点位于点 p_i 的一侧,另一半点位于点 p_i 的另一侧,对于每一个点 p_i 获得 S 并计算该点的粗糙度:

$$s(p_i) = \frac{1}{|S| \|\boldsymbol{r}_i\|} \left\| \sum_{p_j \in S, j \neq i} (\boldsymbol{r}_j - \boldsymbol{r}_i) \right\| \tag{3.3}$$

式中,$\boldsymbol{r}_i, \boldsymbol{r}_j$——投影图 $\mathcal{R}$ 中保存的点 p_i、p_j 的距离。

如图 3.2 所示,边缘特征点的粗糙度更大,平面特征点的粗糙度更小。因此通过比较粗糙度就可以选出边缘点和平面点。

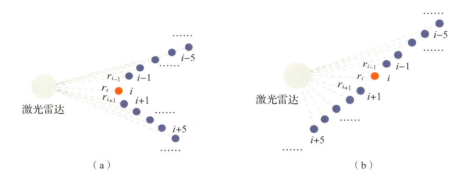

图 3.2 点的粗糙度示意图

(a) 粗糙度大的情况;(b) 粗糙度小的情况

获取粗糙度后,LeGO-LOAM 算法会根据每个点的粗糙度及一些限制条件对特征点进行筛选。为了防止特征点聚集,保证能够均匀提取点云在各个方向的特征,LeGO-LOAM 算法将投影图划分为几个子图像。在子图像每一行中对所有点的粗糙度 s 进行排序,并按照顺序选取若干满足要求的特征点。具体地,首先按照粗糙度 s 从大到小的顺序选取最多 $N_\mathcal{E}$ 个满足要求的边缘特征点,$\mathcal{E}$ 为边缘特征点集;再按照粗糙度 s 从小到大的顺序选取最多 $N_\mathcal{P}$ 个满足要求的平面特征点,$\mathcal{P}$ 为平面特征点集。所选的特征点需要满足以下要求:

(1)粗糙度要求:边缘特征点的粗糙度 s 应大于阈值 t_e,平面特征点的粗糙度 s 应大于阈值 t_p。

(2)激光雷达的激光束与局部平面接近平行的点不能被选为特征点。如图 3.3 (a) 所示,如果激光束与局部平面接近平行,那么即使激光雷达移动微小的距离,激光束与平面的交点也会发生剧烈变化,甚至不再有交

点（即该激光会击中其他物体而非原来的物体）。这会导致特征点位置不稳定，并且会造成相邻两帧点云特征点的误匹配。因此，如果$|r_{i+1} - r_i|$和$|r_i - r_{i-1}|$均大于阈值t_n，则该点不能被选为特征点。

（3）可能被遮挡的激光点不能作为特征点。如图 3.3（b）所示，图中点 A 和点 B 的粗糙度均满足边缘特征点要求，但是点 A 所在的物体前方有物体遮挡，因此无法判断点 A 所处的位置是平面还是边缘（图中的红色虚线段）。另外，如果激光雷达发生移动，那么在下一帧中点 A 既有可能被遮挡，也有可能被观察到是平面特征点而非边缘特征点，故算法应该选取点 B 而非点 A 作为特征点。因此，当 $r_i - r_{i-1}$ 或 $r_i - r_{i+1}$ 小于阈值 $-t_g$ 时，说明点 p_i 和它相邻激光点之间存在很大的间隔，且点 p_i 离激光雷达更远，即点 p_i 是有可能被遮挡的点，不能被选择为特征点。

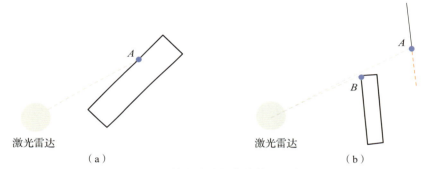

图 3.3 不能作为特征点的情况示意图
（a）与局部平面接近平行的点；（b）可能被遮挡的点

（4）特征点不能位于已选特征点附近。例如，点 p_i 已被选择为特征点，则 $p_{i-X} \sim p_{i+X}$ 不能被选择为特征点。

（5）地面点不能被选为边缘特征点，只能被选为平面特征点。

然后，算法在筛选出的特征点基础上，进一步结合特征点语义信息，筛选高质量的边缘特征点集 $\mathbb{E}$ 及平面特征点集 $\mathbb{P}$。算法在每个子图像的每一行内按照平面特征点的粗糙度 s 从小到大的顺序，选取最多 N_P 个语义属性为地面的高质量平面特征点；按照边缘特征点的粗糙度 s 从大到小的顺序，选取最多 N_E 个高质量边缘特征点。

可以看出，$\mathbb{E} \subset \mathcal{E}$，$\mathbb{P} \subset \mathcal{P}$。经过上述流程，算法选取的 $N_\mathcal{E}$ 个普通边缘特征点、$N_\mathcal{P}$ 个普通平面特征点、N_E 个高质量边缘特征点和 N_P 个高质量平面特征点，都将被用于下一步——帧间位姿配准（原始激光点云如图 3.4 所示，单帧点云特征点如图 3.5 所示）。

图 3.4 原始激光点云

（a）

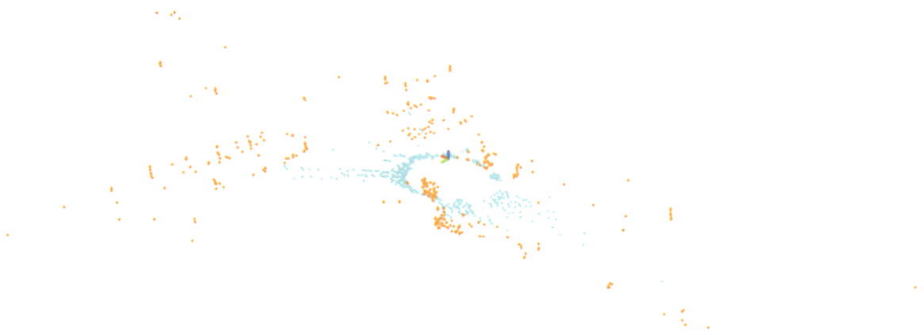

（b）

图 3.5 单帧点云特征点示意图

（a）普通特征点；（b）高质量特征点

3.2.3 帧间位姿配准

帧间位姿配准模块在提取到的特征点的基础上，寻找当前帧边缘特征点与上一帧所处的边缘、当前帧平面点与上一帧所处平面的对应关系，解算当前帧与上一帧的位姿变换。该类算法可分为特征匹配和位姿求解两部分。

3.2.3.1 特征匹配

为了提高特征匹配的效率和准确率，算法首先根据上一时刻估计的位姿变换关系 $T_{t-1,t-2}$ 预测当前时刻的位姿变换关系 $\hat{T}_{t,t-1}$。预测可以通过两

种方式实现：一种是利用外部传感器信息，如 IMU 提供短时间的位姿变换关系先验值；另一种是假设无人平台匀速运动，即

$$\hat{\boldsymbol{T}}_{t,t-1} = \boldsymbol{T}_{t-1,t-2} \tag{3.4}$$

然后，将当前帧的高质量特征点集 $\mathbb{E}_t$ 和 $\mathbb{P}_t$ 根据预测的变换矩阵进行坐标变换，即对于当前帧的特征点 p_i 的坐标 $\boldsymbol{P}_i^t$，根据

$$\begin{bmatrix} \hat{\boldsymbol{P}}_i^{t-1} \\ 1 \end{bmatrix} = \hat{\boldsymbol{T}}_{t-1,t} \begin{bmatrix} \boldsymbol{P}_i^t \\ 1 \end{bmatrix} \tag{3.5}$$

得到其在上一时刻坐标系的坐标 $\hat{\boldsymbol{P}}_i^{t-1}$。

定义经过坐标变换后的上一帧特征点的点集 $\mathbb{E}_{t-1}$ 和 $\mathbb{P}_{t-1}$。为了提高里程计的配准速度，本节仅将当前帧的高质量特征点与上一帧的普通特征点进行匹配，而非将当前帧的所有特征点都用于匹配。

在特征匹配的过程中，对于当前帧的边缘特征点，要寻找其在上一帧所处的边缘，因此只需要在上一帧找到在该边缘上的两个边缘特征点，就可以确定该边缘所在的直线，如图 3.6（a）所示；对于当前帧的平面特征点，要寻找其在上一帧所处的平面，因此只需要在上一帧找到在该平面上的三个平面特征点即可，如图 3.6（b）所示。

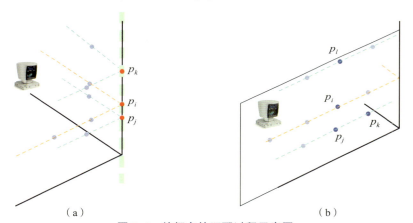

图 3.6　特征点的匹配过程示意图
（a）边缘特征点与边缘的匹配；（b）平面特征点与平面的匹配

具体的匹配过程如下：

对于当前帧的每个高质量边缘特征点 $p_i \in \mathbb{E}_t$，首先在上一帧的边缘特征点集 $\mathbb{E}_{t-1}$ 中找到与点 p_i 距离最近的边缘特征点 p_j，在点 p_j 所在的投影图 $\mathcal{R}_{t-1}$ 中点 p_j 所在行的相邻两行内（不包含点 p_j 所在行）寻找与点 p_j 距离

最近的边缘特征点 p_k。然后，检验点 p_j、p_k 与点 p_i 的距离是否均小于一定阈值，若符合要求，则可以认为经过点 p_j 和点 p_k 的直线是有效的匹配边缘。如图 3.6（a）所示，红色点为边缘特征点；橙色虚线为当前帧激光雷达的一条扫描线，即投影图 $\mathcal{R}_t$ 中的其中一行；两条浅蓝色虚线为上一帧激光雷达的扫描线，即投影图 $\mathcal{R}_{t-1}$ 中的某两行；浅绿色粗虚线即与 p_i 匹配的边缘。

对于当前帧的每个高质量平面特征点 $p_i \in \mathbb{P}_t$，如前文所述，该点一定是语义属性为地面的点。因此，首先在上一帧的平面特征点集 $\mathcal{P}_{t-1}$ 中找到与点 p_i 距离最近的语义属性为地面的平面特征点 p_j；然后在点 p_j 所在的投影图 $\mathcal{R}_{t-1}$ 的同一行中寻找最近的语义属性为地面的平面特征点 p_k；之后在除了点 p_j 所在行的相邻两行内寻找距离点 p_j 最近的语义属性为地面的平面特征点 p_l。最后，对三个点到点 p_i 的距离进行检验，如果符合要求则可以认为过点 p_j、p_k 和 p_l 的平面是有效的匹配平面。如图 3.6（b）所示，图中的蓝色点为平面点，浅绿色平面即与 p_i 匹配的平面。

3.2.3.2 位姿求解

经过特征匹配后，可以得到边缘特征点 $p_i \in \mathbb{E}_t$ 所在的边缘在上一帧的位置，也可以得到平面特征点 $p_i \in \mathbb{P}_t$ 所在的平面在上一帧的位置。如果 3.2.3.1 节中算法预测的当前时刻位姿变换关系 $\hat{\boldsymbol{T}}_{t,t-1}$ 与真实的位姿变化完全吻合，那么上一帧点云按照 $\hat{\boldsymbol{T}}_{t,t-1}$ 变换后，当前帧的所有特征点都应该位于匹配的边缘（或平面）上。然而，$\hat{\boldsymbol{T}}_{t,t-1}$ 会与实际值有一定误差，导致特征点与匹配的边缘（或平面）有一定偏移。如果算法能够在此基础上找到一个新的 $\Delta\hat{\boldsymbol{T}}_{t,t-1}$，使所有边缘特征点和平面特征点经过此变换后都尽可能与匹配的边缘（或平面）吻合，该位姿即最优位姿估计。本小节将首先定义特征点到匹配边缘（或平面）的误差函数，然后介绍误差函数的优化方法，最后介绍位姿求解部分的完整算法流程。

给定当前帧高质量边缘特征点 $p_i \in \mathbb{E}_t$ 及匹配边缘上的点 $p_j, p_k \in \mathbb{E}_{t-1}$，可以得到 p_i 到匹配边缘的距离为

$$d_{\mathbb{E}} = \frac{\|(\boldsymbol{P}_i^t - \boldsymbol{P}_j^{t-1}) \cdot (\boldsymbol{P}_i^t - \boldsymbol{P}_k^{t-1})\|}{\|(\boldsymbol{P}_k^{t-1} - \boldsymbol{P}_j^{t-1})\|} \tag{3.6}$$

式中，$\boldsymbol{P}_i^t$——点 p_i 的坐标；

$\boldsymbol{P}_j^{t-1}, \boldsymbol{P}_k^{t-1}$——点 p_j、点 p_k 的坐标。

给定当前帧高质量平面特征点 $p_i \in \mathbb{P}_t$ 及匹配平面上的点 $p_j, p_k, p_l \in \mathcal{P}_{t-1}$，可以得到点 p_i 到平面的距离为

$$d_{\mathbf{P}} = \frac{\|(\boldsymbol{P}_i^t - \boldsymbol{P}_j^{t-1}) \cdot (\boldsymbol{P}_j^{t-1} - \boldsymbol{P}_k^{t-1}) \cdot (\boldsymbol{P}_j^{t-1} - \boldsymbol{P}_l^{t-1})\|}{\|(\boldsymbol{P}_j^{t-1} - \boldsymbol{P}_k^{t-1}) \times (\boldsymbol{P}_j^{t-1} - \boldsymbol{P}_l^{t-1})\|} \quad (3.7)$$

式中，$\boldsymbol{P}_l^{t-1}$——点 p_l 的坐标。

为了提高算法求解最优位姿的速度，本节所述方法将最优位姿变换 $\Delta \hat{\boldsymbol{T}}_{t,t-1}$ 的求解过程分为两步。

第 1 步，利用高质量平面特征点进行平面配准，对于平面特征点 $p_i \in \mathbb{P}_t$ 定义误差函数如下：

$$E_{\mathbb{P}_t}(\Delta \hat{\boldsymbol{T}}_{t,t-1}) = \sum_{p_i \in \mathbb{P}_t} \frac{1}{2} (d_{\mathbf{P}}(\Delta \hat{\boldsymbol{T}}_{t,t-1} \cdot P_i))^2 \quad (3.8)$$

优化该误差函数后，算法仅保留高度方向、俯仰方向和横滚方向的结果，记为 $\Delta \hat{\boldsymbol{T}}^1$。这是因为 $\mathbb{P}_t$ 中的特征点均为地面点，因此通过地平面的配准可以得到相对准确的高度、俯仰和横滚估计结果。

第 2 步，将特征点集 $\mathcal{P}_{t-1}$ 按照 $\Delta \hat{\boldsymbol{T}}^1$ 变换后，算法利用边缘特征点进一步估计位姿，对于边缘特征点 $p_i \in \mathbb{E}_t$ 定义距离误差函数如下：

$$E_{\mathbb{E}_t}(\Delta \hat{\boldsymbol{T}}_{t,t-1}) = \sum_{p_i \in \mathbb{E}_t} \frac{1}{2} (d_{\mathbf{E}}(\Delta \hat{\boldsymbol{T}}_{t,t-1} P_i))^2 \quad (3.9)$$

对该误差函数进行优化，求解最优 $\Delta \hat{\boldsymbol{T}}_{t,t-1}$。为了表述方便，令 $\boldsymbol{T}$ 表示 $\Delta \hat{\boldsymbol{T}}_{t,t-1}$，$E(\cdot)$ 代表式（3.9）定义的误差函数。首先利用泰勒公式将 $E(\cdot)$ 在 $\boldsymbol{T} = \boldsymbol{T}_0$ 展开，即

$$E(\boldsymbol{T} + \Delta \boldsymbol{T}) = E(\boldsymbol{T}_0) + \boldsymbol{J}(\boldsymbol{T}_0)\Delta \boldsymbol{T} + o((\Delta \boldsymbol{T})^2)$$
$$\approx E(\boldsymbol{T}_0) + \boldsymbol{J}(\boldsymbol{T}_0)\Delta \boldsymbol{T} \quad (3.10)$$

式中，$\boldsymbol{J}(\boldsymbol{T}_0)$——误差函数 $E(\cdot)$ 相对于 $\boldsymbol{T}$ 在 $\boldsymbol{T} = \boldsymbol{T}_0$ 的雅可比矩阵。

算法可以通过多次迭代，不断寻找变量 $\boldsymbol{T}$ 的最佳微小变化量 $\Delta \boldsymbol{T}$，使 $(E(\boldsymbol{T} + \Delta \boldsymbol{T}))^2$ 最小。上式可以近似为

$$\begin{aligned}\Delta \boldsymbol{T}_{\text{opt}} &= \arg\min_{\Delta \boldsymbol{T}} \|E(\boldsymbol{T}_0) + \boldsymbol{J}(\boldsymbol{T}_0)\Delta \boldsymbol{T}\|^2 \\ &= \arg\min_{\Delta \boldsymbol{T}} (E(\boldsymbol{T}_0) + \boldsymbol{J}(\boldsymbol{T}_0)\Delta \boldsymbol{T})^{\mathrm{T}} (E(\boldsymbol{T}_0) + \boldsymbol{J}(\boldsymbol{T}_0)\Delta \boldsymbol{T}) \\ &= \arg\min_{\Delta \boldsymbol{T}} \|E(\boldsymbol{T}_0)\|^2 + 2(E(\boldsymbol{T}_0))^{\mathrm{T}} \boldsymbol{J}(\boldsymbol{T}_0)\Delta \boldsymbol{T} + (\Delta \boldsymbol{T})^{\mathrm{T}} (\boldsymbol{J}(\boldsymbol{T}_0))^{\mathrm{T}} \boldsymbol{J}(\boldsymbol{T}_0)\Delta \boldsymbol{T}\end{aligned}$$
$$(3.11)$$

将式（3.11）对 $\Delta \boldsymbol{T}$ 求导，并令导数为 0，可以得到

$$H\Delta T = g \quad (3.12)$$

式中，$H = (J(\Delta T))^T J(\Delta T)$；$g = (J(\Delta T))^T E(\Delta T)$。

式（3.12）又称为高斯牛顿方程。求解该方程，可以得到当前 $T = T_0$ 处指向式（3.11）最小值的增量 ΔT；接下来，继续令 $T_0 + \Delta T$ 作为新一次迭代的初始值 T_0。重复该过程若干次，即可得到使式（3.10）达到最小的 T，即最优的位姿。然而，上述求解过程要求矩阵 H 是正定的，但实际上 $(J(\Delta T))^T J(\Delta T)$ 只是半正定的，在 H 矩阵奇异的情况下算法无法收敛；而且，由于仅保留式（3.10）中的一次项，近似公式和目标函数有一定偏差，若优化变量的增量 ΔT 过大，则会导致该偏差较大而无法最小化目标函数。因此，LeGO-LOAM 算法采用 LM（Levenberg-Marquardt，列文伯格-马夸尔特）算法对其进行优化，LM 算法在优化过程中根据信赖区域来限制增量 ΔT 的大小，因而与求解高斯牛顿方程相比鲁棒性更强。

在每轮迭代时，LM 算法在式（3.10）的基础上以信赖域作为约束条件进行优化，即

$$\Delta T_{opt} = \arg\min_{\Delta T} \| E(T_0) + J(T_0)\Delta T \|^2 \quad (3.13)$$
$$\text{s.t.} \ \| D\Delta T \|^2 \leq \mu$$

式中，μ——信赖域半径；

D——对角矩阵且对角元素大于0，其对角元素为信赖域半径 μ 在迭代增量 ΔT 各维度上的超球体尺度因子。

利用拉格朗日乘数法将式（3.13）所示的带约束优化问题转化为无约束优化问题，即

$$\Delta T_{opt} = \arg\min_{\Delta T} \| E(T_0) + J(T_0)\Delta T \|^2 + \lambda \| D\Delta T - \mu + \eta \|^2 \quad (3.14)$$

式中，λ, η——拉格朗日乘子。

对式（3.14）求导并令导数为0，可以得到

$$(H + \lambda D^T D)\Delta T = g \quad (3.15)$$

对比式（3.12）可以看出，在 λ 较小时，LM 算法基本等同于式（3.12）的形式；但是在 λ 较大时，$\lambda D^T D$ 占主要因素，此时 LM 算法更接近于一阶梯度下降法。另外，由于 $D^T D$ 为正定矩阵，因此求解过程中不会出现非奇异的情况。算法中的信赖域半径 μ 通过评估函数 ρ 确定：

$$\rho = \frac{E(T_0 + \Delta T) - E(T_0)}{J(T_0)\Delta T} \quad (3.16)$$

式中，$E(T_0 + \Delta T) - E(T_0)$——目标函数 E 的实际变化量；

$J(T_0)\Delta T$——采用近似公式（式（3.10））后的估计变化量。

如果 ρ 接近 1，则可以认为实际变化量和估计变化量相差不大，表明近似公式在 T_0 附近比较准确；如果 ρ 远小于 1，则说明实际变化量远小于估计变化量，因此需要缩小下一次迭代的信赖域，即减小迭代增量 ΔT；如果 ρ 远大于 1，则说明实际变化量远大于估计变化量，此时应该扩大信赖域，即增加迭代增量 ΔT。

通过上述位姿优化过程，理论上已经可以求出最优位姿变换估计 $\Delta \hat{T}_{t,t-1}$。然而，上述优化过程假定了特征点的匹配是完全准确的，但在实际的特征匹配过程中会不可避免地出现误匹配。不过，小部分点的误匹配不会对误差函数产生非常大的影响，因此通过最小化误差函数求出的最优位姿还是会向真值靠近。如果此时算法再进行特征匹配操作，那么此前小部分误匹配的点就有可能由于所估计的位姿接近真值而更容易找到正确的匹配点，这样算法就可以进一步优化最优位姿，直到匹配关系不再发生变化，对位姿的估计就达到了最优。

3.2.4 后端位姿优化

3.2.4.1 局部位姿优化

本小节用局部位姿优化算法维护一幅局部激光点云地图，利用局部范围内的多帧关键帧优化新关键帧的位姿。每当接收到一帧激光里程计的关键帧 $\mathcal{K}_i$，算法就将该关键帧与局部激光点云地图 $\mathcal{L}_{i-1}$ 进行配准。首先，提取 $\mathcal{L}_{i-1}$ 中各个历史关键帧的边缘特征点集 $\mathcal{E}$ 及平面特征点集 $\mathcal{P}$，并分别构成局部特征地图 $\mathcal{L}_\mathcal{E}$ 和 $\mathcal{L}_\mathcal{P}$；然后，通过在 $\mathcal{L}_\mathcal{E}$ 中寻找集合 $\mathcal{E}$ 的匹配边缘，在 $\mathcal{L}_\mathcal{P}$ 中寻找集合 $\mathcal{P}$ 的匹配平面，构建误差函数并对其进行优化，即可求得最优位姿。算法的流程与 3.2.3 节介绍的帧间配准算法基本相同，但在细节上有以下两点不同：

（1）所采用的特征点的数量不同。由于帧间配准算法需要满足实时性要求，因此该算法仅使用少量的高质量特征点和上一帧的特征点匹配。其优点是可极大减少特征匹配的数量和误差函数的规模，提高里程计位姿估计的实时性；其缺点在于仅采用少量特征点，将导致误差相对较大。后端位姿优化对实时性的要求不高，因此局部位姿优化利用一定距离范围内历史关键帧的大量特征点优化新关键帧的位姿，以提高位姿估计的精度。如

图 3.7 所示，图 3.7（a）所示为局部范围内历史关键帧的平面特征点，图 3.7（b）所示为局部范围内历史关键帧的边缘特征点，可以看出，局部点云的特征点数量远大于图 3.5 所示的单帧点云的特征点数量。

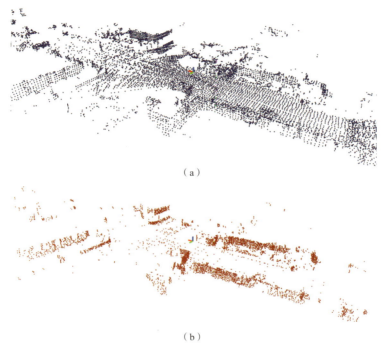

（a）

（b）

图 3.7　局部点云地图特征点示意图

(a) 平面特征点；(b) 边缘特征点

（2）特征点的匹配过程不同。由于激光里程计模块仅匹配相邻两帧的特征点，并且相邻两帧的位移较小，因此通过激光雷达投影图就可以快速找到最近的匹配点。但是局部地图的规模和特征点数量均比帧间位姿配准大很多，因此算法在 $\mathcal{L}_E$ 和 $\mathcal{L}_P$ 中寻找匹配边缘或平面时采用 k-d 树来搜索 m 个（LeGO-LOAM 算法中设置为 5）最近的特征点。

k-d 树本质上是一种对 k 维空间进行划分的二叉树，树中的叶子节点代表一个 k 维空间中的点，非叶子节点代表一个按预定规则划分空间的超平面。给定一个三维点云，可以使用三维的 k-d 树将空间迭代进行划分，直到最终每个划分的子空间都只有一个点为止。三维 k-d 树的一个示例如图 3.8 所示，树的第一层级（即红色框表示的节点）按照过该点且垂直于 x 轴的平面来划分空间，其左子树及右子树的点分别在图中红色平面的两侧；树的第二层级按照垂直于 z 轴的平面来划分空间，即图中的绿色平面；树的第三层级按照垂直于 y 轴的平面来划分空间；在第四层级又按照垂直于 x 轴的平面来划分，依次类推。当算法要查找距点 p_i 最近的 m 个点时，首先沿二叉树逐级判断该点应该处于哪一个划分空间，直到抵达树的叶子节点，然后向上回溯，计算搜索路径上节点划分的空间内是否可能存在比已找到的 m 个距离点 p_i 最近点更近的点，如果存在，则需要遍历这些子空间，直到查找完所有可能存在更近点的子空间。

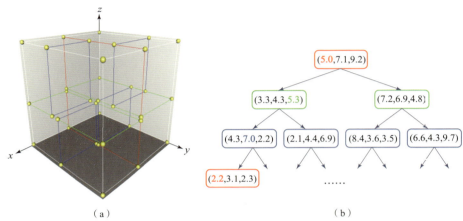

图 3.8　三维 k‐d 树空间划分示例

（a）三维空间示意图；（b）k‐d 树结构图

在得到 m 个最近点后，首先计算这 m 个点的协方差矩阵。设 m 个点的坐标为 $\boldsymbol{X}_i, i = 1, 2, \cdots, m$，则协方差矩阵为

$$\boldsymbol{\Sigma} = \frac{1}{m-1} \begin{bmatrix} \sum_{i=1}^{m}(x_{1,i} - \overline{x}_1)(x_{1,i} - \overline{x}_1) & \cdots & \sum_{i=1}^{m}(x_{1,i} - \overline{x}_1)(x_{3,i} - \overline{x}_3) \\ \sum_{i=1}^{m}(x_{2,i} - \overline{x}_2)(x_{1,i} - \overline{x}_1) & \cdots & \sum_{i=1}^{m}(x_{2,i} - \overline{x}_2)(x_{3,i} - \overline{x}_3) \\ \sum_{i=1}^{m}(x_{3,i} - \overline{x}_3)(x_{1,i} - \overline{x}_1) & \cdots & \sum_{i=1}^{m}(x_{3,i} - \overline{x}_3)(x_{3,i} - \overline{x}_3) \end{bmatrix}$$

(3.17)

式中，$x_{j,i}$——$\boldsymbol{X}_i$ 三个维度的坐标，$j = 1, 2, 3$；

$\overline{x}_j$——m 个点在三个维度上的坐标平均值，

$$\overline{x}_j = \frac{1}{m} \sum_{i=1}^{m} x_{j,i}, \quad j = 1, 2, 3$$

(3.18)

然后，分解协方差矩阵的特征值，可以得到

$$\boldsymbol{\Sigma} = \boldsymbol{P}\boldsymbol{\Lambda}\boldsymbol{P}^{\mathrm{T}} \tag{3.19}$$

式中，$\boldsymbol{\Lambda}$——对角矩阵，其对角元素为特征值，$\boldsymbol{P}$ 矩阵列向量为其对应的特征向量。

如果点 p_i 是边缘特征点，那么与其最近的 m 个边缘特征点会形成一条直线，则 $\boldsymbol{\Lambda}$ 中的一个特征值应明显大于另两个特征值，此时 $\boldsymbol{P}$ 中与该最大特征值对应的特征向量表示 m 个点所在边缘的方向。同理，如果点 p_i 是平面特征点，那么与其最近的 m 个平面点应该共面，则 $\boldsymbol{\Lambda}$ 中的一个特征值应明显小于另两个特征值，此时 $\boldsymbol{P}$ 中与该最小特征值对应的特征向量表示 m 个点所在平面的法向量。边缘（或平面）的位置由这 m 个点的几何中心 $(\bar{x}_1, \bar{x}_2, \bar{x}_3)$ 决定，该边缘（或平面）即点 p_i 对应的匹配边缘（或平面）。之后，在匹配边缘中任取两个点，使用式（3.6）即可计算点 p_i 到该边缘的距离；同理，在匹配平面中任取三个点，使用式（3.7）即可计算点 p_i 到该平面的距离。

综上所述，多关键帧局部位姿优化算法的整体流程与帧间位姿优化基本相同，其区别在于局部位姿优化算法采用相近的多个关键帧的特征点而非单个关键帧的高质量特征点，且采用更多的特征点来估计匹配边缘和匹配平面。求得连续多帧最优位姿变换关系 $\hat{\boldsymbol{T}}_{i,i-1}$ 后，可以得到该关键帧位姿 $\hat{\boldsymbol{T}}_{i,0}$；之后，将关键帧 $\mathcal{K}_i$ 加入局部激光点云地图 $\mathcal{L}_{i-1}$，得到 $\mathcal{L}_i$；接下来，等待新的一帧关键帧 $\mathcal{K}_{i+1}$ 被加入，并重复上述优化过程。

3.2.4.2 全局位姿优化

全局位姿优化算法提供的连续帧间位姿变换关系 $\hat{\boldsymbol{T}}_{i,i-1}$ 和回环检测模块某两帧关键帧的变换关系 $\hat{\boldsymbol{T}}_{i,t_1}$，并利用这些信息对所有关键帧的位姿进行优化。

在 SLAM 系统中，通常采用位姿图对所有位姿进行优化。g2o 是一种主流的位姿图优化框架，但是 g2o 在每次优化时需要重新计算所有节点的更新量，当无人平台运动时，位姿图不断增加新的节点和边，使得计算量随着位姿图规模的增长而不断增加。但实际上除了回环节点外，每当新节点加入并优化位姿图时，只有在时间上距离当前位置较近的节点会受较大影响，而在时间上距离当前位置较远的节点发生的改变非常小。因此 Kaess 等[78]提出了基于 GTSAM 因子图优化器的增量式优化框架，该算法将位姿图表示为一个因子图，并通过维护一个动态贝叶斯树对位姿进行优化,其优点是能够保证在一定精度前提下提高整体优化速度。因此 LeGO – LOAM 算法将全局位姿优化表示为一个因子图,利用 GTSAM 优化框架优化全局位姿。

将关键帧 $\mathcal{K}_i$ 与全局坐标系的变换关系 $\hat{\boldsymbol{T}}_{i,G}$ 记为 $\boldsymbol{x}_i$,给定关键帧 $\mathcal{K}_i$ 和关键帧 $\mathcal{K}_{i-1}$ 间位姿变换关系的估计值 $\hat{\boldsymbol{T}}_{i,i-1}$,则 $\boldsymbol{x}_i$ 和 $\boldsymbol{x}_{i-1}$ 间满足以下关系:

$$\boldsymbol{x}_i = f(\boldsymbol{x}_{i-1}, \hat{\boldsymbol{T}}_{i,i-1}) + \boldsymbol{w} \tag{3.20}$$

式中,$f(\cdot)$——状态方程;

$\boldsymbol{w}$——噪声。

本节所述方法假设该噪声服从高斯分布 $N(0, Q_O)$,则条件概率

$$P(\boldsymbol{x}_i | \boldsymbol{x}_{i-1}) \sim N(f(\boldsymbol{x}_{i-1}, \hat{\boldsymbol{T}}_{i,i-1}), Q_O) \tag{3.21}$$

满足协方差为 Q_O 的高斯分布,该条件概率称为里程计因子。由多维高斯概率分布公式可知:

$$P(\boldsymbol{x}_i | \boldsymbol{x}_{i-1}) \propto \exp\left(-\frac{1}{2}(\boldsymbol{x}_i - f(\boldsymbol{x}_{i-1}, \hat{\boldsymbol{T}}_{i,i-1}))^\mathrm{T} Q_O^{-1}(\boldsymbol{x}_i - f(\boldsymbol{x}_{i-1}, \hat{\boldsymbol{T}}_{i,i-1}))\right)$$

$$\propto \exp\left(-\frac{1}{2}\left\|\boldsymbol{x}_i - f(\boldsymbol{x}_{i-1}, \hat{\boldsymbol{T}}_{i,i-1})\right\|_{Q_O}^2\right) \tag{3.22}$$

式中,$\|\cdot\|_{Q_O}^2$——两个变量之间的马氏距离(Mahalanobis distance)。

同理,回环检测因子为

$$P(\boldsymbol{x}_t | \boldsymbol{x}_{t_1}) \sim N(f(\boldsymbol{x}_{t_1}, \hat{\boldsymbol{T}}_{t,t_1}), Q_L) \propto \exp\left(-\frac{1}{2}\left\|\boldsymbol{x}_t - f(\boldsymbol{x}_{t_1}, \hat{\boldsymbol{T}}_{t,t_1})\right\|_{Q_L}^2\right) \tag{3.23}$$

式中,Q_L——回环检测估计噪声的协方差。

得到这两种因子后,算法优化的目标是在这些因子的约束下,通过调整 $\boldsymbol{x}_i$ 使整个后验概率达到最大,即最优位姿

$$\boldsymbol{x}_{0,1,2,\cdots,n}^* = \arg\max_{x_{0,1,2,\cdots,n}} \prod_{i=1}^n P(\boldsymbol{x}_i | \boldsymbol{x}_{i-1}) \prod_{t=1}^{n_L} P(\boldsymbol{x}_t | \boldsymbol{x}_{t_1}) P(\boldsymbol{x}_0) \tag{3.24}$$

式中,$P(\boldsymbol{x}_0)$——系统的初始化位姿,一般设置为单位矩阵。

将式(3.22)和式(3.23)代入式(3.24),并将待优化函数取负对数,可得

$$\boldsymbol{x}_{0,1,2,\cdots,n}^* = \arg\min_{x_{0,1,2,\cdots,n}} \frac{1}{2}\left(\sum_i \left\|\boldsymbol{x}_i - f(\boldsymbol{x}_{i-1}, \hat{\boldsymbol{T}}_{i,i-1})\right\|_{Q_O}^2 + \sum_t \left\|\boldsymbol{x}_t - f(\boldsymbol{x}_{t_1}, \hat{\boldsymbol{T}}_{t,t_1})\right\|_{Q_L}^2\right)$$

$$\tag{3.25}$$

第3章 度量空间：全局地图构建

采用 3.2.3 节所述的 LM 算法并求解形如式（3.15）的方程，即可对式（3.25）进行优化。因子图增量更新示例如图 3.9 所示，图中的红色箭头为当前新加入的因子，阴影部分代表加入因子后受到影响的节点。在 GTSAM 优化框架下，每加入新的因子，算法就分析这种影响关系，以决定哪些信息可以重复利用、哪些节点需要重新计算，如此即可实现位姿图的高效优化。优化完成后，算法将各关键帧按照相应位姿拼接到同一坐标系下，即可实现三维地图的构建。采用 LeGO-LOAM 算法构建地图的结果示例如图 3.10 所示。

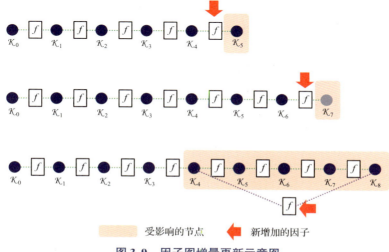

图 3.9　因子图增量更新示意图

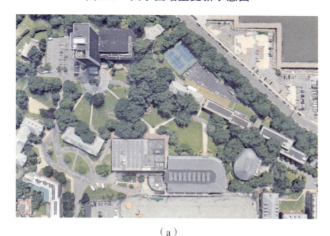

（a）

图 3.10　地图构建结果示例[77]

（a）卫星遥感图像

(b)

(c)

图 3.10　地图构建结果示例[77]（续）

(b) 激光点云图；(c) 局部放大图

3.3　二维激光占据栅格地图构建

　　本节将介绍基于激光雷达的二维占据栅格地图构建方法。二维激光栅格地图既可直接基于二维激光雷达，也可通过将三维激光雷达投影至平面以模拟二维激光雷达。如图 3.11 所示，二维激光占据栅格地图构建方法主要由航位推算、粒子滤波和地图更新三个模块组成[79-80]。

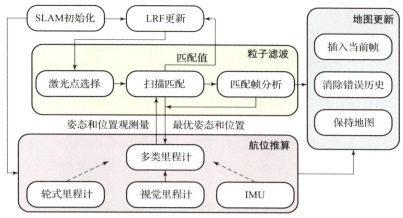

图 3.11 二维占据栅格地图构建方法系统框图

首先，根据无人平台运动学模型的不同，分别结合不同类别的里程计通过航位推算来获得其粗略的实时姿态。以基于轮式里程计的差速转向模型为例，无人平台位姿为

$$\begin{bmatrix} \hat{x}_k \\ \hat{y}_k \\ \hat{\omega}_k \end{bmatrix} = \begin{bmatrix} \hat{x}_{k-1} \\ \hat{y}_{k-1} \\ \hat{\omega}_{k-1} \end{bmatrix} + \begin{bmatrix} r_k \left(\sin \hat{\omega}_{k-1} - \sin \left(\hat{\omega}_{k-1} + \frac{R_k - L_k}{B} \right) \right) \\ r_k \left(\cos \left(\hat{\omega}_{k-1} + \frac{R_k - L_k}{B} \right) - \cos \hat{\omega}_{k-1} \right) \\ \frac{R_k - L_k}{B} \end{bmatrix} \quad (3.26)$$

式中，$r_k = \frac{B}{2} \cdot \frac{L_k + R_k}{L_k - R_k}$；

L_k, R_k——左、右轮行驶里程；

B——轮距。

在该粗略初始位姿的基础上，对激光雷达扫描的环境结构进行分析，并基于粒子滤波算法完成激光数据与地图匹配的迭代收敛，实现无人平台在局部空间下的最优姿态估计，并消除里程计的累积误差。在完成地图匹配的基础上，通过分析连续帧的匹配结果，获取最优关键帧并完成地图更新策略。三个模块分别在不同的时钟周期下独立工作，通过实时数据共享及反馈来实现实时定位与地图构建功能。

3.3.1 激光扫描信息预处理

当无人平台在室内或平坦路面上行驶时，二维激光雷达通常可以获得较精确的障碍物扫描点。因此，对这类平台（或场景）可以直接采用二维激光雷达原始数据作为粒子滤波器的观测输入，进行地图构建。但是，当无人平台底盘结构较差或行驶在崎岖不平道路上时，受车身持续俯仰影响，二维激光雷达探测结果往往伴有大量噪声，这将严重影响粒子滤波器的收敛过程。因此，对于这类场景，需要通过处理三维激光雷达数据来获得道路平面上方指定高度的障碍物扫描点，以此作为粒子滤波器的观测数据。

三维激光雷达数据处理的主要思路：在车体极坐标系内将三维激光雷达点云按角度分割为 N 个区间，在每个区间内由近及远根据激光点高度差和坡度获得最近障碍物点，从而获得 N 个障碍物扫描点，以相同的数据格式模拟二维激光雷达探测结果。这样，本方法不仅能够利用三维激光雷达数据多维度的特点获得更加稳定的障碍物扫描点以克服道路崎岖不平条件下常见二维激光 SLAM 无法稳定工作的难题，而且能避免直接使用庞大点云数据进行三维重建，可保证无人平台精确定位与地图构建在低计算成本和高可靠度等要求下的实时性。如图 3.12 所示，三维激光雷达点云数据被

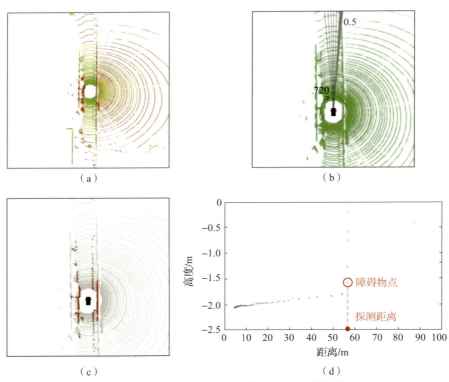

图 3.12　处理三维激光雷达点云以获得 720 个障碍物扫描点

（a）激光原始点云；（b）扇区分割点云；（c）障碍物扫描点；（d）扇区点的高度变化

分为 720 个扇区，每个扇区的角度范围为 0.5°（图 3.12（b））。对于每个扇区，根据其包含的激光点，绘制距离 – 高程图（图 3.12（d））。然后，按距离索引每个激光点，并计算连续激光点之间的高程差和坡度变化，根据预设高程差阈值和预设坡度阈值（实际使用过程中分别设为 25 cm 和 10°），将同时超出两项阈值限制的距离最近的激光点作为该扇区障碍物扫描点。通过处理每个扇区对应的距离 – 高程图，就可在保留主要障碍物特征的基础上，成功地将三维点云信息转换为二维激光扫描信息。

对于绝大多数场景，激光雷达通常可以获得足够多的障碍物扫描点作为粒子滤波器的观测输入。然而，对于长直走廊、高速公路等环境，虽然激光探测器可以获得较多障碍物扫描点，但其包含的纵向结构特征点非常少（图 3.13（a）（b）），对激光 SLAM 方法的纵向精确定位与地图构建提出了巨大的挑战。为克服该类困难，如图 3.13（c）（d）所示，从当前障碍物扫描点中选择一些关键点，以增强激光扫描信息对环境的描述能力，从而使得粒子滤波器在该类场景的匹配过程更易收敛。由图 3.13 可以发现，在长直走廊内，关闭的门、暖气管道等仅拥有细微结构特征的障碍物扫描点也可以作为关键点，以增强走廊纵向结构特征。

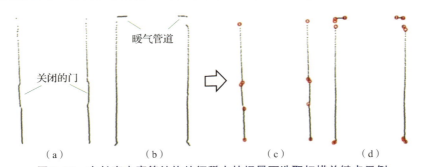

图 3.13 在长直走廊等结构特征稀少的场景下选取扫描关键点示例
（a）场景 1（关闭的门）；（b）场景 2（暖气管道）；（c）场景 1 的关键点；（d）场景 2 的关键点

3.3.2 关键点提取

为了在利用上述结构特征的同时不丢失非关键扫描点的影响力，本节所述方法在 CRSM – SLAM[81] 算法的基础上通过增强关键扫描点影响比例来提高环境结构特征的描述能力。如图 3.14 所示，在当前车体坐标系下，第 i 个扫描点 p_i 的坐标为 (x_i, y_i)，第 j 个关键点为 $\hat{p}_j$，则关键点检测过程主要包括以下步骤：

第1步，计算每个扫描点 p_i 处的变化曲率 α_{p_i}。

第2步，遍历每个扫描点 p_i，通过比较点 p_i 附近一定范围邻域内所包含扫描点的曲率变化情况来判断点 p_i 是否为关键点候选目标。

第3步，根据预设阈值，从所有关键点候选目标中筛选出真正的关键点。

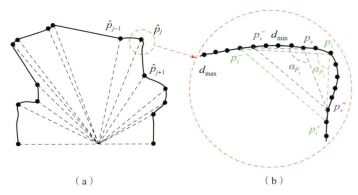

图3.14　激光扫描点中关键点的检测过程

（a）关键点检测示意图；（b）局部邻域点集相应夹角计算

在第1步中，对于第 i 个扫描点 p_i，在其一定邻域范围 $[d_{\min}, d_{\max}]$ 内遍历每个内接三角形（p_i^-, p_i, p_i^+），并计算相应曲率 $\alpha_{p_i}^k$（式（3.27）~式（3.29））。式中，$I(p_i)$ 为扫描点 p_i 的序列号，即 $I(p_i) = i$；$d_{\min}$ 和 $d_{\max}$ 为曲率探测范围对应的预设参数。这样，对于每个扫描点 p_i 可以获得 N 个候选曲率，然后根据式（3.30）选出最大曲率 α_{p_i}（即最小夹角）作为该扫描点的最终曲率。公式如下：

$$d_{\min} \leqslant |I(p_i) - I(p_i^-)| \leqslant d_{\max} \qquad (3.27)$$

$$d_{\min} \leqslant |I(p_i^+) - I(p_i)| \leqslant d_{\max} \qquad (3.28)$$

$$\alpha_{p_i}^k = \arccos \frac{|p_i - p_i^-|^2 + |p_i^+ - p_i|^2 - |p_i^+ - p_i^-|^2}{2 \cdot |p_i - p_i^-| \cdot |p_i^+ - p_i|} \qquad (3.29)$$

$$\alpha_{p_i} = \min_{1 \leqslant k \leqslant N} \{\alpha_{p_i}^k\}, \quad N = (d_{\max} - d_{\min})^2 \qquad (3.30)$$

在第2步中，首先将所有扫描点视为关键点候选者序列。随后，遍历每个扫描点，若点 p_i 的 $d_{\max}$ 邻域内存在更大曲率（最小夹角）的扫描点 $p_v : \alpha_{p_i} > \alpha_{p_v}(|i-v| \leqslant d_{\max})$，则将其从候选者序列中剔除，从而获得最终关键点序列。

在第3步中，遍历关键点序列中剩余的每个关键点 $\hat{p}_j$，若其对应曲率大于预设阈值（$\alpha_{p_i} > \Phi$），则保留其作为最终关键点。

在实际使用中，设 $\Phi = 125°$，$d_{max} = 8$，$d_{min} = 4$。

图 3.15 所示为 CRSM – SLAM[81] 算法和本节的关键点检测方法在相同场景下检测的关键点。图 3.15（a）(b) 分别为 CRSM – SLAM 算法在长直走廊及杂乱区域的关键点检测结果，图 3.15（c）(d) 为本节所述方法在同样场景下的关键点检测结果。可以看出，本节所述方法提取的关键点可以更有效地表征环境结构特征，从而使得点到图的扫描匹配过程更易收敛。

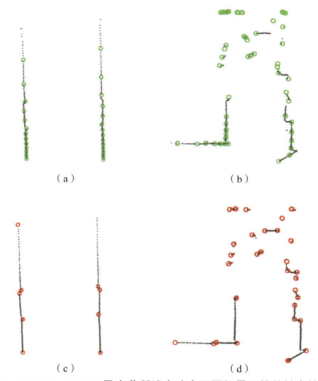

图 3.15　CRSM – SLAM 及本节所述方法在不同场景下的关键点检测结果
（a）走廊场景下（CRSM – SLAM 算法）；（b）复杂结构场景下（CRSM – SLAM 算法）；
（c）走廊场景下（本节所述方法）；（d）复杂结构场景下（本节所述方法）

3.3.3　扫描匹配与位姿优化

在获得当前帧激光扫描点及结构关键点后，本节介绍的方法采用自适应粒子滤波器实现当前扫描点到栅格地图的精确匹配，从而完成无人平台在局部环境下的最优位姿估计。具体而言，扫描匹配过程如算法 3.1 中的伪代码所示，其基本思路是：在里程计航位推算获得的粗略位姿基础上，

算法 3.1　CRSPF-SLAM 系统中扫描匹配及最优位姿估计过程

输入：
1. 车体坐标系下当前帧激光扫描点序列：$\boldsymbol{S}_b(t)$
2. 全局地图坐标系下里程计航位推算的粗略位姿：$\tilde{\boldsymbol{P}}(t) = \left\{ \tilde{X}(t), \tilde{Y}(t), \tilde{\Phi}(t) \right\}$
3. 前一帧扫描匹配过程收敛后所得到的最优匹配值：$M(t-1)$

输出：
1. 全局地图坐标系下当前帧匹配收敛所得到的最优位姿：
   $\boldsymbol{P}(t) = \{X(t), Y(t), \Phi(t)\}$
2. 当前帧扫描匹配过程收敛后所得到的最优匹配值：$M(t)$

自适应粒子滤波扫描匹配迭代过程

ScanMatch$(\boldsymbol{S}_b(t), \tilde{\boldsymbol{P}}(t), M(t-1))$
执行初始化并将 *FIRST_TIME* 置为 False
根据 $M(t-1)$，利用式(3.32)重置 $loopnum, X^M, Y^M, A^M$
if $N_s(t) > \hat{N}_s$ **then**
　　$observescan$ = BaseScan2Map$(\boldsymbol{S}_b(t), \tilde{\boldsymbol{P}}(t))$
　　$matchbest$ = MatchvalCal$(observescan)$
　　$lastmatchbest = matchbest$
　　$lastbestpose = bestpose = \tilde{\boldsymbol{P}}(t)$
　　$discountpose = discountangle = 1.0$
　　while $counter < loopnum$ **do**
　　　　$posetemp$ = GetRanPose$(lastbestpose)$
　　　　$scantemp$ = BaseScan2Map$(\boldsymbol{S}_b(t), posetemp)$
　　　　$matchtemp$ = MatchvalCal$(scantemp)$
　　　　if $matchtemp > matchbest$ **then**
　　　　　　$matchbest = matchtemp$
　　　　　　$bestpose = posetemp$
　　　　else
　　　　　　$counter$++
　　　　if $counter > loopnum/3$ **then**
　　　　　　if $matchbest > lastmatchbest$ **then**
　　　　　　　　$counter = 0$
　　　　　　　　$discountpose = discountpose \times 0.3$
　　　　　　　　$discountangle = discountangle \times 0.2$
　　　　　　　　$lastbestpose = bestpose$
　　　　　　　　$lastmatchbest = matchbest$
　　$\boldsymbol{P}(t) = bestpose, \tilde{m}(t) = matchbest$
　　根据式(3.34)计算 $M(t)$
else
　　$\boldsymbol{P}(t) \leftarrow \tilde{\boldsymbol{P}}(t), M(t) \leftarrow 0$
$M(t-1) \leftarrow M(t)$

迭代收敛主程序中使用的子函数

BaseScan2Map$(\boldsymbol{S}_b(t), robotpose)$
根据无人平台在全局坐标系下的位姿 $robotpose$，利用式(3.31)将车体坐标系下激光扫描点序列 $\boldsymbol{S}_b(t)$ 转换到全局坐标系下对应点列 $\boldsymbol{S}_m(t)$
return $\boldsymbol{S}_m(t)$

（续）

MATCHVALCAL（*curscan*）
利用式（3.33）计算当前帧扫描点（某一粒子）与全局栅格地图的匹配值 $m(t)$
return $m(t)$
GETRANPOSE（*robotpose*）
在航位推算的粗略位姿附近随机获取某一位姿 $\boldsymbol{P}_\mathrm{r}(t)$：
$X_\mathrm{r}(t) = ran(-X^\mathrm{M}, X^\mathrm{M}) \times discountpose$
$Y_\mathrm{r}(t) = ran(-Y^\mathrm{M}, Y^\mathrm{M}) \times discountpose$
$\varPhi_\mathrm{r}(t) = ran(-A^\mathrm{M}, A^\mathrm{M}) \times discountangle$
return $\boldsymbol{P}_\mathrm{r}(t)$

在动态范围（$X^\mathrm{M}, Y^\mathrm{M}, A^\mathrm{M}$）内随机生成一定数目（loopnum）的粒子，并根据匹配值在生成的所有粒子中基于蒙特卡罗算法迭代收敛至"最优"粒子，从而获得该范围内的最优位姿，以消除里程计累积误差。整个扫描匹配及最优位姿估计流程如图 3.16（a）→（d）→（e）所示。

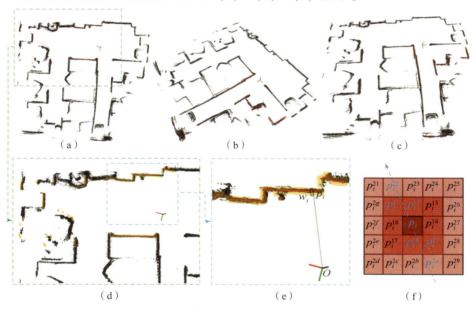

图 3.16 扫描匹配及最优位姿估计示意图
（a）视角 1；（b）视角 2；（c）视角 3；
（d）局部地图放大；（e）局部扫描点方法；（f）滤波带设置

其中，本算法输入主要包括车体坐标系下当前帧激光扫描点序列 $S_\mathrm{b}(t)$、全局地图坐标系下里程计航位推算的无人平台粗略位姿 $\tilde{\boldsymbol{P}}(t)$ 和前一帧扫描匹配所得的最优匹配值 $M(t-1)$。经过迭代收敛后，可以获得全局地图坐标系下无人平台当前帧的最优位姿 $\boldsymbol{P}(t)$ 和当前帧扫描匹配所得最优匹配值 $M(t)$。粒子滤波器中的每个粒子被定义为 $\{\boldsymbol{P}_\mathrm{r}(t), S_\mathrm{m}(t)\}$，即

一个随机位姿 $P_r(t)$ 和相应扫描点在全局坐标系下的投影序列 $S_m(t)$。车体坐标系下扫描点列 $S_b(t)$ 与全局坐标系下对应点列 $S_m(t)$ 之间的转换关系如下：

$$\begin{cases} S_m(t) = \begin{bmatrix} \cos \Phi(t) & -\sin \Phi(t) \\ \sin \Phi(t) & \cos \Phi(t) \end{bmatrix} S_b(t) + \begin{bmatrix} X(t) & \cdots & X(t) \\ Y(t) & \cdots & Y(t) \end{bmatrix} \\ \quad\quad = [\,p_m(1) \cdots p_m(i) \cdots p_m(N_s(t))\,] \\ S_b(t) = [\,p_b(1) \cdots p_b(i) \cdots p_b(N_s(t))\,] \\ p_m(i) = [\,x_m(i) \quad y_m(i)\,]^T \\ p_b(i) = [\,x_b(i) \quad y_b(i)\,]^T \end{cases} \quad (3.31)$$

算法框图中包含的变量所属数据类型如下：

- $P_r(t)$：*bestpose*，*lastbestpose*，*posetemp*；
- $S_m(t)$：*observescan*，*scantemp*；
- $M(t)$：*matchbest*，*lastmatchbest*，*matchtemp*。

在迭代收敛主程序中，首先完成所有参数的初始化并根据上一帧最终匹配值 $M(t-1)$ 按照反比例函数更新粒子数 loopnum 及滤波范围 (X^M, Y^M, A^M)。随后，若当前有效激光扫描点个数 $N_s(t)$ 较少 ($N_s(t) \leq \hat{N}_s$)，则将航位推算估计位姿 $\tilde{P}(t)$ 及其对应扫描点设为当前"最优"粒子，将匹配值 $M(t)$ 置为 0。在实际使用中，当激光扫描点理论总数 N_s^{max} 为 720 时，最少有效个数阈值 $\hat{N}_s$ 被设为 60。若当前有效激光扫描点个数足够多，则"最优"粒子 $\{P(t), S_m(t)\}$ 及其相应的最大匹配值 $\tilde{m}(t)$ 可以通过蒙特卡罗迭代收敛过程获得。公式如下：

$$\begin{cases} \text{loopnum} = \dfrac{(M_{max} - M_{min}) n_{max} n_{min}}{(n_{max} - n_{min}) M(t-1) - (M_{min} n_{max} - M_{max} n_{min})} \\ X^M = \dfrac{(M_{max} - M_{min}) X^M_{max} X^M_{min}}{(X^M_{max} - X^M_{min}) M(t-1) - (M_{min} X^M_{max} - M_{max} X^M_{min})} \\ Y^M = \dfrac{(M_{max} - M_{min}) Y^M_{max} Y^M_{min}}{(Y^M_{max} - Y^M_{min}) M(t-1) - (M_{min} Y^M_{max} - M_{max} Y^M_{min})} \\ A^M = \dfrac{(M_{max} - M_{min}) A^M_{max} A^M_{min}}{(A^M_{max} - A^M_{min}) M(t-1) - (M_{min} A^M_{max} - M_{max} A^M_{min})} \end{cases} \quad (3.32)$$

在蒙特卡罗迭代收敛过程中，算法首先从里程计模块获得粗略的初始位姿、初始粒子数及初始粒子范围，然后经过 G$_{ET}$R$_{AN}$P$_{OSE}$ 获得随机粒子，

BASESCAN2MAP 将当前粒子对应的坐标转换到全局坐标系，MATCHVALCAL 计算当前粒子在全局地图下的匹配值，不断循环迭代最优匹配结果并分别按照 0.3 和 0.2 的衰减因子逐步减小 discountpose 和 discountangle，逐步缩小随机粒子范围，最终实现收敛。

在随机粒子与全局地图匹配值计算过程中（MATCHVALCAL），为保证循环迭代更易收敛，本节针对每个粒子设计了宽度为 w_i 的匹配缓冲带（图 3.16（d）（e）中的黄色区域）。如图 3.16（f）所示，在随机粒子的第 i 个激光扫描点 p_i 周围按梯度衰减分别生成 p_i^{kh} 缓冲点。然后根据下式计算该随机粒子对应的匹配值 $m(t)$：

$$m(t) = \frac{\sum_{i=1}^{N_s(t)} \left(\alpha_i \left(c(p_m(i)) + \sum_{h,k=1}^{H_i, K_i} (\delta_k c(p_m^{kh}(i))) \right) \right)}{\sum_{i=1}^{N_s(t)} \alpha_i} \quad (3.33)$$

式中，$c(p_m(i))$——第 m 个随机粒子的第 i 个激光扫描点在全局地图对应位置上的像素值；

$c(p_m^{kh}(i))$——$c(p_m(i))$ 对应的缓冲区中（k,h）位置像素值；

δ_k——缓冲区像素值衰减因子，其随着 k 增大而减小，例如，当 $w_i = 3$ 时，$\delta_k = \left\{1, \frac{2}{3}, \frac{1}{3}\right\}$；

α_i——关键点权重因子，若第 i 个激光扫描点 $p_m(i)$ 为关键点，则 $\alpha_i = 10$，否则 $\alpha_i = 1$。

这样，可以获得当前帧每个粒子的匹配值 $m(t)$，然后经过蒙特卡罗循环迭代后收敛至"最优"粒子及最优匹配值 $\tilde{m}(t)$。

最终匹配值 $M(t)$ 用于表示点到图匹配的精确度，主要通过下式求得：

$$M(t) = \tilde{m}(t) + \frac{\max\{0, (N_s(t) - N_s(t-1))\}}{N_s^{\max}} \tilde{m}(t-1) \quad (3.34)$$

式中，通过动态引入前一帧最优匹配值 $\tilde{m}(t-1)$ 以克服由环境引起的激光扫描点个数突变的情况。当激光扫描点个数 $N_s(t)$ 突然增加时，前一帧最优匹配值 $\tilde{m}(t-1)$ 对当前帧最终匹配值 $M(t)$ 的影响将增强。例如，当无人平台在空旷区域由无到有检测到大片障碍物时，根据式（3.33）计算的当前最优匹配值 $\tilde{m}(t)$ 将随着激光扫描点增多而减小（全局地图上原来没有这些障碍物，因此新增扫描点的匹配值均为 0），而前一帧最优匹配值的影响将随着扫描点的增多而增强，最终匹配值 $M(t)$ 则不会急剧减小。当前后帧激光扫描点个数没有发生大范围变化时（环境没有发生突变），最终匹配值 $M(t)$ 则接近于当前帧最优匹配值 $\tilde{m}(t)$。

另外，算法通过分析连续帧匹配值变化情况来提取关键帧、进行地图更新，并将最优位姿反馈给里程计以消除其累积误差。在预设匹配值上下限阈值 M_u、M_l 的基础上，利用滞回比较器判断当前帧是否为关键帧，即

$$\text{Result}(t) = \begin{cases} \begin{rcases} 1, & M(t) > M_u \\ 0, & \text{其他} \end{rcases}, \text{Result}(t-1) = 0 \\ \begin{rcases} 0, & M(t) < M_l \\ 1, & \text{其他} \end{rcases}, \text{Result}(t-1) = 1 \end{cases} \quad (3.35)$$

当 $\text{Result}(t) = 1$ 时，表示当前帧为关键帧。

不同场景下的滞回比较器输出结果如图 3.17 所示，蓝色曲线为匹配值变化情况，绿色曲线为滞回比较器输出情况。在无人平台急转弯、突然加减速或在颠簸道路上行驶时，匹配值将会随之减小。因此，利用所提取的关键帧可以有效抑制此类场景的干扰，提高构图及定位系统的鲁棒性。

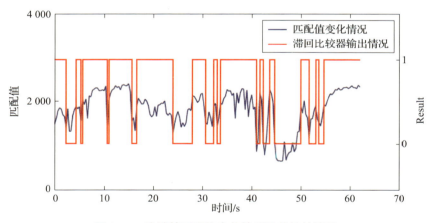

图 3.17　连续帧匹配值变化情况及关键帧选取

3.3.4　栅格地图构建及更新

本节介绍的方法采用栅格地图的方式存储激光扫描点，系统框架如图 3.11 所示。地图更新动作主要包括：绘制扫描点到栅格的地图；清除地图中的错误历史；保持地图不变，仅更新无人平台位姿。

当 Result(t) = 0 时,无人平台在全局地图的定位精度较差。此时,算法仅根据另一个滞回比较器判断是否绘制当前扫描点或保持地图不变,不会利用当前数据在地图上清除错误历史,即

$$\mathrm{Draw}(t) = \begin{cases} \begin{rcases} 1, & M(t) > M_u^d \\ 0, & 其他 \end{rcases} , \mathrm{Draw}(t-1) = 0 \\ \begin{rcases} 0, & M(t) < M_l^d \\ 1, & 其他 \end{rcases} , \mathrm{Draw}(t-1) = 1 \end{cases} \quad (3.36)$$

式中,M_u^d, M_l^d——预设阈值,$M_u^d < M_u$,$M_l^d < M_l$。

当 Draw(t) = 0 时,表示当前匹配结果太差,则保持地图不变,仅更新无人平台位姿;反之,则将当前扫描点绘制到全局栅格地图。

当 Result(t) = 1 时,无人平台在全局地图的定位精度持续较高,当前帧将被作为关键帧用于清除全局地图上的错误历史。如图 3.18 所示,在当前关键帧扫描点(红色点)生成可通行区域的基础上进行腐蚀处理,获得清除区域(绿色部分)。这样,在无人平台自动驾驶及地图构建过程中,对于关键帧清除区域(绿色部分)在全局地图内所覆盖的范围内,前期已绘制的扫描点将被全部清除。因此,历史帧中错误的扫描点绘制信息或动态目标运动产生的轨迹将在构图过程中不断被清除。

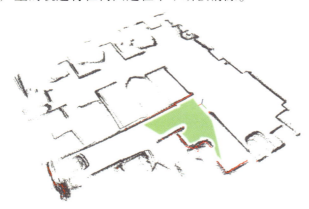

图 3.18 利用关键帧清除全局地图中的错误历史

3.4 稀疏特征点云地图构建

与激光雷达相比,视觉传感器成本低、帧率高且可获取色彩信息,因

此基于视觉的 SLAM 也具有很高的研究价值和应用前景。视觉 SLAM 大致可分为单目、多目和 RGB-D SLAM。其中，RGB-D 相机利用结构光或测量发射红外光到接收返回光线所用的时间来估计物体深度，比多目相机对于深度的估计误差更小，但 RGB-D 相机通常易受阳光干扰，常用于室内；多目相机能够方便地获得图像中像素点的深度，其计算深度的原理类似于人类双眼通过观察同一物体的视差来感受深度，但测距准确度受限于基线长度，因此对载体尺寸有一定要求；基于单目相机的 SLAM 成本最低，但由于单目相机无法获取图像中像素点的深度，因此必须通过相机的运动获取不同视角的图像来估计物体的距离，且仅使用单目相机无法还原环境的尺度信息。

视觉 SLAM 的前端一般采用视觉里程计，可分为基于特征点的方法和直接法两种。基于特征点的方法首先提取相邻两帧图像中的特征（如 ORB 特征），然后通过特征匹配和相机内参估计相机的姿态。这种方法是当前视觉 SLAM 的主流方法，但该方法需要提取与计算特征描述子，并且在纹理信息不足的环境下可能无法找到足够多的特征点。基于特征点的方法中典型 SLAM 方案包括 RGBD-SLAM-V2[82]、基于单目的 PTAM[83]、可基于单目/双目/RGB-D 相机的 ORB-SLAM[57-58]等。直接法利用图像中像素的灰度信息，通过最小化光度误差来求解像素点之间的对应关系，其根据使用像素的数量可分为三种——稀疏、半稠密、稠密。直接法能够充分利用全部像素的信息，并且可以避免计算特征点，但直接法的前提假设是灰度值不变，而这在实际情况下可能不满足，并且直接法的优化过程容易陷入局部极小。使用直接法的典型 SLAM 系统是基于稠密直接法的单目 DTAM[84]和 Caruso 等[85]提出的多目全景 SLAM、基于半稠密直接法的单目 LSD-SLAM[86]、基于稀疏直接法的单目/双目 DSO[87-88]、结合稀疏直接法与特征点法的单目 SVO[89]。

本节将介绍基于双目视觉的稀疏特征点云地图构建，具体分别介绍视觉里程计、后端位姿优化模块以及稀疏特征点云地图构建模块。

3.4.1 视觉里程计

视觉里程计的主要工作：首先，读取新一帧图像，提取图像中的特征点，并计算特征点对应的描述符；然后，将当前图像的特征点与上一帧图像的特征点进行匹配（由于特征点质量不一，容易产生误匹配，因此往往需要对特征点提纯）；最后，进行 3D – 2D 位姿求解，得到两帧间的位姿变换关系。通过对连续帧间的位姿变换矩阵进行逐一累积，就可得到每一帧图像对应的当前相机位姿。

3.4.1.1 特征提取

特征提取是筛选图像中具有代表性的一些点或点集的过程。这些特征点在相机移动一小段距离后能够在新的图像中被重新找到。在经典的 SLAM 模型中，将这些特征点作为路标（landmarks），通过视觉几何关系计算特征点在三维空间下的位置，并同时利用这些特征点对相机运动进行估计。特征点通常是能够稳定表示图像局部特征的点，由关键点和特征描述子两部分组成。常用的特征主要有 Harris、SIFT、SURF、FAST、ORB 等。其中，Harris 特征点效果较差；SIFT 和 SURF 虽然效果较好，但提取特征耗时较长，难以做到实时；FAST 和 ORB 这两种特征牺牲了一定的鲁棒性和精度，但计算速度大幅提升；ORB 性能均衡，在视觉 SLAM 中有成功的应用，本节将介绍 ORB 特征提取算法。

ORB 特征点是在 FAST（features from accelerated segment test）角点的基础上改进而来的，效率很高，因此被广泛应用。FAST 特征点的检测方法如图 3.19 所示，设点 P 为被检测点，分别计算点 P 周围的 16 个像素与点 P 的灰度值差异是否大于设定阈值，当存在连续 n 个点都满足前述条件时，就认为该点是关键点。此外，FAST 还通过建立决策树对像素点进行分类，从而改善角点检测的性能，并使用非极大化抑制来防止特征点挤成一团。

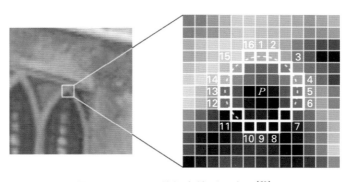

图 3.19　FAST 特征点检测示意图[90]

然而，FAST 简单的规则设计也会带来负面问题：首先，从一幅图像中提取出的 FAST 角点非常多，而且不具有稳定性；其次，FAST 不具有尺度不变性和旋转不变性，因此无法在场景远近变化以及相机多自由度运动下保持鲁棒性。ORB 特征对此进行了改进：首先，它考虑了 FAST 角点的特征响应大小，仅保留响应较大的特征点而不是全部保留；其次，对于尺度问题，在提取 ORB 特征时仿照 SIFT 特征建立图像的多尺度金字塔，并在每一层进行特征提取。特征的方向使用灰度质心法计算，即以特征点指向特征点附近图像块的灰度质心处形成的向量作为该特征点的方向。引入方向信息后，特征点便具备了旋转不变性。图 3.20 所示为通过检测 ORB 特征点得到的效果图，图中各圆的圆心代表特征点，圆的半径代表特征点在尺度金字塔中的层数，圆心到圆上的连线方向代表特征点的主方向。

图 3.20　ORB 特征点检测结果

提取特征点时，如果特征点在图像中过于集中，就会对 SLAM 产生不好的影响。为了让特征点分布得更均匀，在提取特征时可以采用网格处理，即将图像划分成若干网格区域，在每个网格中提取响应最强的若干特征点，使得特征不会集中在图像中的某些局部区域。

ORB 特征点采用的 BRIEF 描述子是二进制描述子，描述向量的每一维度可能的取值为 0 或 1。描述向量的维数可以根据需要设置，通常为 128 维或 256 维。以 128 维向量为例，描述向量 $\boldsymbol{b} = [b_1, b_2, b_3, \cdots, b_{128}]$。每一维上具体的取值方法为：比较关键点一定范围内两个像素的灰度值大小，若前者的灰度值比后者大，则该位置取值为 1，否则取值为 0。BRIEF 描述子通常设置为 128 维向量，因此共取 128 对不同位置的像素对进行比较。这 128 对需要比较的位置的选取方式有多种，既可以随机选择，也可以按某种特定的图形选择。在确定比较方式后，整个过程就始终按照同样的方式存储描述子，以便对两幅图像中不同特征点的描述子进行比较。另外，为了确保描述子具有旋转不变性，ORB 特征对其进行了优化，在 BRIEF 描述子的基础上对关键点的旋转方向信息进行记录，这样在比较两个特征点的描述子之间的差异前，要对描述子进行旋转操作，使两个特征点的主方向一致。

3.4.1.2 特征匹配

在得到两帧图像中的特征点后，就可以根据特征点的描述子将两帧图像中对应同一个三维点的像素点关联。特征点匹配作为视觉 SLAM 中的关键一步，解决了其中的数据关联问题（data association），即得到两个不同状态下观测到路标点间的对应关系。由于环境存在重复纹理，不同位置的特征描述子很可能相似，这就有可能导致误匹配，因此还需要对匹配进行提纯操作。使用 ORB 特征进行匹配的步骤如下：对于图像中的所有特征点，依次将每个特征点的描述子与另一幅图像中的所有描述子进行比较，计算描述子间的汉明距离（Hamming distance）：

$$d(\boldsymbol{b}_1,\boldsymbol{b}_2) = |b_{11} - b_{21}| + |b_{12} - b_{22}| + \cdots + |b_{1n} - b_{2n}| \quad (3.37)$$

式中，$\boldsymbol{b}_1,\boldsymbol{b}_2$——第 1 组描述子、第 2 组描述子。

将这些距离进行排序，取出其中最短距离的一对点作为成功匹配的特征点对。这种匹配方法称为暴力匹配算法，即使一幅图像中的特征点在另一幅图像中不存在，暴力匹配算法也会获得匹配结果，因此会造成大量的误匹配。图 3.21 所示为采用暴力匹配算法得到的特征点匹配结果，其中左图和右图间的连线表示特征点的匹配关系。

图 3.21 特征匹配结果

可以看出，图 3.21 中存在很多误匹配，因此需要对匹配结果进行提纯。提纯步骤如下：

第 1 步，在匹配过程中，只保留最短汉明距离小于次短汉明距离一定倍数的匹配点对。

第 2 步，在保留的点对中删除所有像素距离大于一定阈值的匹配点对。

第3步，采用随机采样一致性算法对剩余的点对进一步提纯。

通过上述步骤提纯得到的匹配点对如图 3.22 所示。

图 3.22 特征匹配提纯结果

除了采用上述方法外，还可以通过语义对特征点对进一步提纯，但采用这种方法的计算量较大。

3.4.1.3 位姿求解

接下来，利用这些已匹配的点对集合估计两幅图像之间的相机位姿变换关系。如图 3.23 所示，$[X \ Y \ Z]^T$ 为空间中三维点 P 的坐标，点 p_1^{k-1} 和点 p_1^k 为通过特征匹配得到的三维点 P 在两幅图像中的对应点，点 $\hat{p}_1^{k-1}$ 为通过针孔相机模型计算得到的点 P 在第二幅图像的投影点。理论上，第一幅图像中的匹配点 p_1^{k-1} 对应的三维点 P 投影到第二幅图像得到的投影点 $\hat{p}_1^{k-1}$ 应该与特征匹配点 p_1^k 严格重合；实际上，由于模型误差、特征匹配等误差的存在，二者并不会重合，而是存在一定距离。对两幅图像中所有的特征匹配点的误差距离进行累加，并最小化该误差，就可以得到如下优化目标：

$$T = \begin{bmatrix} R & t \\ O_3^T & 1 \end{bmatrix} = \arg\min_{T} \sum_i \left\| p_i^k - \hat{p}_i^{k-1} \right\|^2 \qquad (3.38)$$

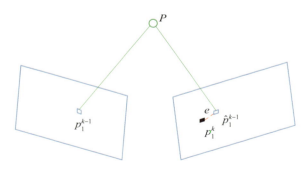

图 3.23 帧间位姿求解示意图

由于上述优化问题的误差项是第二幅图像特征点的像素坐标与三维点按照估计位姿投影得到的坐标的距离误差（即图 3.23 中的 e），因此该误差又称为重投影误差(reprojection error),上述优化问题又叫作最小化重投影误差问题。通过调整相机的位姿估计最小化所有特征点重投影误差之和,即可得到最优的相机位姿,这种求解位姿的方法也被称为光束平差法。

3.4.2 后端位姿优化

3.4.2.1 图优化

视觉里程计仅估计相邻两帧之间的运动关系,后端位姿优化方法将可能观测到相同三维点的所有关键帧的位姿共同进行优化,以进一步降低位姿估计的误差。算法思路:首先,从视觉里程计获得新一帧关键帧,与相近的几帧关键帧进行特征点匹配,如果匹配成功则估计运动关系,对这些有关联关系的几帧位姿进行优化。令 x_k 为第 k 帧相机位姿,构造优化目标函数为

$$\arg\min \sum_{i,j} \| \hat{x}_i - T_{i,j} \hat{x}_j \|^2 \tag{3.39}$$

对上述函数的优化就是对 SLAM 系统中状态量 x_k 进行最小二乘优化,由于 SLAM 系统中的这种最小二乘优化具有稀疏性,因此可以用"图"的方式表达这个问题。根据优化问题的不同,构建出的图也各不相同,将通过上述优化问题得到的图称为位姿图(pose graph),在 ORB - SLAM 算法中也称上述优化函数构造出的位姿图为 Covisilibilty Graph。

在 3.2.4.2 节中简单提及了位姿图,本节将对其详细介绍。位姿图是由相机姿态构成的拓扑图(graph)。通常情况下,将待优化变量设为顶点,将误差项设为边,这样即可直观地表示优化问题。

在前文所述的光束平差法中,一般将相机位姿和路标点表示为顶点,将相机对路标的观测误差表示为连接顶点的边。如图 3.24(a)所示,点 C_i 表示相机位姿,点 P_i 表示三维路标点,每一条虚线代表路标点可被相机观测到并对应着一个形如式(3.38)的误差项,集合所有误差项即可构成光束平差法的最小二乘问题。观察图结构可以发现,由于每条边仅与一个相机位姿和一个路标点相连,因此如果两个相机位姿之间还受到里程计、IMU 等信息的约束(即相当于提供了系统的运动方程),那么也可将该信息加入图模型,如图 3.24(a)中的红色虚线所示。

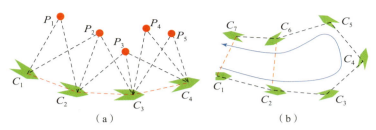

图 3.24 图优化示意图

（a）光束平差法的图结构；（b）位姿图的图结构

由于 SLAM 系统增量式地构建地图，因此随着时间的推移，地图的规模将越来越大，图模型将越来越复杂，即使利用稀疏性加速进行 BA（bundle adjustment，光束调整）优化，计算量也会大得难以承受，那么便需要对图模型进行改进。一种可行的方法是将图模型中的路标点全部舍弃，仅保留相机位姿间的运动关系，以此为依据构建图模型进行地图和路径的优化，这种方法称为位姿图优化方法。图 3.24（b）描述了一幅位姿图，其中相机沿着绿色箭头所示方向运动，并增量式地产生了一系列位姿间约束，即图中的黑色虚线边；当运动到点 C_6 及点 C_7 时，相机获取了新的位姿间约束，即图中的红色虚线边。由此便可构建误差函数并对图模型进行优化，以抑制相机在运动过程中的累积误差，提高相机位姿跟踪精度。

优化上述误差函数等价于对所有的边产生的平方误差进行优化，即通过调整位姿图中的边，使全局的误差最小。整个优化过程就像调整位姿图中一条条弹簧的约束，以最小化弹簧中储存的能量。优化求解算法可采用上文提到的高斯牛顿法、Levenberg – Marquardt 算法等，软件上则可以利用图优化通用求解器 g2o 实现。

3.4.2.2 回环检测

视觉里程计的位姿误差随着时间推移不断累积，会产生漂移现象，因此仅通过视觉里程计估计机器人的位姿存在较大误差，需要通过回环检测来对一个回环路径中的全部位姿进行整体优化，以降低环路中位姿估计的误差。回环检测需要判断当前图像以前是否在图像序列中出现过，即识别出曾经到达过的场景。目前常用回环检测方法有基于词袋模型、基于深度学习的自编码器等。本节主要介绍词袋模型方法。

词袋模型最早应用于自然语言处理的文本分类问题，其思想是将文本转化为一个特征向量来表示，特征向量的每一维记录着该维所代表的词语出现次数，通过比较两个文本特征向量的距离，就可以计算文本间的相似程度。视觉 SLAM 中词袋模型的原理与此类似，使用一个特征向量对图像场景进行描述，通过对比描述各个图像场景特征向量的距离，就可以找出具有相似场景的图像，实现回环检测。视觉词袋模型如图 3.25 所示，词袋中的单词能够表征图像中场景的内容，使特征空间的向量距离等价于图像空间场景的相似性，具有计算快速和占据存储空间小的优势，同时在光照和视角变化的情况下具有鲁棒性。前文介绍的特征点描述子虽然可以对图像中的特征点进行描述，也可以对它们之间的距离进行计算，但是每幅图像的特征点数目不确定，并且一般数量较大，不适合直接对其进行比较，因此可以通过将特征点进行聚类得到视觉词典，用聚类类别数作为词典的单词数量，即特征向量的维数。

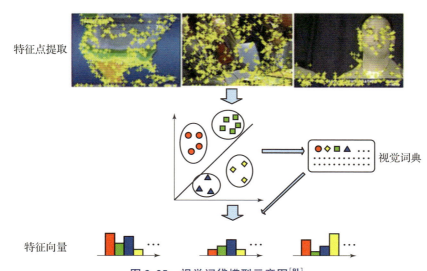

图 3.25　视觉词袋模型示意图[91]

SLAM 回环检测中，词袋模型的应用主要分为两部分。第一部分是对大量图像数据利用聚类算法采用离线的方式训练，通过提取数据集中所有图像的特征点，对其中的描述子进行聚类，得到视觉单词。第二部分是在线使用第一部分得到的视觉单词进行回环检测，对于每一幅新采集的图像，得到图像中每个特征点最近邻的视觉单词类别。最后，统计图像中所有特征点对应的视觉单词，将视觉单词的频次作为向量的元素，进而将图像中的场景转换为若干维特征向量来表示，如果某两幅图像的特征向量距离相近，则两幅图像可能包含相似的场景。

Dbow2 是一种词袋模型实现算法，也是目前回环检测的主流算法。该方法采用 FAST 特征点、BRIEF 作为特征描述子，利用 Kmeans++ 算法建立视觉词典，采用树状结构存储单词。视觉词典离线训练的过程：首先，从图像数据集中提取所有特征点；接着，利用 Kmeans++ 算法对所有特征进行聚类，并将聚类的过程用树状结构表示，该树状结构又称 k-d 树。首先，对所有特征点进行聚类，得到 K 类，构成 k-d 树的第一层；然后，在第一层的每个类中分别再聚类，得到 K 类；依次类推，直到构建到 k-d 树的第 L 层，这棵树里共有 $1+K+K^2+\cdots+K^L=\dfrac{K^{L+1}-1}{K-1}$ 个节点。第 L 层的每个叶节点都代表一个视觉单词。在训练过程中，还需要记录该视觉单词在整个训练集中出现的频率。一个视觉单词的出现频率越高，则代表该单词的区分度较小，在以后使用时就会被赋予较低的权值。其中，区分度采用逆向文件频率（inverse document frequency，IDF）来表达，第 k 个视觉单词的 IDF 定义为

$$\text{IDF}(k)=\log\dfrac{N}{N_k} \quad (3.40)$$

式中，N——训练集中的图像总数；

N_k——训练集中含有视觉单词 k 的图像数量。

当算法用于在线场景识别时，首先提取关键帧特征，对于每个特征在视觉词典中搜索最近的视觉单词；然后求取图像的特征向量，其每一维的取值为

$$w_k=\text{IDF}(k)\cdot\text{TF}(k) \quad (3.41)$$

式中，$\text{TF}(k)$ 定义为

$$\text{TF}(k)=\dfrac{n_k}{n} \quad (3.42)$$

式中，n_k——图像中视觉单词的数量；

n——视觉单词总数。

最后，计算当前关键帧与历史关键帧的特征向量（W_1,W_2）距离，并根据其大小选择相似的场景，相似度 s 的计算方法为

$$s(W_1,W_2)=1-\dfrac{1}{2}\left|\dfrac{W_1}{|W_1|}-\dfrac{W_2}{|W_2|}\right| \quad (3.43)$$

当系统进行全局优化时，首先使用词袋模型寻找与当前关键帧具有相似场景的历史关键帧；之后，通过特征点提取、匹配，以及 3D-2D 位姿求解，得到两个关键帧间的位姿变换关系；最后，将所求的位姿变换作为图优化

中对应关键帧节点的一条边，对整个位姿图进行优化，即可实现全局优化。

3.4.3 稀疏特征点云地图构建

在估计相机位姿的过程中，可以同时构建稀疏特征点云地图。在整个过程中，系统需要根据稀疏特征点云地图与图像特征之间的匹配求解实时位姿，并利用合适的关键帧选取策略筛选关键帧，同时还需要对地图进行持续维护。本节将在前文介绍的算法模块基础上，以双目相机作为传感器，介绍稀疏特征点云地图构建流程。

第1步，算法的初始化流程。首先，系统获取到第一帧双目图像，提取左、右目图像的特征点，并计算其特征描述子。然后，使用双目特征匹配方法获得若干组特征匹配对。当匹配特征数量足够多时，则认为本帧图像是有效的，否则重复特征提取与匹配的步骤。接着，通过双目相机模型，以左目为坐标系，恢复这些特征点的三维空间坐标，并将这些特征点作为第一批地图点插入地图，同时将此时的相机位姿设定为相机轨迹的原点。

第2步，利用3.4.1节所述的视觉里程计算法持续进行相机位姿估计。与第1步类似，系统获取每一帧双目图像，首先提取左、右目图像的特征点，并计算其特征描述子。然后，使用双目特征匹配方法获得两幅图像之间的特征匹配，并计算获得稀疏特征点云。接着，将当前帧双目特征点云与先前帧特征点云进行匹配，获得3.4.1节所述的相机位姿，同时进行局部的光束平差法优化，得到较精确的相机位姿。

为了降低系统的计算量和内存消耗，并不会将每一帧图像中计算到的特征点全部保存，而是按一定规则从图像序列中抽取一部分图像进行局部优化、地图构建等后续任务，这一部分图像称为关键帧。对关键帧的选取需满足两个条件：其一，相机的位姿变化量（包括旋转量和平移量）超过一定阈值时，就选取当前帧为新关键帧；其二，当前帧可视范围内的特征点云数量小于一定阈值时，则选取当前帧为新关键帧。这样选取关键帧有两方面好处：一方面，可以使得不用将每一帧图像的信息保存，从而减少 CPU 和内存开销；另一方面，可以减小三维点测量的不确定度。如图 3.26 所示，相机在点 O_k 和点 O_{k+1} 的观测不确定度使用红色椭圆表示，在点 O_k 和点 O_{k+2}

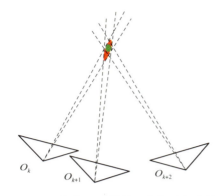

图 3.26 相邻关键帧的距离与特征点的观测不确定度的关系

对相同路标点的观测不确定度使用绿色椭圆表示。图 3.26 说明在合适的距离间隔下选取关键帧对于观测不确定性可以起到一定抑制作用。

第 3 步,对当前关键帧和地图中的特征点进行分析,将当前帧中产生的新特征点更新至地图中,同时将地图中已有的质量不好的特征点剔除。地图构建过程如图 3.27 所示,其中,虚线代表该地图点与相机位姿的观测关系,地图点的颜色对应的是该地图点是被哪一帧观测后插入的,该颜色关系表明维护的地图在不断更新。此外,为了避免地图规模持续扩大,导致计算量不断膨胀,仅维护与当前位姿最近的 10 个关键帧所涉及的特征点云,以保证跟踪部分的计算量始终维持在一定范围内。

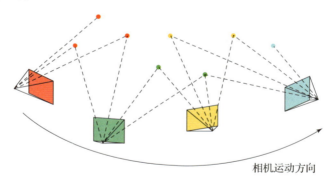

图 3.27 地图构建的过程示意图

每当生成一幅新关键帧时,一方面按照 3.4.2.1 节所述的图优化方法优化全局位姿,另一方面按照 3.4.2.2 节所述的回环检测方法提取图像在所用词典中的对应词袋,并加入关键帧数据库。然后,通过比较相似度获取数据库中与当前关键帧最相似的若干候选回环关键帧,再经过简单的重复验证,筛选出正确的回环帧。当找到对应回环帧后,通过两帧之间的特征匹配关系求解相对位姿,然后可在图模型中加入新的约束并优化,最终获取最优的全局地图和相机轨迹。图 3.28 展示了回环检测效果,通过这一步即可获得全局一致的稀疏特征点云地图。

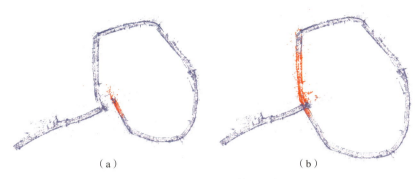

图 3.28 回环处理效果示例
（a）回环处理前；（b）回环处理后

3.5 稠密彩色点云地图构建

3.4 节详细介绍了一种用于构建稀疏特征点云地图的 SLAM 框架，通过该系统可以获取相机在稀疏特征点云地图中的实时位姿。然而，稀疏特征点云蕴含的环境信息太少，图像中大量的像素都在提取特征后被舍弃了，这样生成的地图并不能准确反映环境中障碍物分布情况，难以用于导航和避障。因此，为了获取更全面的环境信息辅助无人平台实现自主导航，需要对环境进行三维稠密重建。

本节将介绍稠密彩色点云地图构建的基础原理。单目相机获取的单幅图像仅能提供物体相对于相机的角度信息，而无法提供距离信息。对此，可以通过移动相机并对旋转平移进行测量，借助对极约束寻找像素匹配，并利用这些信息进行三角化，以获取图像中每个像素的相对深度。另外，也可以使用双目相机通过双目稠密匹配估计像素点深度值。然而，双目匹配对于少纹理、重复纹理区域的鲁棒性较差，仅使用一组双目图像会产生大量噪声，由此构建的三维环境是不可靠的。因此，本节在双目稠密视差计算的基础上使用多视图立体视觉的思想，将多个视角下的深度图进行融合，使用贝叶斯更新方法对像素深度值进行优化，从而获得更加可靠的深度估计结果。最后，本节借助基于概率的八叉树地图，使用经过多视图立体视觉优化的结果作为观测对地图的占据情况进行更新，最终获得可用于自主导航的稠密点云地图。

3.5.1 稠密视差计算

3.5.1.1 匹配代价计算

双目视差计算过程可以认为是已知左目图像上的一点 p（坐标为 $\boldsymbol{p}=(x,y)^{\mathrm{T}}$），寻找其在右目图像中的匹配点 q（坐标为 $\boldsymbol{q}=(x-d,y)^{\mathrm{T}}$），其中 d 即待求匹配点的视差。与 3.4 节介绍的特征匹配不同，在此无法获取所有像素的特征描述进行匹配。一个直观的想法是使用两个像素之间的相似度来衡量这两个像素是否匹配，最常用的方法是使用两个像素的灰度值或色彩值（如三通道 RGB）的差来描述相似度。然而，仅对单个像素的灰度值或色彩值进行比较是非常不可靠的，所以通常的做法是在被比较的像素周围取一个小块，对比左、右目图像中的两个小块的相似度来衡量两个像素的匹配程度，即基于区域的匹配方法。本节取左目图像中点 p 周围的小块记作 S，然后使用匹配代价函数对其相似度进行衡量。常用的区块匹配代价函数有绝对差之和、平方差之和等。

（1）绝对差之和（sum of absolute difference，SAD）：

$$C(x,y,d) = \sum_{(x,y)\in S} |I_{\text{left}}(x,y) - I_{\text{right}}(x-d,y)| \qquad (3.44)$$

（2）平方差之和（sum of squared distance，SSD）：

$$C(x,y,d) = \sum_{(x,y)\in S} (I_{\text{left}}(x,y) - I_{\text{right}}(x-d,y))^2 \qquad (3.45)$$

本节使用像素的中心对称 Census 变换（center-symmetric census transform，CSCT）的汉明距离作为匹配代价函数。CSCT 是一种二进制表示法，可以将图像进行变换。如图 3.29 所示，它以点 p 为中心取一个 9×7 大小的区块 S，然后按照中心对称的方式对比区块中的 31 对像素，并将比较结果级联成一个长度为 31 的向量作为点 p 的 CSCT 结果。具体表达式如下：

$$\text{CSCT}_I(x,y) = \underset{(i,j)\in S}{\otimes} \text{comp}(I(x-i,y-j), I(x+i,y+j)) \qquad (3.46)$$

式中，$\text{comp}(\cdot,\cdot)$——比较函数，当 $a \geqslant b$ 时，$\text{comp}(a,b)$ 等于 1，反之等于 0；

$\otimes$——级联函数，将比较结果级联成一个向量 V。

CSCT 的优点在于它利用小块内部像素之间的灰度值大小关系作为小块中心像素的描述，这可以增加图像对局部光照变化和图像噪声的鲁棒性。对 Tsukuba 双目数据集进行 CSCT，如图 3.30 所示。

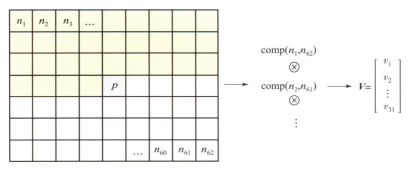

图 3.29　大小为 9×7 的 CSCT 示意图

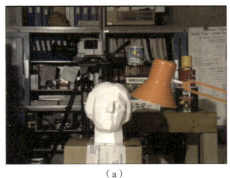

（a）　　　　　　　　　　　　　　（b）

图 3.30　对 Tsukuba 双目数据集进行 CSCT[92]

（a）左目原图；（b）CSCT 结果

对左、右目图像进行 CSCT 后，便可以使用汉明距离对两个像素之间的匹配程度进行衡量。区块匹配代价函数可表示为

$$c(x,y,d) = \text{bitcount}(\text{CSCT}_{\text{left}}(x,y) \oplus \text{CSCT}_{\text{right}}(x-d,y)) \quad (3.47)$$

式中，bitcount(·)——统计向量中的 1 的个数；

$\oplus$——按位异或。

由此可知，左、右目中的小块越相似，匹配代价 c 就越小。此外，上述计算过程中只含有比较运算、异或运算以及求和运算，可以有效地提高计算效率。

在计算双目图像的匹配代价时，本节首先假设双目图像中可能存在的最大视差为 $d_{\max}$，如 $d_{\max}=128$。然后，取 $d=0,1,2,\cdots,d_{\max}$，使用上述匹配代价计算方法计算两幅图像中所有像素在所有视差取值上的代价值，并将所有像素的代价值按照横坐标、纵坐标、视差取值进行整理排放，即可得到一个三维矩阵，即视差空间图像（disparity space image，DSI）。图

3.31（a）所示的一系列伪彩图是左、右目图像在不同视差值下的匹配代价图，颜色越亮则代价越高，颜色越深则代价越低。然后，将这一系列匹配代价图按视差增加方向排列，可以得到图3.31（b）所示的大立方体，即该幅双目图像的DSI。图3.31（b）中的红色小立方体的值代表了像素(x,y)在视差d下的匹配代价$c(x,y,d)$，将该立方体所在的纵列抽取，即可得到该像素点的匹配代价与视差之间的变化关系，如图3.31（c）所示。由于认为匹配代价越小，两个像素越有可能匹配，因此本节就可以在得到DSI后使用一种非常简便的方法——赢家通吃算法（winner – takes – all strategy，WTA），寻找图像中各像素匹配代价最小值（图中绿点）所对应的最佳视差值d^*，从而得到该双目图像的视差图。

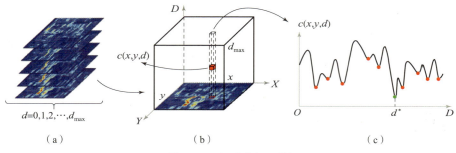

图 3.31　视差空间图像

（a）连续多帧视差图；（b）双目视差空间图像；（c）匹配代价与视差之间的关系

3.5.1.2　代价聚合和视差计算

基于区块的匹配代价计算方法仅通过在初始匹配代价所构成的 DSI 中使用 WTA 进行最佳视差搜索获得结果，会产生大量无匹配和歧义问题。因此，本节需要在区块匹配代价的结果上施加一些额外约束，使视差图更平滑，即完成代价聚合的过程。SGM 算法针对视差图 D 设计了一个能量函数 $E(D)$：

$$E(D) = \sum_p \Big(c(x_p, y_p, d_p) + \sum_{q \in N_p} P_1 T[|D_p - D_q| = 1] + \sum_{q \in N_p} P_2 T[|D_p - D_q| > 1] \Big) \quad (3.48)$$

式中，p——待处理像素，其坐标为 $\boldsymbol{p} = (x_p, y_p)$；

N_p——像素 p 的邻域；

$T[\cdot]$——符号函数,当方括号内部的条件成立时就输出1,反之则输出0。

在能量函数 $E(D)$ 中,第一项 $c(x_p, y_p, d_p)$ 代表像素 p 在视差 d_p 处的匹配代价值,而第二项和第三项均为施加在视差上的正则化项。其中,第二项的作用是产生一个系数为 P_1 的惩罚项,施加在邻域内像素 q 的视差值与像素 p 的视差值仅相差1的那些像素上;第三项的作用是产生一个系数为 P_2 的惩罚项,施加在邻域内像素 q 的视差值与像素 p 的视差值相差大于1的那些像素上。通常,有 $P_1 < P_2$。增加这两个正则化项后,既可以保证视差图较为平滑,又可以保持视差图的边缘完整。

通过构造能量函数 $E(D)$,求取视差图的过程便被转化为在 DSI 中对能量函数 $E(D)$ 进行最优化。然而,这个在二维图像上寻找全局最优解的问题是一个 NP 完全问题,无法在多项式时间内直接求解。注意到,在优化上述问题的过程中如果仅考虑一个方向(如从左到右),就可以通过扫描线优化(scanline optimization,SO)的方法进行求解,而且该求解过程利用了动态规划的方法,因而可以在多项式时间内完成。考虑沿方向 r 对一幅图像进行优化,则每个像素的视差值仅与该方向上的前一个像素相关,具体形式如下:

$$L_r(p,d) = c(p,d) + \min\begin{pmatrix} L_r(p-r,d), \\ L_r(p-r,d-1) + P_1, \\ L_r(p-r,d+1) + P_1, \\ \min_i L_r(p-r,i) + P_2 \end{pmatrix} - \min_k L_r(p-r,k)$$

(3.49)

式中,$L_r(p,d)$——待处理像素 p 在视差取值为 d 时的代价聚合值;

$c(p,d)$——像素 p 在视差取值为 d 时的当前匹配代价(与上文的 $c(x_p, y_p, d_p)$ 意义相同);

$\min(\cdot)$——取括号内各项的最小值;

$L_r(p-r,d)$——像素 p 的上一个像素在视差取值为 d 时的代价聚合值;

$L_r(p-r,d-1) + P_1$——像素 p 的前一个像素在视差取值为 $d-1$ 时的代价聚合值与惩罚项 P_1 之和;

$L_r(p-r,d+1) + P_1$——像素 p 的前一个像素在视差取值为 $d+1$ 时的代价聚合值与惩罚项 P_1 之和;

$\min_i L_r(p-r,i) + P_2$——像素 p 的前一个像素与像素 p 的视差取值相

差大于 1 时的最小代价聚合值与惩罚项 P_2 之和；

$\min\limits_{k} L_r(p-r,k)$ ——像素 p 的前一个像素取不同视差时的最小代价聚合值，在最终代价聚合值中减去此项的目的在于使得 $L_r(p,d)$ 在右移过程中保持一定的大小而不会溢出，同时该操作不会引起代价最小路径的改变。

上述一维代价聚合的计算步骤可由图 3.32 直观表示，其中红色二维矩阵是图像中一行的所有像素在各个视差值的匹配代价，也可认为是图像中的一行在 DSI 中对应的切片。图 3.32（b）描述了代价聚合过程中切片中元素的参与运算情况，其中红色为待求的代价聚合值，橘黄色为在相同视差取值下前一像素的代价聚合值，绿色是前一个像素与当前像素视差取值相差为 1 的代价聚合值，蓝色则是前一像素与当前像素视差取值相差大于 1 的代价聚合值。

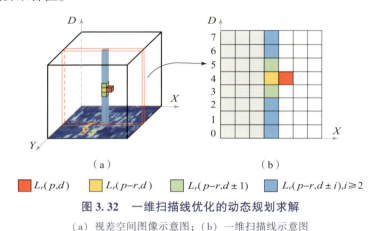

图 3.32　一维扫描线优化的动态规划求解

（a）视差空间图像示意图；（b）一维扫描线示意图

然而，一维扫描线优化的求解过程没有考虑行间或列间的约束，将产生如图 3.33（a）所示的长尾效应，这会严重影响优化结果。因此，在 SGM 算法中将代价聚合过程近似分解成以像素 p 为中心的 8 个方向上的 8 个一维扫描线优化问题，对每个方向上 r 的扫描线优化使用动态规划分别求解（如图 3.33（a）所示的 8 个方向代价聚合后产生的视差图），然后将这 8 个方向上的代价聚合值按下式进行求和：

$$S(p,d) = \sum_{r} L_r(p,d) \tag{3.50}$$

即可得到图像上每个像素点在所有视差 d 上的最终代价聚合值。最后，在优化过的 DSI 中使用 WTA 算法便可获得整幅图像的视差，如图 3.33（b）所示。

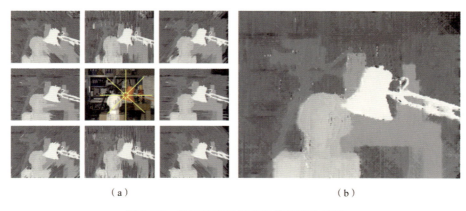

图 3.33 长尾效应与多方向代价聚合结果
(a) 不同方向的长尾效应；(b) 代价聚合后的整体视差图

3.5.2 多视图融合

对平行双目的立体视觉使用基于三角测量的原理，其精度会受到双目基线长度的影响。一般来说，基线越短，能够可靠测量的范围就越近；基线越长，能够可靠测量的范围就越远。此外，一对双目图像在进行视差匹配时，由于环境中可能存在重复纹理、光线直射等情况，会导致出现大量的错误匹配，且这种错误很难在单幅双目图像上进行滤除。另外，直接使用双目视差获取的三维点云进行三维重建会产生大量的冗余数据，这对系统的处理性能也提出了较高的要求。因此，为了避免上述一系列问题，本节采用多视图立体视觉的思想来对多幅双目深度图进行融合，可以有效减少双目深度图的噪声，提高三维重建的精度和效率[93]。

3.5.2.1 双目测量的不确定度

在本节对像素的深度信息进行观测时，假设本次观测值正确，那么它往往会分布在真值附近，但实际情况中往往会由于遮挡、少纹理区域、光照变化等因素造成错误的观测值，且这些错误的值通常较为随机。本节假设每次观测得到的深度值服从一个由正确观测模型和错误观测模型二者融合的概率分布，其中，正确的观测可以认为服从一个以真实深度为均值的高斯分布，而错误的观测可以认为服从一个在可测量的深度范围 $[Z_{min}, Z_{max}]$

内的均匀分布。本节假设每次观测产生的观测值为正确观测的概率为 π，那么观测值为错误观测的概率则为 $1-\pi$。由此，本节便可以获得在给定真实深度 Z 和正确观测概率 π 时，对一个像素的深度第 n 次观测的混合概率模型：

$$p(z_n|Z,\pi) = \pi N(z_n|Z,\tau_n^2) + (1-\pi)U(z_n|Z_{\min},Z_{\max}) \quad (3.51)$$

式中，τ_n^2——第 n 次正确观测的方差，其大小与双目测距的结果相关。

作为用于滤波更新步骤的重要信息，本节需要对其进行建模。通过分析双目观测结果的误差来源，本节将不确定度分为两部分。

第一部分，双目匹配可能会造成误差。假设在极线上存在 ε 个像素的扰动误差，那么根据图 3.34，原始三维点 P 的深度值为 z，叠加扰动后通过三角化获得的空间三维点则会出现在点 P'，其深度值为 z'，因此深度值的误差为

$$\delta z = z' - z = \frac{fb}{fb/z+\varepsilon} - z \quad (3.52)$$

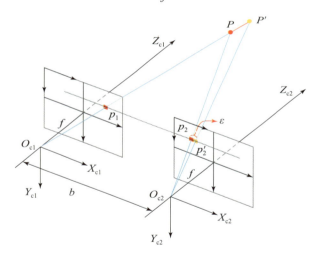

图 3.34 双目深度的不确定度分析

由此，本方法便可以将该像素由匹配误差造成的方差定义为

$$\tau_m^2 = (\delta z)^2 \quad (3.53)$$

第二部分，本节在匹配不确定度 τ_m^2 的基础上加上由畸变模型误差造成的不确定度 τ_u^2，以作为双目深度测量的最终不确定度 τ^2，即

$$\tau^2 = \tau_m^2 + \tau_u^2 \quad (3.54)$$

其中，τ_u 与像素 p 到图像中心 c 之间的距离成一次关系：

$$\tau_u = \kappa \| \boldsymbol{p} - \boldsymbol{c} \|_2 \tag{3.55}$$

式中，κ——系数。

那么，通过上述分析，便可以在获取一对双目图像的深度图后从成像几何的角度定量计算每个像素的不确定度，图 3.35 展示了使用本方法计算得到的深度图的不确定度分布。从图中可知，场景远处不确定度较大，近处不确定度较小，基本符合预期。

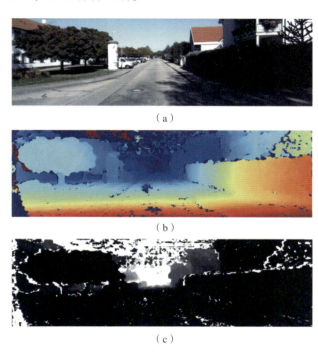

图 3.35　双目深度图与不确定度分布
(a) 彩色图（左目）；(b) 深度图；(c) 不确定度分布

3.5.2.2　深度滤波器及其近似

通过 3.5.2.1 节，本方法可以获取每帧双目图像的深度观测值与它的不确定度，由此即可通过式（3.51）表示的混合模型对多幅深度图进行融合。通常，混合模型的参数可以采用基于观测数据使用最大似然估计的方法求解。然而，使用最大似然估计容易使结果落入局部最优，而且不能方便地提供新的置信度信息。在实际中，更需要一种能够递推求取深度估计值和其不确定度的方法。因此，本节假设每次的深度观测均是独立

的，对于上述混合模型，在给定一系列观测值 $z_1, z_2, \cdots, z_N$ 情况下的后验概率为

$$p(Z, \pi | z_1, z_2, \cdots, z_N) \propto p(Z, \pi | z_1, z_2, \cdots, z_{N-1}) p(z_N | Z, \pi)$$
$$\propto \cdots \propto$$
$$\propto p(Z, \pi) \prod_n p(z_n | Z, \pi) \quad (3.56)$$

式中，$p(Z, \pi)$——深度值和正确观测概率的先验。

为了获得从第 $n-1$ 次观测到第 n 次观测的更新过程，式（3.56）可以使用高斯分布和 Beta 分布的乘积来近似，其中高斯分布用于描述深度，Beta 分布用于描述正确观测概率。那么，经过近似后的后验概率 $p(Z, \pi | z_1, z_2, \cdots, z_N)$ 可以表示为

$$q(Z, \pi | a_n, b_n, \mu_n, \sigma_n^2) := \text{Beta}(\pi | a_n, b_n) N(Z | \mu_n, \sigma_n^2) \quad (3.57)$$

式中，a_n, b_n——Beta 分布的控制参数。

根据式（3.56）即可得到像素 q 从第 $n-1$ 次观测到第 n 次观测的递推形式：

$$q(Z, \pi | a_n, b_n, \mu_n, \sigma_n^2) = C \cdot p(z_n | Z, \pi) \cdot q(Z, \pi | a_{n-1}, b_{n-1}, \mu_{n-1}, \sigma_{n-1}^2) \quad (3.58)$$

式中，C——常数。

虽然式（3.58）的右半部分并不是高斯分布与 Beta 分布的乘积，但是参数 a_n、b_n、μ_n、σ_n^2 的估计值仍可以通过对比 Z 和 π 的一阶、二阶矩来进行更新，这样就可以实现整个深度估计混合模型的贝叶斯更新。

在每次更新后，本方法还需要判断该深度滤波器是否收敛（或发散），通常使用以下条件判断：

令 σ^2 为该深度滤波器对深度概率估计的方差，σ_{thres}^2 为方差阈值，

$$\rho_{\text{inlier}} = \frac{a}{a+b} \quad (3.59)$$

（1）当 $\sigma^2 < \sigma_{\text{thres}}^2$ 且 $\rho_{\text{inlier}} > \rho_{\text{thres\_inlier}}$ 时，可以认为深度值已收敛；

（2）当 $\rho_{\text{inlier}} < \rho_{\text{thres\_outlier}}$ 时，可以认为深度值已发散。

一旦认为深度值收敛（或发散），应立即停止对该滤波器的更新操作。

在深度滤波器的实现过程中，本节将第一帧双目深度图设定为参考帧 I_{ref}，并将其当前相机位姿记作 T_{ref}^w，然后对参考帧中所有具有合法深度值的像素构造深度滤波器，使用参考帧的深度值与不确定度 Σ_{ref} 作为该像素的深度滤波器的初值，并设定 Beta 分布的初始控制参数。接着，通过

第 3 章 度量空间：全局地图构建

SLAM 算法获取以 I_{ref} 为参考帧时第 i 帧图像在世界坐标系下的位姿 T_i^w，同时通过双目立体视觉计算其深度图 I_i。将第 i 帧的深度观测通过与参考帧的相对位姿关系变换至参考帧下，然后使用观测数据对各深度滤波器的状态进行更新。不断重复这一过程，直到深度滤波器收敛（或发散）。此外，一旦当前帧相对于参考帧的位姿变化量超过一定阈值，就可以选取新的参考帧，并重新初始化所有深度滤波器。具体步骤见算法 3.2。

算法3.2 使用连续帧对图像深度值进行更新

输入：当前帧深度图 I_i，深度图不确定度 Σ_i，当前帧位姿 T_i^w
输出：参考位姿下的最优深度图 I_{ref}^*
初始化 σ_{thres}^2，$\rho_{\text{thres\_inlier}}$，$\rho_{\text{thres\_outlier}}$
do
    获取一帧数据 I_i，Σ_i，T_i^w
    if 将当前帧设置为参考帧 **then**
        $I_{\text{ref}} \leftarrow I_i$，$\Sigma_{\text{ref}} \leftarrow \Sigma_i$，$T_{\text{ref}}^w \leftarrow T_i^w$，$k \leftarrow 0$
    else
        $T_i^{\text{ref}} \leftarrow (T_{\text{ref}}^w)^{-1} T_i^w$ 将当前深度观测变换至参考帧下，得到 I_i^{ref}，Σ_i^{ref}
        for I_i^{ref} 中的所有像素 p **do**
            if $Status_p == converged$ 或 $Status_p == diverged$ **then**
                $continue$
            $z_k \leftarrow I_i^{\text{ref}}(p)$，$\tau_k^2 \leftarrow \Sigma_i^{\text{ref}}(p)$
            $\mu_{p,k+1}, \sigma_{p,k+1}^2, a_{p,k+1}, b_{p,k+1} \leftarrow DepthFilter(\mu_{p,k}, \sigma_{p,k}^2, a_{p,k}, b_{p,k}, z_k, \tau_k^2)$
            $\rho_{\text{inlier}} = a_{p,k+1}/(a_{p,k+1}+b_{p,k+1})$
            if $\rho_{\text{inlier}} > \rho_{\text{thres\_inlier}}$ 且 $\sigma_{p,k+1}^2 < \sigma_{\text{thres}}^2$ **then**
                $Status_p \leftarrow converged$
            if $\rho_{\text{inlier}} < \rho_{\text{thres\_outlier}}$ **then**
                $Status_p \leftarrow diverged$
until Mission Finished

接下来，使用深度滤波器在 KITTI 数据集中进行测试。图 3.36 的左上方所示为参考帧，将右上方所示的后续观测数据变换至参考帧位姿后，对每个像素的深度滤波器进行更新；图 3.36 的下半部分所示为深度滤波器在不同时刻的更新状况，左列为深度滤波器的收敛情况（其中蓝色为深度收敛的像素，红色为深度发散的像素），右列为归一化后已收敛的深度图。可以看出，随着观测数据的逐步增加，各像素的深度值逐渐收敛至一个稳定值或发散，最终可以获得较稳定的深度信息。

除此之外，由于深度滤波器会根据观测数据逐步更新，而运动目标的深度值相对于参考帧是不断变化的，因此这些像素最后会趋于发散。从图 3.36 中最后一行可以看到，场景中正前方运动车辆的深度值处于发散状态，因此该运动目标可以被自动剔除而无须任何其他附加的运动目标检测步骤。

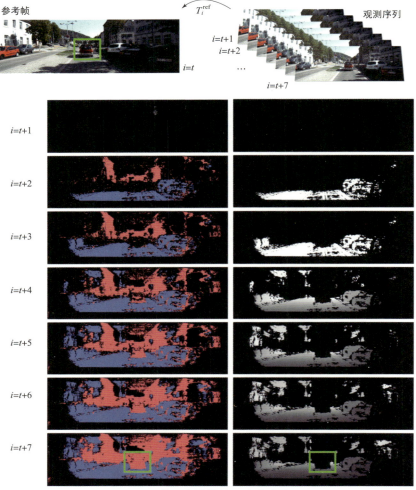

图 3.36 基于连续帧的深度滤波结果

经过多视图深度图融合,可以得到质量较高的三维点云,那么结合所述的相机位姿估计方法便可以方便地利用这些点云及其位姿进行地图构建,得到的三维彩色点云如图 3.37 所示。

图 3.37 基于点云的三维重建结果(示例)

| 第 3 章　度量空间：全局地图构建 |

3.6　地空协同联合定位与建图

经过多年的发展，SLAM 技术逐渐成熟。借助上述 SLAM 技术，无人平台可以利用传感器确定自身位置，同时构建全局地图，能够不依赖全球导航卫星系统等外部信息源实现无人平台的实时精确定位。然而，SLAM 技术仍然受到两方面局限。其一，地图构建成本与定位精度的矛盾。满足自主导航应用的高精地图需要多种高精度传感器完成采集，构建成本较高，不适合大规模构图；仅基于 SLAM 的构图方案虽然成本较低，但在无回环情况下的定位误差较大，因而难以满足无人平台安全行驶的需要。其二，环境感知误差较大，不论是激光点云配准还是相机图像特征匹配都可能出现错误信息，这导致地图构建不准确。虽然可以采用人工标注的方式标注地图中的语义信息，但所需的成本极高[94-96]。

针对上述两方面局限，越来越多的科研人员开始关注基于交叉视角信息融合的地空协同感知系统，这类系统引入空中视角的卫星图像或航拍图像作为低成本先验信息，利用空中视角信息对地面视角的感知结果进行优化。系统可以利用交叉视角信息优化全局位姿，减少里程计累积误差，且无须预先构建地图。

由于空中视角图像与地面视角传感器视角不同，且空中视角容易受到车辆、行人等动态物体以及树木、枝叶等静态物体遮挡等因素的影响，因此两个视角之间的空间配准面临很大挑战。针对这些挑战，多种类型的方法被提出。Forster 等[97]利用无人机搭载的单目相机构建三维点云地图，与无人车构建的地图通过蒙特卡罗定位进行配准，实现这两种地图的融合，其不足之处在于对无人机与无人车之间的距离有要求。Onyango 等[98]针对城市峡谷场景中 GNSS 定位误差较大的问题，采用路面特征实现对无人车与无人机的协同地图构建。Gawel 等[99]针对灾难环境下异构地空协同系统的异构传感器地图融合进行了研究，无人车采用激光雷达构建地图，无人机采用视觉传感器，通过 ISS 检测关键点对地图之间的相对变换进行初始估计，然后使用 ICP 算法进行优化。该方法要求无人机高度不能过高，否则三维重建的误差会增加。除了上述地空实时协同方案外，还可以采用卫星遥感图像或高空航拍图像。卫星遥感图像（或高空航拍图像）具有获取成本低、误差较小、覆盖范围广、近似垂直投影等优点,因此一些文献使用此类图像与地面视角传感器数据实现配准和 GNSS 拒止环境下的定位。

由于空中平台和地面平台的视角差异很大,因此如何从空中视角图像和地面传感器数据中得到两者的匹配关系是需要解决的问题。目前的解决方法大致分为以下几类:

(1)利用地面视角图像及卫星图像的全局(或局部)特征实现空-地交叉视角的匹配,其流程及原理与图像检索类似。例如,将车载相机图像投影至地面提取 SURF 特征点(或 SIFT 特征点)后,与卫星图中的相应特征进行匹配;文献[100]利用车载双目图像提取环境中的垂直结构,将其与卫星图中的垂直结构进行匹配。这些局部特征表征了局部图像块的特点,其优点是空间精度较高,其缺点是区分度较小,易产生大量的误匹配。而全局特征由于对场景整体提取特征,因此包含了整个场景的语义内容,匹配效率高。例如,采用孪生网络(siamese network)[101-102]或孪生 Net-VLAND 网络[103]分别提取地面图像及卫星图像的深层特征向量,或显式编码图像每个像素的方向[104],并在特征向量空间寻找距离最近的卫星图,实现在卫星图上的定位。

(2)利用车载传感器获取三维点云,通过与路网(或建筑物)匹配的方式实现交叉视图匹配。例如,通过车载双目相机点云分割人行道区域,并利用地图中的主路路网估计人行道区域的概率分布,进而实现定位[105];或者将双目相机或激光雷达的点云转换为二维高度图与航拍视角图像的 Canny 边缘进行匹配[106]。一些文献利用激光雷达的强度[107]或高度图[108-109]与 OpenStreetMap(OSM)地图数据库中路网或建筑物边缘匹配实现定位。Senlet 等[110]将利用双目相机重建的稠密 RGB 点云转换到俯视视角,直接与航拍视角图像匹配;de Paula Veronese 等[111]通过归一化互信息(normalized mutual information)将航拍视角图像与从激光雷达反射强度构建的短期栅格图匹配来定位车辆。Javanmardi 等[112]通过提取带有强度信息的稠密激光点云和空中视角图像中的道路标线等特征,使用 NDT 算法将激光雷达稠密点云配准到航拍地图。

(3)利用语义信息实现交叉视角匹配。Viswanathan 等[113]利用车载激光雷达提取地面范围,并分割出全景图像的地面像素,投影到俯视视角与卫星图的地面区域进行匹配,实现了在野外环境的定位。Gawel 等[114]提出了一种基于语义信息的全局定位方法,该方法的输入为语义分割的结果以及视觉里程计的定位结果,提取语义三维拓扑结构及每个节点的描述子，与已有的拓扑图进行匹配，并通过最大化后验概率估计地面无人平台的位姿。Zhai 等[115]提出了一种基于弱监督训练的网络，该网络从航拍视角的像素语义预测地面视角的语义；Regmi 等[116]提出了两种生成对抗网络体系结构，通过生成交叉视角场景将交叉视角的匹配转化为同视角的匹配。

此外，在地图构建过程中，融合空中视角的信息可以优化地面视角的感知结果，构建更准确的环境地图。Máttyus 等[117]提出了一种通过空中辅助进行地图增强的方法，利用单目航拍图像和地面双目图像进行联合推断，对已有的语义地图的细粒度进行增强。Wegner 等[118]设计了一种利用航拍图像及街景图像对城市树木种类及位置进行估计并标注的系统。Bódis–Szomorú 等[119]提出了一种基于光线投射的点云融合方法，将无人机获取的屋顶结构、地面和植被等信息与无人车获取的街道及房屋侧面的信息进行融合，形成地–空互补的三维地图。Schulter 等[120]提出了一种基于神经网络预测环境中被行人或车辆遮挡的区域，通过学习有关典型道路布局的先验知识和规则来增强预测的准确率，实现对盲区的估计。

作为示例，本节将介绍一种基于交叉视角信息融合的地空协同感知系统[95]，该系统将带有地理坐标信息的空中视角图像作为先验信息，通过融合地面和空中交叉视角信息降低无人车的定位与感知误差，构建更准确的三维地图。针对这类系统面临的技术难点，本节将介绍该系统中基于语义信息优化的激光里程计、基于学习的交叉视角配准算法、多视角位姿优化地图融合算法。

3.6.1 系统框架

本节介绍的地空协同感知系统的框架如图 3.38 所示。无人车搭载激光雷达作为传感器；系统以带有地理坐标信息的空中视角图像为先验信息，且该图像可以是无人机获取的航拍图像（或卫星遥感图像）；系统输出无人平台的实时位姿估计和环境的三维语义地图。系统主要由激光里程计模块、交叉视角配准模块、融合与优化模块组成，三个模块按照不同的频率并行运行。

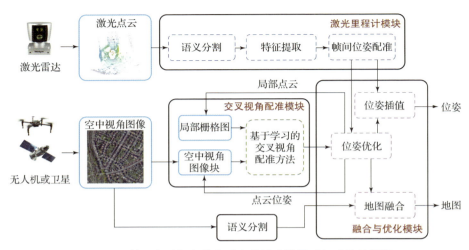

图 3.38　基于交叉视角信息融合的地空协同感知系统的框架

激光里程计模块按照一定频率接收激光雷达的三维点云，估计当前帧相对于上一帧的位姿变换关系，并筛选关键帧。这些关键帧除了包含位姿、激光点云、特征点等度量信息，还包含每个点的语义概率分布。点云的位姿以及筛选后的关键帧被送入融合与优化模块进一步优化和融合。

交叉视角配准模块接收融合与优化模块优化后的局部激光点云，利用空中视角图像估计无人车在地理坐标系或投影坐标系的全局位姿，并将该估计值返回融合与优化模块，以修正累积误差。另外，系统在初始化阶段需要确定全局坐标的初值，该初值既可以由外部传感器给定（如 GNSS 提供的定位结果），也可以由其他全局定位方法给定（如将激光点云与场景数据库进行比对，得到无人平台的大致位置），还可以等待无人平台行驶一段距离，利用交叉视角配准模块的迭代使估计值收敛。

融合与优化模块一方面在局部范围内优化多幅关键帧，拼接为局部点云地图，提供给交叉视角配准模块；另一方面，融合激光里程计模块和交叉视角配准模块提供的信息，优化关键帧的位姿，并输出无人平台的实时位姿估计值。除了位姿信息，融合与优化模块还可以融合空中和地面多个视角的语义估计信息，得到最优的语义估计并输出三维语义地图，本节不对此展开叙述。

3.6.2　基于语义信息优化的激光里程计

如 3.1 节所述，激光里程计模块的主要功能是求解相邻帧激光点云之间的位姿变换关系。在 3.2 节中介绍的 LeGO – LOAM 算法通过点云梯度分割地面点与非地面点,并在两类点中分别提取特征点,可提高在野外环境的定位精度。但是 LeGO – LOAM 算法仍然没有解决动态物体对点云配准带来的影响。本节将延续 LeGO – LOAM 算法的思路,针对其不足之处,结合地图构建需要,提出一种基于语义信息优化的激光里程计方法。针对里程计的实时性需求,通过改进传统的基于投影图的语义分割方法,提高语义分割速度;针对动态物体给点云配准带来的影响,利用语义信息对特征点进行筛选,剔除潜在的不可靠特征点;同时,将语义信息引入位姿估计过程,以减小特征误匹配给位姿估计带来的影响。

3.6.2.1 基于投影图的语义分割及基于语义辅助的特征提取

本节采用激光雷达作为传感器,通过对点云进行语义分割,可实现两方面用途:一方面,辅助激光里程计进行特征匹配及帧间位姿配准;另一方面,用于构建语义地图,实现对环境的认知。目前激光点云语义分割方法按照算法处理的维度可大致分为两类:一类是以 PointNet 系列方法[121-122]为代表的在三维空间进行分割的方法,这类算法耗时较长,无法满足里程计的实时性需求;另一类方法对点云进行投影后,在二维图像上进行语义分割,如 RangeNet[123]算法,这类方法耗时相对较短。本节针对系统的实时性需要,在 RangeNet 算法的基础上进行改进,设计了一种基于投影图的语义分割算法。

本算法的输入为 3.2 节所介绍过的距离投影图 $\mathcal{R}$,首先将投影图降采样为 64 像素×1 024 像素,然后送入神经网络。神经网络的结构如图 3.39 所示。图中的每个立方体代表一个神经网络层,立方体的颜色表示该层将要进行的操作。

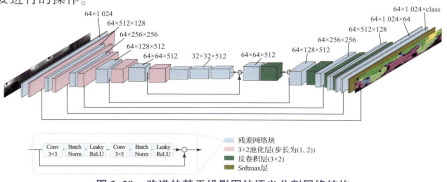

图 3.39 改进的基于投影图的语义分割网络结构

图3.39中的浅蓝色立方体为残差网络块，每个残差网络块包括两组 3×3 卷积层（图中表示为Conv）、批标准化层（BatchNorm）和泄漏修正线性单元（Leaky ReLU），并使用跳跃连接（图中的黑色箭头）将残差块的输入引至输出，一方面提高特征信息的重复利用率，另一方面缓解网络深度增加带来的梯度消失和网络退化问题。其中，卷积层由 C_{out} 个可学习的滤波器 W 组成，每个滤波器的尺寸为 $C_{out}\times C_{in}\times K_x\times K_y$，其中 C_{in} 为输入特征图通道数。每个滤波器在输入特征图上以步长stride移动，并在每一个移动的位置上与输入特征进行互相关操作。BatchNorm层通过规范化手段将输入分布映射到较标准的分布中，解决较深网络中每层的输入分布逐渐偏离激活函数敏感区域的问题。Leaky ReLU层的输出为 $y = \max(0,x) + k \cdot \min(0,x)$，其中 x 为输入，k 为预先设定的较小的斜率值。

图3.39中的粉色立方体为池化层，用于对特征进行降采样，以实现特征信息压缩，减小后续网络的计算量和参数量。本节采用步长stride为2的 2×2 卷积实现。图3.39中的深绿色立方体为反卷积层，也称为转置卷积（transposed convolution），其用于对输入特征图进行上采样。

图3.39所示的神经网络架构通常被称为编码器-解码器架构。其中，编码器通过多次降采样，提取编码了上下文信息的深层特征图；解码器将编码器提取的特征图逐步上采样到原始分辨率。另外，在每次上采样后，网络还在编码器与解码器之间添加跳跃连接，将编码器提取的特征图叠加到解码器的输入，以恢复在下采样过程中丢失的部分高频信息。

经过这种编码-解码操作后，网络最后一层生成 c 个通道的特征图，其中 c 是语义属性总类别数。经过Softmax函数（图中的棕色立方体），得到每个像素属于每种语义类别的概率，即

$$y(c_i) = \frac{x_i}{\sum_{j=1}^{c} e^{x_j}} \quad (3.60)$$

式中，x_i——最后一层某个像素第 i 通道的输入值。

本节使用交叉熵损失函数来训练网络，其输出为

$$\text{Loss} = -\sum_{j=1}^{c} l_j \lg(y(c_j)) \quad (3.61)$$

式中，l_j——训练标签，如果该像素属于语义类别 c_j 则 $l_j = 1$，否则 $l_j = 0$。

离线训练完成后，在线运行时将距离投影图 $\mathcal{R}$ 输入神经网络，神经网络将输出尺寸相同、通道数为 c 的语义概率投影图 $\mathcal{S}$，图中的第 i 个通道

保存了各像素位置属于类别 c_i 的概率。图 3.40 所示为语义分割结果的一个示例。

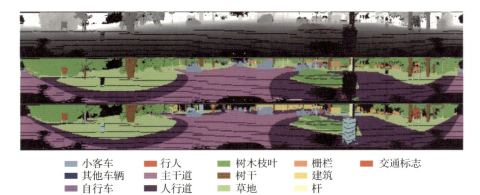

图 3.40　基于投影图的激光点云语义分割结果示例

将语义概率投影图 S 按 3.2 节所述的方法反投影至点云，并取每一个概率最大的类别作为该点的语义类别，可得到图 3.41，图中不同颜色的点代表不同的语义类别。

图 3.41　三维语义点云示例

在进行语义分割后，便可以结合语义分割结果在距离投影图 $\mathcal{R}$ 上进行特征提取。特征提取的方法由 3.2.2 节所介绍的方法改进而得。除 3.2.2 节所介绍的特征点所需满足的 5 个要求外，本节介绍的方法结合语义分割结果设置，还需满足以下要求：

（1）若点的语义类别为植被（包括树木枝叶、草地等），则该点不能作为特征点。这是因为，树木枝叶或草地容易受风的影响发生往复运动，导致同一位置的特征点通常难以被持续观测，因此对特征匹配和位姿估计不利。

（2）若点的语义类别为地面（包括主干道、人行道等），则该点不能作为边缘特征点，只能作为平面特征点。

（3）若点的语义类别为树干或杆（如路灯杆、交通标志杆），则该点不能作为平面特征点，只能作为边缘特征点。

（4）若点的语义类别为行人或自行车，则该点不能作为特征点。

3.6.2.2 基于语义约束的迭代最近点算法

基于语义约束的迭代最近点算法主要负责在上一节提取到的当前帧特征点基础上，在上一帧点云中寻找当前帧边缘特征点所位于的边缘、当前帧平面特征点所位于的平面，并利用这些对应关系解算当前帧点云与上一帧点云的位姿变换。算法可分为特征匹配和位姿求解两部分。特征匹配部分仅在匹配高质量平面特征点时使用了点的地面语义属性，其余部分与 3.2.3.1 节所述相同。本节将介绍如何利用语义信息改进激光里程计的位姿优化。

在位姿求解过程中，本节所述方法依然将最优位姿变换的求解过程分为两步。其中，利用高质量平面特征点进行平面配准的过程不变，误差函数依然为式（3.8）；将利用边缘特征点估计位姿的过程改进，利用语义信息在式（3.9）的基础上修改得到边缘特征点 $p_i \in \mathbb{E}_t$ 距离误差函数：

$$E_{\mathbb{E}_t}(\Delta \hat{T}^1 \cdot \Delta \hat{T}_{t,t-1}) = \sum_{p_i \in \mathbb{E}_t} \frac{1}{2} w_s \cdot d_{\mathbb{E}}^2 \qquad (3.62)$$

式中，$d_{\mathbb{E}}^2$——边缘特征点的误差权重；

w_s——语义误差权重，定义为

$$w_s = d_{\text{geo}}(p_i, p_j) \cdot d_{\text{sem}}(p_i, p_j) \qquad (3.63)$$

式中，$d_{\text{geo}}(\cdot, \cdot)$——距离权重分量，定义为两个点距离的 Huber 范数，即

$$d_{\text{geo}}(p_i, p_j) = \begin{cases} 1, & \|\boldsymbol{p}_i^t - \boldsymbol{p}_j^{t-1}\| < \tau \\ \dfrac{\tau}{\|\boldsymbol{p}_i^t - \boldsymbol{p}_j^{t-1}\|}, & \text{其他} \end{cases} \qquad (3.64)$$

式中，p_j 为距离点 p_i 最近的匹配点。如果点 p_j 和点 p_i 的距离小于一定阈值 τ，则 $d_{\text{geo}}(p_i, p_j)$ 为 1；否则，$d_{\text{geo}}(p_i, p_j)$ 会随着距离的增加而逐渐衰减。

$d_{\text{sem}}(\cdot, \cdot)$ 为语义权重分量，本节所述方法采用点 p_i 和点 p_j 语义分布的 KL 散度（Kullback–Leibler divergence），即

$$d_{\text{sem}}(p_i, p_j) = p(x) \lg \frac{p(x)}{q(x)} + (1 - p(x)) \lg \frac{1 - p(x)}{1 - q(x)} \qquad (3.65)$$

式中，$p(x)$——点 p_i 属于最优语义类别（即语义概率分布中最大概率对应的类别）的概率；

$q(x)$——点 p_j 属于 p_i 的最优语义类别的概率。

之后，算法仍采用 3.2.3.2 节所介绍的方法优化误差函数，并用本节所介绍的方法修改匹配关系，反复执行优化过程，直到匹配关系不再发生变化，系统获得最优位姿估计结果。

3.6.3　基于学习的交叉视角配准算法

尽管 3.6.2 节介绍的激光里程计能够利用语义信息减小位姿估计误差，但这种增量式定位方法仍然存在累积误差。本节介绍利用空中视角图像进行交叉视角配准，以修正累积误差。该方法既可降低回环区域外的累积误差，又可缩小回环检测的检索范围，还能减少系统对回环检测模块的依赖，即使不具备回环的条件，仍然能够修正系统的累积误差。

考虑到传统方法在通用性、鲁棒性上的不足，本节将介绍两种基于学习的激光点云与空中视角图像配准方法，分别为基于深层特征图匹配的方法和基于误差修正网络的方法。这两种方法可以更好地泛化，并能在一定程度上提高对光照变化和遮挡的适应性。

3.6.3.1　基于深层特征图匹配的交叉视角配准算法

本节提出的基于深层特征图匹配的交叉视角配准方法的算法流程如图 3.42 所示。算法的输入为融合与优化模块提供的局部激光点云 $\mathcal{L}_i$ 和里程计估计结果（如 IMU、轮式里程计、激光里程计等，在本系统中由局部位姿优化子模块提供），带有地理位置标注的卫星遥感图像（或航拍图像）作为算法的先验信息。本算法的输出是无人平台相对于该空中视角图像的二维位姿（位置和航向）的估计，进而可以由图像中的地理位置信息得到无人平台在全局坐标系的位姿。算法主要分为两部分，分别是用于判断空中视角图像块与激光点云匹配程度的深层特征图匹配神经网络、利用网络的多组输出估计车辆姿态的粒子滤波器。

深层特征图匹配神经网络的作用是判断局部激光点云与给定的空中视角图像块的匹配程度。为了将三维点云送入神经网络，算法将点云 $\mathcal{L}_i$ 投影到俯视视角，并构建高度和强度栅格图。本算法中设置该栅格图尺寸为 144 m×144 m，且每个栅格为 0.3 m，即该栅格图为 480 像素×480 像素。空中视角图像块的尺寸及分辨率与栅格图相同。空中视角图像块从感兴趣区域内的卫星图像或航拍图像中截取。

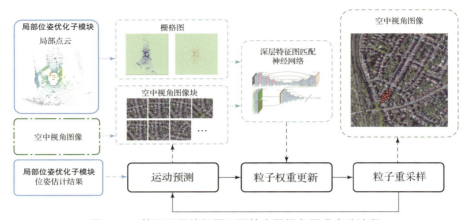

图 3.42 基于深层特征图匹配的交叉视角配准方法流程

设深层特征图匹配神经网络输入的激光雷达栅格图为 $G_L = \{G_H, G_I\}$，空中视角图像块为 I_S，其中 G_H 和 G_I 分别表示高度通道和强度通道。网络的输出为二者之间的匹配程度，也可以视作 G_L 和 I_S 对应于同一个位置及航向的概率。深层特征图匹配神经网络的结构如图 3.43 所示，图中每个立方体代表一个神经网络层，立方体或箭头的颜色表示该层即将进行的操作。其中，卷积层的卷积核大小为 3×3，stride 为 1，padding 为 1。池化层和反卷积层的卷积核大小为 2×2，stride 为 2。该神经网络可以看作由两个级联的卷积神经网络组成，第一部分先提取空中视角图像的特征图和栅格图的特征图，然后将这些特征图（蓝色虚线框）及其中心部分（红色虚线框）根据其大小重新分组为两个特征图（蓝色和红色虚线立方体）后送入第二部分。

第一部分在空中视角和地面视角两个并行分支中分别提取 I_S 和 G_L 的深层特征图。其中，空中视角分支基于 U–Net[124]。本节删除 U–Net 的最后三个卷积层，使其直接输出网络中的高层级特征图和低层级特征图。尽管高层级特征图有助于确定 I_S 和 G_L 是否属于同一位置，但是由于池化层的空间不变性，该特征图的空间精度受到限制[125]。如果仅使用高层级特征图，算法将很难区分 I_S 和 G_L 之间的空间差异。与之相反，低层级特征图倾向于学习并保留诸如边缘、角点之类的几何信息，这有助于在小范围内提高空间匹配精度。值得注意的是，空中视角分支是全卷积的，因此可以离线提取空中视角图像的特征图，减少在线运行时的计算开销。地面视角分支由几个卷积层组成，分别输出 G_H 和 G_I 的两个低层级特征图。该分支不采用 U–Net 结构的原因是激光雷达栅格图包含的信息少于空中视角图像，

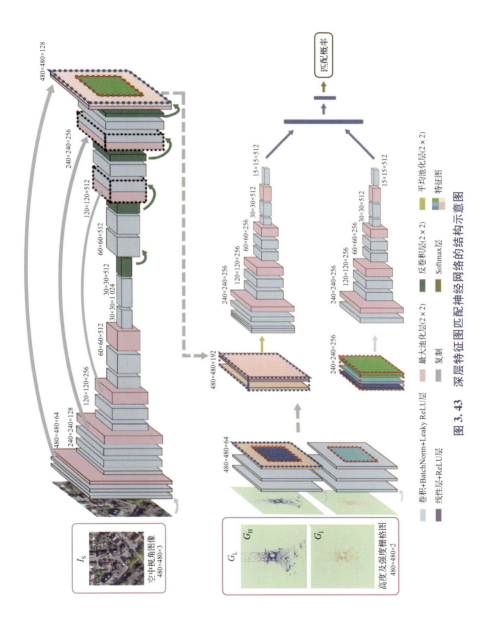

图 3.43 深层特征图匹配神经网络的结构示意图

为了减少参数和降低计算复杂度,将在第二部分中进一步提取其特征。

第二部分的结构类似于分类网络,其由全尺寸分支和中心区域分支两个并行分支组成。其中,全尺寸分支接收整个特征图区域,中心区域分支仅接收特征图的中心部分。将这两个分支的输出串联,再通过两个全连接层(即线性层和 Leaky ReLU 层叠加,其中线性层输出为 $y = W^T x + b$,x 为输入特征图所有像素转换为向量的形式,W 和 b 为待训练的网络参数),最后使用式(3.60)所示的 Softmax 函数计算 I_S 和 G_L 匹配的概率(如果 I_S 和 G_L 对应同一个位置及航向,则网络应输出 1)。这种结构形式融合了特征图的两种不同分辨率,与典型的单分支网络[126]相比,可以在保证精度的前提下减少所需参数的数量。这两个分支各有特点:全尺寸分支在 I_S 和 G_L 上具有更大的感受野,进而可以更好地实现场景的整体理解;中心区域分支更多地集中在无人平台附近。最后的全连接层充当决策功能,同时考虑两个分支的结果并输出最终的匹配概率。

利用深层特征图匹配神经网络可以计算栅格图和空中视角图像块的匹配概率,但在实际使用时还需要选定进行匹配的空中视角图像块。本节结合粒子滤波器[127]选择候选空中视角图像块,并减轻错误匹配带来的噪声对定位结果的影响。粒子滤波器通过若干带权粒子来近似无人平台位姿的概率分布,每个粒子 $P_t^i = \{X_t^i, w_t^i\}$ 包含一个位置的假设 $X_t^i = \{x_t^i, y_t^i, \psi_t^i\}$ 和权重 w_t^i。之所以仅估计水平位置和航向,是因为空中视角图像是二维的,并且算法假设无人平台在平坦的地面上行驶,因此仅有助于减少三个自由度的姿态误差(水平位置和航向),而对其他三个维度(高度、俯仰和横滚)没有帮助。

在初始化阶段,粒子滤波器中的粒子会随机播洒在整个空中视角图像上,或在外部定位信息给定的位置上(如场景识别、手动输入等方法)。在每次迭代时,滤波器根据带有高斯噪声的车辆运动模型更新粒子位置,得到无人平台位置的先验分布。运动模型取决于所选的里程计,本节所选用的运动模型为

$$\begin{bmatrix} x_t^i \\ y_t^i \\ \psi_t^i \end{bmatrix} = \begin{bmatrix} x_{t-1}^i \\ y_{t-1}^i \\ \psi_{t-1}^i \end{bmatrix} + \begin{bmatrix} \Delta x_f \cos \psi_{t-1}^i - \Delta x_1 \sin \psi_{t-1}^i \\ \Delta x_f \sin \psi_{t-1}^i + \Delta x_1 \cos \psi_{t-1}^i \\ \Delta \psi \end{bmatrix} \quad (3.66)$$

式中,(x_t^i, y_t^i) ——第 i 个粒子在 t 时刻的通用横轴墨卡托投影坐标(UTM);

ψ_t^i——航向角;

$\Delta x_f, \Delta x_l$——前向和左向的位置增量;

$\Delta \psi$——航向角增量。

之后，对于每一个粒子 P_t^i，采样 144 m × 144 m 的空中视角图像块，该图像块中心位于 (x_t^i, y_t^i)，角度为 ψ_t^i。之后将该图像块 I_S^i 与栅格图一起送入神经网络得到匹配概率，并通过下式更新粒子权重：

$$\tilde{w}_t^i = w_{t-1}^i \cdot \text{Net}(I_S^i, G_{Ht}, G_{It}) \tag{3.67}$$

式中，$\tilde{w}_t^i$——第 i 个粒子在 t 时刻还未归一化的粒子权重;

w_{t-1}^i——在 $t-1$ 时刻归一化后粒子 P_{t-1}^i 的权重;

$\text{Net}(I_S^i, G_{Ht}, G_{It})$——神经网络输出的匹配概率。

设其中粒子权重的最大值为 $w_{\max}$，对粒子权重 $\tilde{w}_t^i$ 进行归一化后的权重为 w_t^i，计算有效粒子个数为

$$N_{\text{eff}} = \frac{1}{\sum_{i=1}^n (w_t^i)^2} \tag{3.68}$$

式中，n——粒子个数。

若 N_{eff} 小于阈值 T 且 $w_{\max}$ 大于阈值 P，则表明虽然存在权值足够高的粒子，但其数量很少，即有效粒子的数量不足。此时需要对粒子进行重采样。本节采用层次采样（stratified resampling）法[128]按照粒子权重等比例分配重采样的概率。最后，计算所有粒子位姿的加权平均值，作为全局位姿估计值 $\hat{T}_{L,G}$，并将 $\hat{T}_{L,G}$ 与粒子分布的方差一起提供给融合与优化模块进行全局优化。

深层特征图匹配神经网络的训练样本包括 G_L 和 I_S 对应相同位姿的正样本，以及 G_L 和 I_S 对应不同位置或航向的负样本。对于数据集中每一帧激光点云数据，按照位置和航向真值截取空中视角图像块，该图像块与栅格图共同作为正样本。为了使算法达到较好的配准效果，负样本不应只在整个图像区域中随机采样。由于这种方式采样的空中视角图像块与栅格图的差异非常明显，神经网络可以很快学习这种差异。然而，由于算法在逐渐收敛的过程中，粒子滤波器中的粒子逐渐趋于集中，因此每个粒子对应的空中视角图像与栅格图的差异较小。由于算法面对的大部分场景都是这种粒子较为集中的情况，因此如果网络的训练数据中这种小差异样本的数目非常少，那么算法在实际应用时粒子分布的方差会很大，将导致交叉视角配准算法的精度降低。针对这一问题，本节借鉴难例挖掘（hard negative mining）思想，构建一种模拟实际粒子分布的样本采样方法，通过三种不同采样方式采样空中视角图像负样本，如图 3.44 所示。其中，第一种方式在位置真值附近按照二维高斯分布随机采样。这种采样方式的作用是提高神经网络区分 G_L 和 I_S 间的微小位置差异的能力。第二种方式沿道路方向随机采样（本节所述方法利用数据集中几个相邻帧的位姿变化来估计道路方向），其目的是促使神经网络学习辨别栅格图和空中视角图像在沿道路方向上的差异。第三种方式是在整个空中视角图像上随机采样。可以根据实际情况调整这三种方式所占的比例，在本节中其比例相同。

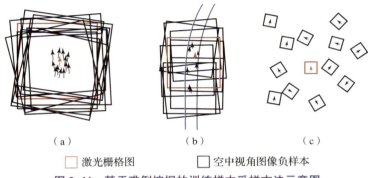

图 3.44　基于难例挖掘的训练样本采样方法示意图
（a）在位置真值附近随机采样；（b）沿道路方向随机采样；（c）在整个空中视角图像上的随机采样

第一种方式和第二种方式的高斯分布参数确定方法如下：

（1）按一定间隔尝试不同的高斯分布参数采集样本，生成数据集并训练网络，然后将训练后的模型在验证集上测试，找到粒子分布方差较小的参数。

（2）进一步根据实际情况微调参数，以取得准确性和可靠性之间的平衡。如果高斯分布标准差参数过高，则粒子分布的方差会很大；如果标准差太低，则神经网络的训练可能难以收敛，且方法的可靠性降低。

本方法选择的参数为：第一种方式在东西方向和南北方向的标准差均为 5 m，偏航角标准差为 5°；第二种方式沿道路方向的标准偏差为 15 m，沿垂直道路方向为 5 m，偏航角标准差为 5°。此外，负样本不能在距离真值 2 m 以内的范围采样。

在训练阶段，深层特征图匹配神经网络使用交叉熵损失函数更新网络参数，即

$$\text{Loss} = l \log \text{Net}(I_S^i, G_{Ht}, G_{If}) \tag{3.69}$$

式中，l——样本标签真值。

3.6.3.2　基于误差修正网络的交叉视角配准方法

3.6.3.1 节介绍的方法先利用粒子滤波算法得到多个候选空中视角图像块,再利用神经网络判断候选图像块和栅格图的匹配概率,最后由粒子滤波算法估计无人平台位姿分布。该方法的局限在于,每次迭代时,神经网络需要判断多组空中视角图像和栅格图,导致交叉视角配准模块占用较多的计算资源。针对这一问题,本节将介绍基于误差修正网络的交叉视角配准方法。该方法通过感兴趣场景检测算法判断无人平台是否位于路口、环岛等结构特征丰富的场景,只有在此类场景下才会使用神经网络估计位姿误差,从而减少算法调用频率以及神经网络推断次数,提高交叉视角配准模块的效率。

感兴趣场景检测算法的目的是判断无人平台是否处于交叉视角配准误差较低的场景。算法可以基于神经网络来实现,例如设计一个分类网络,其输入为栅格图 G_L,输出位于感兴趣场景的概率。网络的正样本为交叉视角配准误差低场景的栅格图,负样本为误差较高场景的栅格图。神经网络固然能够实现此类功能,但对于交叉视角配准模块来说,感兴趣场景检测算法的准确率并不是关键指标,而是算法的速度、召回率。算法需要快速地将大部分正样本判断正确,而不需要将全部负样本判断准确。本节将介绍一种基于极坐标栅格的感兴趣区域快速判定算法,其流程见算法 3.3。

算法3.3　基于极坐标栅格的感兴趣区域判定算法

输入: 局部激光点云 $\mathcal{L}_i$
输出: 输入点云是否为感兴趣场景
$i \leftarrow 0,\ n \leftarrow 0,\ l \leftarrow \theta,\ c \leftarrow 0,\ m \leftarrow 0;$
将 $\mathcal{L}_i$ 投影至极坐标栅格,得到 $G = \{g_{i,j}\}_{\theta \times r};$
repeat
　if $g_{i,r}=1$ 且 $g_{i,r}$ 与第一列栅格相连通 **then**
　　$n \leftarrow n+1;\ c \leftarrow 0;$
　　if $i=1$ 且 $g_{l,r}=1$ **then**
　　　repeat
　　　　$l \leftarrow l-1;$
　　　until $l=1$ 或 $g_{l,r} \neq 1$
　　repeat
　　　$i \leftarrow i+1;$
　　until $g_{i,r}=0$
　else
　　$c \leftarrow c+1;\ m \leftarrow \max(c,m);$
　$i \leftarrow i+1;$
until $i > l$
if $n \geqslant 3$ 或 $m > 0.6\theta$ **then**
　return true
else
　return false

算法首先将点云 $\mathcal{L}_i$ 投影到水平面，按照极坐标划分栅格，图 3.45（a）所示为划分示意图，得到图 3.45（b）所示的二值栅格图 $G=\{g_{i,j}\}_{\theta \times r}$，其中 $g_{i,j}=0$ 或 1，θ 为按旋转方向划分的扇区数，r 为按径向方向划分的栅格数，图中为表示方便，设 $\theta=12$，$r=6$。在每个栅格中，如果该栅格范围内存在语义属性为地面的点，则该栅格存储 1，否则存储 0。接下来，算法遍历栅格图最后一列，即环形栅格最外环，若栅格 $g_{i,r}$ 为 1，则说明该栅格中存在地面点。然后，利用算法判断 $g_{i,r}$ 与最内环栅格的连通性，如果可以连通，则说明该栅格存在与原点连通的路径，就将路径计数加 1。算法不断遍历且跳过最外环与已计入的点相连的点，直至遍历完毕。最后，如果路径计数不小于 3，则说明无人平台可能处于类似于路口的场景。另外，如果遍历过程中发现连续若干个扇区（本节所介绍的方法中设置为 0.6θ）均没有找到地面点，则说明无人平台可能位于弯道场景。上述两种场景均可以被认为是感兴趣场景，适合使用神经网络进行交叉视角配准。

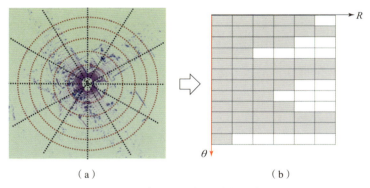

（a）　　　　　　　　　　　（b）

图 3.45　点云极坐标栅格化示意图

（a）极坐标划分栅格示意图；（b）二值栅格图

无人平台进入感兴趣场景后，需要交叉视角误差修正神经网络估计位姿误差，其结构如图 3.46 所示。该神经网络的输入为栅格图以及局部空中视角图像块，输出为二者之间的位置和航向角误差。其中，空中视角图像块的尺寸为 134.4 m × 134.4 m，由于每像素为 0.3 m，故该图像块为 448 像素×448 像素。该图像块根据融合与优化模块提供的位置及航向估计值在空中视角图像的相应位置截取。栅格图由局部点云 $\mathcal{L}_i$ 投影到俯视视角得到，其 y 轴方向与航向估计值相同。栅格图的大小也是 448 像素×448 像素，每像素为 0.3 m，并且具有高度和强度两个通道。由此可见，如果位置和航向的估计值与真值完全相同，则空中视角图像块将与栅格图吻合，神经网络应该输出零，因为融合与优化模块估计的位置和航向没有误差。一旦位姿估计存在误差，则空中视角图像块和栅格图之间也会有偏差，那么神经网络应该输出该偏差。

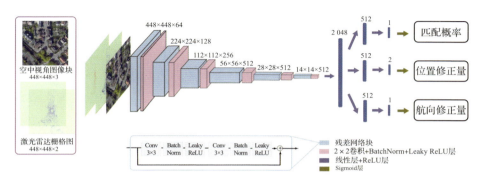

图3.46　交叉视角误差修正神经网络的结构示意图

空中视角图像块和栅格图被叠加（concatenate）并送入神经网络。该网络由6个残差网络块组成。各个残差网络块之间由卷积核大小为2、步长stride为2的卷积层连接，这使得特征图的大小从448像素×448像素减少到14像素×14像素。网络最后使用带有4个输出的全连接层来估计位置误差和航向角误差，其中两个输出代表在局部坐标系下的位置修正量（前向和左向），第三个输出代表航向角修正量。为了提高训练速度和算法鲁棒性，这里使用Sigmoid函数$\sigma(\cdot)$来调整输出范围，即

$$\begin{cases} c_l = 2r_p \cdot \sigma(o_{p1}) - r_p \\ c_f = 2r_p \cdot \sigma(o_{p2}) - r_p \\ c_h = 2r_h \cdot \sigma(o_h) - r_h \end{cases} \quad (3.70)$$

式中，c_l, c_f, c_h——网络输出的左向、前向和航向角的修正量；

$\sigma(o_{p1}), \sigma(o_{p2}), \sigma(o_h)$——网络的其中三个输出；

r_p, r_h——位置修正量和航向角修正量的最大限制范围。

为了进一步提高整个系统的鲁棒性，该神经网络中的第四个输出o_m用于估计空中视角图像与栅格图之间的位置、航向角误差分别在$-r_p \sim r_p$和$-r_h \sim r_h$范围内的概率。如果在一段时刻内o_m始终低于阈值，则意味着误差修正神经网络准确校正累积误差的可能性不高。另外，o_m还可以作为优化时的置信度信息，提供给融合与优化模块作为参考。

3.6.4 多视角位姿优化

融合与优化模块的主要功能是融合不同关键帧视角之间、空中与地面视角之间的度量及语义信息，减小里程计的累积误差，提高语义认知的准确性。融合与优化模块主要由局部位姿优化、回环检测、全局位姿优化、位姿插值等子模块组成。本节将介绍其中的两个核心算法：为了实现对里程计位姿估计结果进一步优化，利用多个历史关键帧信息进行局部位姿优化；针对多个模块的度量信息之间的融合问题，基于因子图进行交叉视角全局位姿优化。

3.6.4.1 多关键帧局部位姿优化

多关键帧局部位姿优化算法维护一个局部激光点云地图 $\mathcal{L}_i$，利用局部范围内的历史关键帧优化新关键帧的位姿。其利用接收到的激光里程计提供的新关键帧 $\mathcal{K}_i$ 中保存的特征点集 $\mathcal{E}$ 和 $\mathcal{P}$，将该关键帧与局部点云地图 $\mathcal{L}_{i-1}$ 进行精细配准。

该算法首先获取 $\mathcal{L}_{i-1}$ 中各个历史关键帧的边缘特征点及平面特征点，构建局部边缘特征地图 $\mathcal{L}_E$ 和局部平面特征地图 $\mathcal{L}_P$；然后，在 $\mathcal{L}_E$ 中寻找 $\mathcal{E}$ 的匹配边缘，在 $\mathcal{L}_P$ 中寻找 $\mathcal{P}$ 的匹配平面；最后，构建误差函数并对其进行优化，即可求得最优位姿。可以看出，该算法的流程与 3.6.2.2 节介绍的基于语义约束的迭代最近点算法基本相同。这两种算法在细节上有如下三个区别：

（1）所采用的特征点数量不同。由于激光里程计模块需要满足实时性要求，因此算法仅利用少量的高质量特征点参与匹配。与之相比，融合与优化模块对实时性要求不高，因此可以利用一定范围内历史关键帧中的大量特征点来优化新关键帧的位姿，这样就能够提高位姿估计的精度。

（2）特征点的匹配过程不同。由于激光里程计模块仅匹配相邻两帧的特征点，并且相邻两帧的位移较小，因此通过距离投影图就可以快速找到最近的特征点。由于本节介绍的算法中局部地图的规模和特征点数量都比激光里程计大得多，因此算法在 $\mathcal{L}_E$ 和 $\mathcal{L}_P$ 中寻找匹配边缘、匹配平面时采用 k-d 树来搜索 m 个（本节所介绍的方法中设置为 5）最近的特征点。

（3）位姿优化的误差函数。在激光里程计中，位姿优化的过程分为两步：第 1 步，仅利用高质量平面特征点估计三个维度的位姿；第 2 步，仅利用高质量边缘特征点估计其余维度的位姿。而本节介绍的算法同时考虑平面特征点和边缘特征点,并且平面特征点的语义约束也需要考虑,因此误差函数为

$$E_{\mathcal{K}_i}(\Delta\hat{T}) = \frac{1}{2}\sum_{p_i \in \mathbf{P}} w_s \cdot d_{\mathbf{P}}^2 + \frac{1}{2}\sum_{p_i \in \mathbf{E}} w_s \cdot d_{\mathbf{E}}^2 \qquad (3.71)$$

式中,$\Delta\hat{T}$——待优化的位姿;

w_s——式(3.63)定义的语义误差权重。

综上所述,多关键帧局部位姿优化算法的特点在于:局部位姿优化算法采用多个历史关键帧的特征点,而非单个关键帧的高质量特征点;该算法采用更多的特征点进行匹配;误差函数同时考虑平面特征点和边缘特征点及其语义约束。在求得最优位姿 $\hat{T}_i$ 后,算法将关键帧 $\mathcal{K}_i$ 加入局部激光点云地图 $\mathcal{L}_{i-1}$,得到 $\mathcal{L}_i$。将结果提供给相关模块后,算法等待新关键帧 $\mathcal{K}_{i+1}$ 被加入,并重复上述优化过程。

3.6.4.2 交叉视角全局位姿优化

全局位姿优化算法综合局部位姿优化子模块提供的关键帧间位姿变换 $\hat{T}_{i,i-1}$、交叉视角配准模块提供的某个关键帧的全局位姿 $\hat{T}_{L,G}$ 以及回环检测模块提供的某两帧关键帧的位姿变换 $\hat{T}_{t,t_1}$,利用这些信息对所有关键帧的位姿进行优化。

在 SLAM 系统中,通常采用位姿图来对所有位姿进行优化。针对系统的实际需要,本节介绍的算法采用的位姿图示例如图 3.47 所示。其中,蓝色顶点表示关键帧 $\mathcal{K}_i$ 的全局位姿估计 $\hat{T}_{i,G}$;绿色的边代表局部优化后关键帧间的位姿变换 $\hat{T}_{i,i-1}$;红色的边代表由交叉视角配准模块得到的关键帧与全局坐标系中某虚拟点的位姿变换 $\hat{T}_{L,G}$(该虚拟点即交叉视角配准算法估计的全局位姿);紫色的边代表回环检测得到的位姿变换 $\hat{T}_{t,t_1}$。如果将这些位姿变换看作一种约束,则在理想的无误差情况下,算法估计的关键帧全局位姿能够满足所有约束。但是由于误差的存在,这些约束关系不可能全部满足。因此,交叉视角全局位姿优化算法以这些变换关系的估计值作为约束,通过定义全局误差函数、调整位姿图中的顶点使误差函数最小。

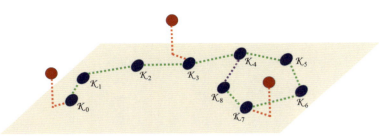

图 3.47　全局优化算法中位姿图示例

为了表述方便，下文将关键帧 $\mathcal{K}_i$ 与全局坐标系的变换关系 $\hat{T}_{i,G}$ 记为 x_i，对于图 3.47 中绿色的边，给定关键帧 $\mathcal{K}_i$ 和关键帧 $\mathcal{K}_{i-1}$ 间的位姿变换关系的估计值 $\hat{T}_{i,i-1}$，则 x_i 和 x_{i-1} 间满足下式：

$$x_i = f(x_{i-1}, \hat{T}_{i,i-1}) + w \tag{3.72}$$

式中，$f(\cdot)$——状态方程；

　　　　w——噪声，本节假设该噪声服从高斯分布 $N(0, Q_O)$，则条件概率为

$$P(x_i | x_{i-1}) \sim N(f(x_{i-1}, \hat{T}_{i,i-1}), Q_O) \tag{3.73}$$

满足协方差为 Q_O 的高斯分布，该条件概率即里程计因子。由多维高斯概率分布公式可知

$$P(x_i | x_{i-1}) \propto \exp\left(-\frac{1}{2} \left\| x_i - f(x_{i-1}, \hat{T}_{i,i-1}) \right\|_{Q_O}^2\right) \tag{3.74}$$

式中，$\|\cdot\|_{Q_O}^2$——两个变量之间的马氏距离（Mahalanobis distance）。

同理，对于图 3.47 中紫色的边可以得到回环检测因子为

$$P(x_t | x_{t_1}) \sim N(f(x_{t_1}, \hat{T}_{t,t_1}), Q_L) \propto \exp\left(-\frac{1}{2} \left\| x_t - f(x_{t_1}, \hat{T}_{t,t_1}) \right\|_{Q_L}^2\right) \tag{3.75}$$

式中，Q_L——回环检测估计噪声的协方差。

对于图 3.47 中红色的边，可以得到交叉视角匹配因子为

$$P(x_k | x_k^-) \sim N(x_k^-, Q_S) \propto \exp\left(-\frac{1}{2} \left\| x_k - x_k^- \right\|_{Q_S}^2\right) \tag{3.76}$$

式中，x_k^-——交叉视角配准模块估计的全局位姿。

另外，若系统初始化时由交叉视角配准模块估计初始时刻的全局位置，则 $P(x_0) \sim N(x_0^-, Q_S)$；若采用诸如 GNSS、UWB（ultra wide band，超宽带）定位等外部信息源确定初始位置，则需要替换成相应的传感器噪

声模型。算法优化的目标是在这些因子的约束下,通过调整 x_i 使整个后验概率达到最大,即最优位姿为

$$x_{0,1,2,\cdots,n}^* = \arg\max_{x_{0,1,2,\cdots,n}} \prod_{i=1}^{n} P(\boldsymbol{x}_i | \boldsymbol{x}_{i-1}) \prod_{t=1}^{n_L} P(\boldsymbol{x}_t | \boldsymbol{x}_{t_1}) \prod_{i_C=1}^{n_C} P(\boldsymbol{x}_{i_C} | \boldsymbol{x}_{i_C}^-) P(\boldsymbol{x}_0)$$
(3.77)

式中,n_L——回环检测因子的总数;

n_C——交叉视角位置估计因子的总数。

将式(3.74)和式(3.76)代入式(3.77)并取负对数,得到

$$x_{0,1,2,\cdots,n}^* = \arg\min_{x_{0,1,2,\cdots,n}} \frac{1}{2} \Big(\sum_i \big\| \boldsymbol{x}_i - f(\boldsymbol{x}_{i-1}, \hat{\boldsymbol{T}}_{i,i-1}) \big\|_{Q_0}^2 + \sum_t \big\| \boldsymbol{x}_t - f(\boldsymbol{x}_{t,t_1}, \hat{\boldsymbol{T}}_{t,t_1}) \big\|_{Q_L}^2 + \sum_k \big\| \boldsymbol{x}_k - \boldsymbol{x}_k^- \big\|_{Q_S}^2 \Big)$$
(3.78)

同理,与3.2.4.2节所述的全局优化方法类似,结合GTSAM优化框架实现交叉视角全局位姿图优化。

3.7 本章小结

本章主要介绍了利用统一时空尺度的多源数据完成全局地图构建和实时精确定位的原理与方法。首先,以单一无人平台为研究对象,根据应用场景、所载传感器和提取特征的不同,阐述了三类实时定位与地图构建技术的基本原理。对于基于三维激光雷达的实时定位与地图构建方法,采取特征提取-特征匹配-位姿解算-后端优化的技术路线,实时构建三维激光点云地图,并利用开源数据集进行了测试与分析;对于基于二维激光雷达的实时定位与地图构建方法,在前端里程计进行初始位姿粗估计的基础上,采用自适应粒子滤波匹配算法优化位姿精度,通过关键特征点选取、扫描匹配和关键帧分析提升定位与构图精度,并在室内服务、车库泊车等场景中进行了实验验证;对于基于视觉传感器的实时定位与地图构建方法,对连续图像帧实时提取并跟踪ORB特征点,基于多视图几何原理完成相机位姿解算,使用光束平差法在滑动窗口内进行位姿优化,并引入位姿图优化增强回环检测效果,获得精确的稀疏特征点云地图。同时,在稀疏特征点云定位与地图构建基础上,结合双目视差匹配生成的稠密彩色点云,通过引入不确定度分析和深度滤波器进行稠密点云深度值滤波,生成

精确的彩色稠密点云地图，并在停车场环境进行测试与验证。

随后，对于空地平台协同定位与构图，构建了包含激光里程计、交叉视角配准、融合优化三大模块的地空交叉信息协同感知与地图构建框架。其中，激光里程计模块计算并筛选点云特征、点云语义概率分布与点云位姿，引入语义信息改进迭代最近邻点匹配算法，获得更高精度的位姿信息；交叉视角配准模块利用局部激光点云与空中鸟瞰图像，分别分析了基于深层特征图匹配的交叉视角配准算法和基于误差修正网络的交叉视角配准方法的配准原理与优势，实现地面无人平台在地理坐标系或投影坐标系的全局位姿估计；融合优化模块利用不同关键帧交叉视角下的度量及语义信息，优化多个历史关键帧位姿并输出三维语义地图。

第4章

语义空间：图像信息语义理解

陆上无人系统在完成度量空间构建的基础上，已具备全局空间尺度意识，但在执行多类型作业任务过程中，仅依靠尺度信息无法满足精准识别、精细分类、区别对待等要求。因此，在全局统一时空尺度下，必须进一步深入挖掘多传感器数据中的语义信息。其中，图像相比其他类型感知数据，具有信息量大、特征丰富、来源简单等优势。本章主要介绍从原始图像信息中提取像素级语义信息、多类型语义目标等相关方法的原理及应用思路。

4.1 像素级语义分割

语义分割是图像场景理解的重要方法之一，随着深度学习的发展，语义分割技术取得了巨大进步。此处所说的语义分割是指像素级别的图像理解，即标注图像每个像素所属的类别。不同于图像分割，语义分割除了识别图中目标的位置外，还需要标注目标的边界。因此，语义分割需要模型能够进行更密集的像素级分类。

图像语义分割通常包括前端的图像语义特征粗提取和后端的图像分割优化。本章首先介绍如何通过深度学习技术进行语义特征粗提取，然后介绍如何使用条件随机场（conditional random fields，CRFs）进行优化，得到语义分割图[129-130]。整个语义分割的处理流程如图4.1所示。

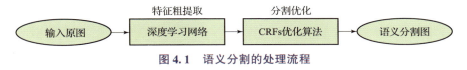

图4.1 语义分割的处理流程

4.1.1 从全连接到全卷积

深度学习也称为卷积神经网络（convolutional neural networks，CNN），正在推动着计算机视觉的发展。卷积神经网络不仅改进了整个图像分类[131-132]，而且在结构化输出的局部任务上取得进展。这些进展包括目标检测的进步[133]、关键点预测和局部对应[134-135]。从这些粗糙像素级别的应用继续发展，卷积神经网络自然而然地开始对每个像素进行预测。目前已经有多个用于语义分割的卷积网络方法[136-138]，其中每个像素用预设集合中的类别标签进行标记。

4.1.1.1 全连接神经网络

传统的神经网络又称为全连接神经网络，它的常见结构如图 4.2 所示，由输入层、隐藏层与输出层组成。这种神经网络可以由多个隐藏层组成，每个隐藏层又由多个神经元组成。每层通过使用 W_i 连接到下一层。神经元是计算单元，其取 X 输入并输出 $Y=f(W·X)$。其中，$f(·)$ 是一个非线性函数，如 Sigmoid、ReLU 这类经过精心挑选的函数。神经元又称激活单元，它的作用是抽象特征。上一层中的每个神经元连接到下一层中的各个神经元。因为第 $n-1$ 个隐藏层的任意一个节点都和第 n 个隐藏层的所有

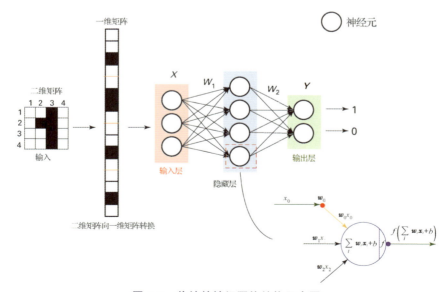

图 4.2 传统的神经网络结构示意图

节点连接,所以这种类型的网络就称为全连接神经网络。在全连接神经网络中,无论原始输入是何种结构,都会在将其传送到输入层之前转换为一维矩阵/向量,所输出的也将是一维向量,这在图 4.2 中也有表示。在确定了具体的网络结构后,就可以通过中间层与诸如梯度下降和随机梯度下降算法的优化方法反向传播误差,利用标签数据训练学习权重 W_i。

然而,全连接神经网络不能很好地应用到视觉图像处理上。例如,一幅图像仅有尺寸 $32 \times 32 \times 3$(32 像素宽,32 像素高,3 个颜色通道),那么在全连接神经网络的第一个隐藏层中单个完全连接的神经元将具有 $32 \times 32 \times 3 = 3\,072$ 个输入权重。如果仅设置一层隐藏层,共 100 个神经元,输出层设置 10 个分类输出,可以计算出这个网络中将存在 $3\,072 \times 100 + 100 \times 10 = 308\,200$ 个需要训练的权重。这个数量仍然是可控的,但是很明显这样完全连接的结构不能扩展到更大的图像。而且,这仅是最简单的一种全连接神经网络结构,其性能并不理想。如果图像具有更大尺寸,如 $200 \times 200 \times 3$,将导致具有 $200 \times 200 \times 3 \times 100 + 100 \times 10 = 12\,001\,000$ 个权重的神经元。为了使特征提取更加抽象化,通常希望有多个这样的神经元,所以参数的数量会呈爆发式增长,这种规模参数的神经网络所需的训练数据将是个天文数字,而且训练过程也会十分缓慢与困难。显然,这种完全连接是浪费的,并且大量的参数将很快导致过度拟合,结果很大概率会收敛到局部最小值。除此之外,随着隐藏层层数的增多,在训练时误差反向传播的梯度将越来越稀疏;从顶层越往下,误差校正信号就越小。这些都是制约全连接神经网络应用到实际视觉任务的因素。

4.1.1.2　卷积神经网络

卷积神经网络与全连接神经网络非常相似:它们都由具有可学习权重的神经元组成。每个神经元接收一些输入,执行点积并且以非线性函数进行特征提取。它们在最后一个完全连接层上仍然有一个损失函数(如 SVM/Softmax),并且为学习全连接神经网络的所有技巧对于卷积神经网络仍然适用。

卷积神经网络与全连接神经网络的最大区别是:卷积神经网络架构明确假设输入是图像,这允许将图像的某些属性编码到架构中,使得前向计算更有效地实现并显著减少网络中的参数量。如图 4.3 所示,不同于常规的全连接神经网络,卷积神经网络层具有以三维排列的神经元——宽度(width)、高度(height)、深度(depth,这里的深度是指激活神经元体积的第三维,而不是指神经网络的层数)。

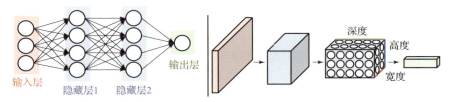

图 4.3　全连接神经网络结构与卷积神经网络结构

卷积神经网络由一系列层组合而成,其中最主要的层类型有 4 种,分别是卷积层、池化层、非线性层和全连接层。按照一定的结构,将不同类型的层依次(重复)叠加,就形成了深度卷积神经网络(即深度学习网络)。图 4.4 所示为用于分类图像目标的卷积神经网络结构,其输入为 32×32×3 大小的图像,输出为该图像目标所属类别。

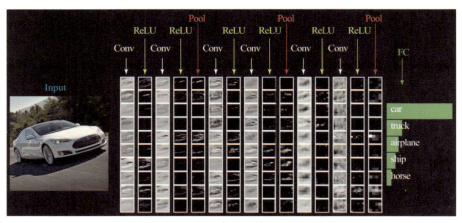

图 4.4　图像分类卷积神经网络结构

从图 4.4 可以看出,该卷积神经网络的结构为输入层(Input)– 卷积层(Conv)– 非线性层(ReLU)– 池化层(Pool)– 全连接层(FC)的顺序。

输入层(Input):用于输入图像,通常为具有 R、G、B 三通道彩色图像,其大小为 32×32×3。

卷积层(Conv):用于是提取图像特征,随着卷积层数的增加,所提取的图像特征更抽象、更明显。卷积核的大小通常为 3×3×3,通过滑窗的方式在图像上扫描,计算该卷积核权重与输入图像对应像素值的加权和。不同的卷积核权重能够提取不同的图像特征。在神经网络训练的过程中,通过正向计算与误差反向传播不断优化卷积核的参数。

非线性层(ReLU):通常使用 ReLU 函数 $\max(0, x)$ 作为激活函数,因此又称为 ReLU 层。经过 ReLU 层,数据的尺寸大小不变,因此这层的输

出维度仍维持 $32 \times 32 \times 12$。

池化层（Pool）：沿着空间维度（宽度、高度）执行下采样操作，如图 4.5 所示，采用 2×2 大小的池化操作，将产生维度为 $16 \times 16 \times 12$ 的输出。

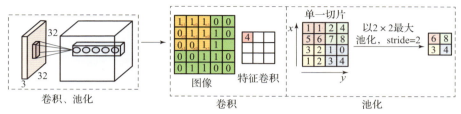

图 4.5 卷积与池化操作

全连接层（FC）：与普通的全连接神经网络一样，顾名思义，该层中的每个神经元都将连接到前一层中的所有像素。输出为单个向量，其维度与分类的数目相关。

多分类层（Softmax）：通常用 Softmax 分类器进行分类，Softmax 分类器将根据全连接层的输出计算类别分数，得到大小 $[1 \times 1 \times 10]$ 的体积，其中 10 个数字中的每一个对应于类别分数，如图 4.6 所示。

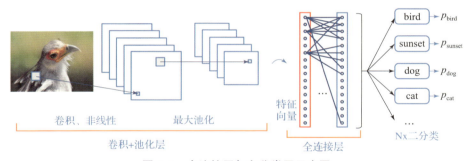

图 4.6 全连接层与多分类层示意图

这样，卷积神经网络将原始图像逐层从原始像素值转换为最终的分类概率。要特别指出的是，不是所有层都具有参数。例如，当 Pool 层使用最大池化（max-pooling）操作时就不需要参数，而是直接取得池化模板中的最大值像素；ReLU 层不需要参数；Conv 层与 FC 层的参数将使用梯度下降进行训练。

4.1.1.3 全卷积深度神经网络

卷积神经网络的结构在进行语义分割的过程中主要受到两方面局限——全连接层计算量问题、池化层下采样问题。全连接层由于其独特的完全连接结构，计算量巨大，该层权重参数在训练后的模型中占很大比例。如图4.7（a）所示，分类使用的卷积神经网络通常在最后连接几层全连接层，它将原来二维的矩阵（图像）"压扁"成一维的向量，从而丢失了空间信息，最后训练输出一个标量，这就是分类结果。图像语义分割输出的是一个与原图像同等大小的图像，且不论尺寸大小，其至少是二维的。

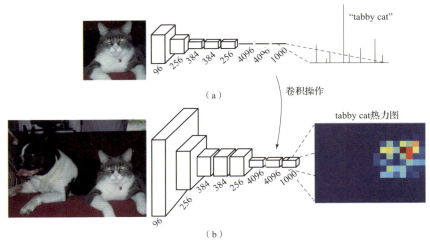

图 4.7　全卷积神经网络[139]

(a) 将二维图像"压扁"成一维向量；(b) 全连接网络进行分类

2015年，加州大学伯克利分校的Long等[139]提出了不含全连接层的全卷积网络架构（fully convolutional networks，FCN），实现了端到端的密集像素级分类，如图4.7（b）所示。FCN是基于卷积神经网络语义分割方法的重大改进，此后语义分割领域的几乎所有方法都是基于该模型进行扩展的。由于不需要全连接层，FCN可以对任意大小的图像进行语义分割，其处理速度比传统方法有很大提升。通过丢弃全连接层，换上卷积层，并最终添加反卷积层，就形成了全卷积网络结构，也称FCNs。这种高度并行的网络结构适用于图像语义分割任务。

如图4.8所示，第一行为原图，第二行是使用FCNs进行语义分割的结果，第三行是真值图。FCNs使用整幅图像作为输入，只要通过一次前向计算就可以获得一个密集（像素级）且有效的分类预测。此外，一旦训练完成，它可以处理任何大小的输入图像，并输出尺寸同等大小的语义分割结果。然而，从图4.8中也可以发现，利用这种简单结构所生成的结果对细节的描述并不理想，如交通标识这类细长或小的物体很难分割出来，而且物体的轮廓也不明显。因此FCNs在目前的研究中应用得并不广泛。

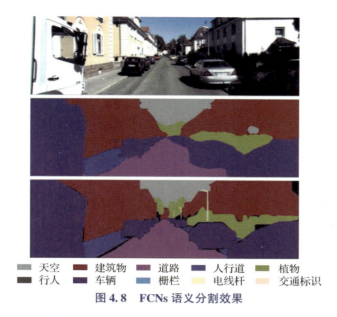

图 4.8　FCNs 语义分割效果

语义分割要求达到像素级的分类，即与原图完全一致，因此需要保留像素位置信息。目前，解决以上问题的主流方法有以下两种。

（1）编码器-解码器（encoder-decoder）架构。在该架构中，编码器通过池化层逐渐减少空间维度，解码器逐渐恢复物体的细节和空间维度，编码器到解码器之间通常存在跳跃链接，从而能更好地恢复物体的细节信息。除了前文提到的 FCNs 外，典型的编码器-解码器架构网络还有 SegNet[140]、RefineNet[141]、大内核（large kernel matters）[142]等。SegNet 架构核心的、可训练的语义分割引擎包含一个编码网络和一个对应的解码网络，并跟随着一个像素级别的分类层，其编码网络的架构在拓扑上与 FCN 中的前 13 个卷积层相同，解码网络将低分辨率的特征图谱还原到输入分辨率。RefineNet 也是编码器-解码器架构，编码器是 ResNet-101 模块，解码器则是 RefineNet 模块，每一个解码器都有两个组件，一个组件通过对低分辨率特征的上采样操作融合不同分辨率的特征，另一个组件基于 stride 为 1、大小为 5×5 的重复池化层获取背景信息。RefineNet 架构融合编码器的高分辨率特征与解码器的低分辨率特征，可获得高分辨率的语义分割结果。

（2）空洞卷积（dilated convolution）架构。该架构能够在不减少空间维度、不增加参数的前提下，使感受野呈指数级增长。典型的空洞卷积架构有 DeepLab、PSPNet[143]等。DeepLab 在空间维度上实现多孔空间金字塔池化，并用全连接条件随机场进行后处理，优化语义分割结果。PSPNet 用空洞卷积来改善 ResNet 结构，并采用了金字塔池化模块，使用大内核池化层捕获背景信息。金字塔池化模块将 ResNet 的特征图谱连接到并行池化层的上采样输出，其中内核分别覆盖了图像的整个区域、半个区域和小块区域。

4.1.1.4 SegNet 语义分割

SegNet 是典型的编码器–解码器结构，能够保留像素的颜色信息与位置信息，实现端到端的密集语义分割。SegNet 网络以一幅 RGB 图像作为输入，编码网络中的每个特征编码器在解码网络中都存在一个与之对应的特征解码器，将最后一层解码器的特征图传递给 Softmax 分类器进行分类，通过一次前向计算就能获得像素级的语义分割。从网络结构上看，SegNet 与 FCNs 类似，都将经典的 CNN 全连接层替换为卷积层，它们通过"卷积–批量归一化–非线性化–池化"进行特征编码，并在解码时对前一个卷积层的特征图进行上采样，使其逐步恢复到与输入图像相同的尺寸。这种网络结构使 SegNet 可以接受任意尺寸的输入图像，且输出图像的大小与输入一致，其架构为如图 4.9 所示的对称结构。

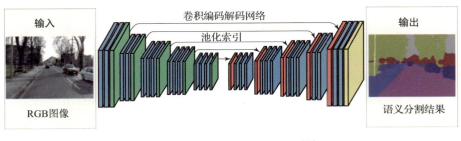

图 4.9　SegNet 的结构示意图[140]

不同于 FCNs 的是，SegNet 的编码网络在编码时记录了每一层池化操作时最大值的坐标索引，如图 4.10 所示，这个动作保留了各特征图的空间信息，而 SegNet 在解码时的上采样过程中利用了这一索引信息，在上采样时将索引位置的值填回原来的位置，从而可以对输入图像的每个像素都产生一个更加准确的分类结果。

如图 4.11 所示是使用 SegNet 进行语义分割的效果展示，第一行为原图，第二行为 SegNet 的语义分割结果。可以看出，相较于 FCNs，利用 SegNet 框架进行语义分割的结果在细节的描述上更加细致，在图中能够观察到如电线杆、车道线这类面积（体积）较小的物体，物体的轮廓也被很好地分割出来，而二者在计算效率上相差无几。

第 4 章 语义空间：图像信息语义理解

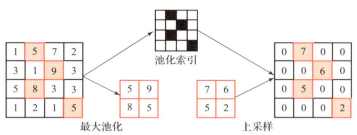

图 4.10 SegNet 池化与上采样过程

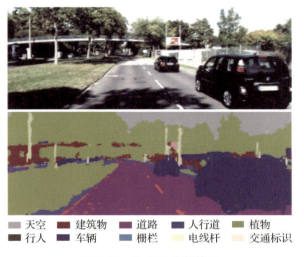

图 4.11 SegNet 分割效果

4.1.1.5 DeepLab 语义分割

相比 FCNs，DeepLab 在网络结构方面的贡献主要在两方面。其一，用上采样滤波器进行卷积，是稠密预测任务中的强有力工具，这种卷积又称多孔卷积（atrous convolution）或空洞卷积（dilated convolution）。多孔卷积可以在深度卷积网络中计算特征响应时明确控制图像分辨率，可以有效地增大滤波器的视野，合成更多内容，而不会增加参数数量或计算量。其二，提出了多孔空间金字塔池化（atrous spatial pyramid pooling，ASPP），可以在多尺度上鲁棒地分割物体。多孔空间金字塔池化用多种采样率和视野上的滤波器探测进入的卷积特征层，因此可以在多个尺度上捕捉物体和图像内容。除此之外，DeepLab 最后还用全连接条件随机场（fully connected/dense conditional conditional random fields，DenseCRFs）来优化分割的结果，该方法的测试效果将在 8.2 节中介绍。

141

1. 空洞卷积

在图像分割领域，典型的神经网络（如 FCNs）与传统的卷积神经网络一致，先对图像卷积再池化，降低图像尺寸的同时增大感受野，但由于图像分割预测是像素级的输出，因此要将池化后较小的图像尺寸上采样到原始的图像尺寸进行预测。

于是，FCNs 中有两个关键过程，一个是通过池化来增大卷积核的感受野，另一个是通过上采样来扩大图像尺寸。在先减小再增大尺寸的过程中，由于池化操作是取这一部分的最大值或者均值，所以忽略了一部分信息，因此设计一种新的操作，即空洞卷积（dilated convolution），使得不通过池化也能有较大的感受野，看到更多信息。

空洞卷积的操作本质上就是在被卷积的图像上插入值为 0 的像素点，然后进行卷积，以达到扩大感受野的目的。空洞卷积包含一个参数 rate，用于控制插入 0 元素的比例，其具体操作如图 4.12 所示。

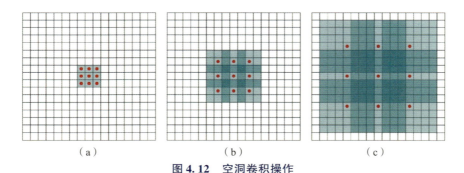

图 4.12　空洞卷积操作
（a）rate＝1；（b）rate＝2；（c）rate＝4

图 4.12（a）对应 3×3 的 1 - dilated convolution（kenel_size＝3），和普通的卷积操作一样。图 4.12（b）对应 3×3 的 2 - dilated convolution，实际的卷积核仍为 3×3，但是 rate 为 2，也就是说，对于一个 7×7 的图像，只需要对 9 个红色的点用 3×3 的卷积核进行，其余的点略过。也可以将其理解为卷积核的尺寸为 7×7，但只有图中 9 个点的权重不为 0，其余都为 0。可以看到，虽然卷积核的尺寸只有 3×3，但是这个卷积的感受野已经增大到 7×7。图 4.12（c）对应的是 4 - dilated convolution 操作，即 rate＝4，同理，接在两个 1 - dilated convolution 和 2 - dilated convolution 的后面，能达到 15×15 的感受野。对比传统的卷积操作，3 层 3×3 的卷积加起来，步长为 1，只能达到 7×7 的感受野，而空洞卷积的感受野呈指数级增长。

第4章 语义空间:图像信息语义理解

DeepLab 算法采用卷积神经网络(CNN)提取特征,移除原网络最后两个池化层,使用 rate 为 2 的空洞卷积采样。标准的卷积只能获取原图信息的1/4,而空洞卷积能够在全图上获取信息。

2. 多孔空间金字塔池化

多孔空间金字塔池化(atrous spatial pyramid pooling,ASPP)是受空间金字塔池化方法(spatial pyramid pooling,SPP)[144]启发而提出的,使得不同尺度上的区域都可以采用在这个单一尺度上重采样卷积特征进行精确有效地分类。具体操作是:采用不同 rate 的空洞卷积对特征图分别进行处理,然后把这些处理结果累加,得到最终结果,如图 4.13 所示。

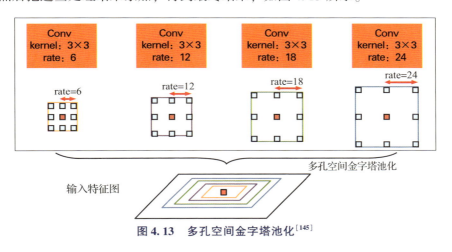

图 4.13 多孔空间金字塔池化[145]

4.1.2 优化算法

对图像直接进行语义分割所得结果的准确度一般不高,还需要使用后处理方法进行精细化分割。全连接条件随机场(fully connected/dense conditional random fields,DenseCRFs)在图像语义分割中是最常见的后处理手段,可以通过引入成对平滑项来改善标记,这使得图像中具有相似性质的像素(空间位置相邻、颜色相近)的标签一致性最大化。本节首先介绍如何用二维全连接条件随机场(2D–DenseCRFs)进行语义分割的后端操作–优化,以便更好地修复分割的边界结构;然后,在能够获得图像深度信息的情况下,提出一种三维全连接条件随机场(3D–DenseCRFs)的建模方法,对语义分割结果进一步优化。

4.1.2.1 二维全连接条件随机场

条件随机场（conditional random fields，CRFs）常被用于平滑分割图噪声[146-147]。DenseCRFs 模型包含相邻耦合节点的能量项，倾向于给空间位置上相邻的像素分配相同的标签。这些短距离 CRFs（仅对近距离的像素节点进行关系建模）的主要功能是清除基于手工设计特征构建的弱分类器的不准确预测。与这种较弱的分类器相比，现代的卷积神经网络（CNN）架构（例如在这个工作中使用的 SegNet 网络）能产生质量较高的语义标签预测。然而，这种预测所产生的概率图往往是非常平滑并且均匀的分类结果。在这种情况下，使用短距离 CRFs 可能是有害的，因为目标应该是恢复更加具体的局部结构，而不是进一步平滑。

为了克服短距离 CRFs 的限制，Chen 等[145]使用了二维全连接条件随机场模型[148]（2D-DenseCRFs）对像素间关系进行全图像域建模。他们将深度卷积网络与 2D-DenseCRFs 相结合，优化语义分割的结果：首先，利用深度卷积网络得到输入图像的分类概率图；然后，将该概率图通过双线性插值完成上采样；之后，应用 2D-DenseCRFs 进行全图像域的像素间关系建模；经过多次迭代推理后，便可得到最终优化后的结果。该模型采用如下能量函数：

$$E(x) = \sum_i \varphi_i(x_i) + \sum_{ij} \psi_{ij}(x_i, x_j) \tag{4.1}$$

式中，x——像素的分类预测结果。

该能量函数中有两项：一项是单点势能函数 $\varphi_i(x_i) = -\lg P(x_i)$，$P(x_i)$ 表示深度卷积网络输出的概率图中每个像素的概率；另一项是成对势能函数：

$$\psi_{ij}(x_i, x_j) = \sum_{m=1}^{K} \mu(x_i, x_j) \omega^{(m)} k^{(m)}(f_i, f_j) \tag{4.2}$$

式中，如果 $x_i \neq x_j$，那么 $\mu(x_i, x_j) = 1$，否则 $\mu(x_i, x_j) = 0$。像素 i 和像素 j 代表图中任意一点。

在成对势能函数中，考虑的是即使两个像素点相距很远也会互相影响，建模形成一个全图像域特征互相连接的图。此外，每个 $k^{(m)}$ 都表示某个特征的高斯函数，并通过 $\omega^{(m)}$ 进行权重设置。对此，Chen 等[145]引入了两种特征来进行建模：

$$\begin{cases} k^{(1)} = \exp\left(-\frac{\|\boldsymbol{p}_i - \boldsymbol{p}_j\|^2}{2\sigma_\alpha^2} - \frac{\|\boldsymbol{I}_i - \boldsymbol{I}_j\|^2}{2\sigma_\beta^2}\right) \\ k^{(2)} = \exp\left(-\frac{\|\boldsymbol{p}_i - \boldsymbol{p}_j\|^2}{2\sigma_\gamma^2}\right) \end{cases} \tag{4.3}$$

式中,第一个高斯函数 $k^{(1)}$ 建立的是基于像素空间位置 p 和像素灰度 I 的关系;第二个高斯函数 $k^{(2)}$ 建立了像素空间位置的关系;参数 σ_α、σ_β 和 σ_γ 各自控制其影响范围。由式(4.3)可知,$k^{(1)}$ 更倾向于将互相靠近且颜色相似的像素分配到同一类别标签中;$k^{(2)}$ 负责清除小块的孤立区域,即可能的噪声。通过定义这样的能量函数并最小化它的能量,就可以获得更加精细化的语义分割结果。

4.1.2.2 三维全连接条件随机场

从 4.1.2.1 节知道,基于二维全连接条件随机场的推理方法仅考虑了图像二维空间上的特征,它利用像素间的颜色关系与位置关系对图像像素标注进行优化。在可以获得每个像素的三维空间位置的情况下,为了充分利用这种信息,本节引入一种三维全连接条件随机场(3D – DenseCRFs)的像素间关系建模方法,通过定义几种不同的光滑项来最大限度地提高场景中具有相似空间结构与颜色特征的点的标注一致性,获得如图 4.14 所示的语义分割精细化结果。

(a)

(b)

图 4.14 利用 3D – DenseCRFs 获得的语义分割精细化结果

(a)三维空间 RGBD 稠密点云;(b)对应的三维空间下稠密语义点云

具体而言，定义 3D-DenseCRFs 的观测值集合为 $V=\{v_1,v_2,\cdots,v_N\}$，对应的隐变量集合为 $X=\{x_1,x_2,\cdots,x_N\}$，标签类别集合 $\mathcal{L}=\{l_1,l_2,\cdots,l_L\}$。其中，$v_i$ 代表三维特征点，包含空间位置、颜色与法向量等信息；L 表示标签类别数，$l_k(1\leqslant k\leqslant L)$ 即某一特定类别，如车辆、道路与建筑物等。3D-DenseCRFs 的语义精分割目标是通过观测变量 V 来推理隐变量 X 的对应类别标签，转换成公式则为优化以下能量函数，使其能量达到最小：

$$E(X) = \sum_i \psi_\mu(x_i) + \sum_{i<j} \psi_p(x_i, x_j) \quad (4.4)$$

式中，$1\leqslant i,j \leqslant N$。

在本节中，能量函数的单点势函数 $\psi_\mu(x_i)$ 可以定义为

$$\psi_\mu(x_i) = -\lg P(x_i) \quad (4.5)$$

式中，$P(x_i)$——各像素点属于每个物体类别的概率，这一概率值可以通过 SegNet 的最后一层输出直接得到，该能量项的作用是衡量像素点 i 属于类别 x_i 的概率。

能量函数的成对势函数 $\psi_p(x_i,x_j)$ 形式为

$$\psi_p(x_i,x_j) = \mu(x_i,x_j) \sum_m k^{(m)}(f_i,f_j) \quad (4.6)$$

式中，如果 $x_i \neq x_j$，那么 $\mu(x_i,x_j)=1$，否则 $\mu(x_i,x_j)=0$；i 和 j 代表图像中的任意一点；$k^{(m)}$ 表示一类高斯核函数，用于度量像素点 i 和 j 的特征向量相似度：

$$k^{(m)}(f_i,f_j) = \omega^{(m)} \exp\left(-\frac{1}{2}(f_i-f_j)^T \Lambda^{(m)}(f_i-f_j)\right) \quad (4.7)$$

式中，f_i, f_j——像素点 i 和 j 的特征向量；

$\omega^{(m)}$——一个线性组合权值；

$\Lambda^{(m)}$——一个对称且正定的矩阵。

在本节应用中，定义了三种高斯核函数对优化过程进行限制。

（1）空间位置平滑核：

$$k^{(1)} = \omega^{(1)} \exp\left(-\frac{|p_i-p_j|^2}{2\theta_p^2}\right) \quad (4.8)$$

式中，p_i, p_j——像素点 i 和 j 的空间位置；

θ_p——用于控制这个核的空间影响范围。

空间位置平滑核的作用是尽量减少孤立的小块区域，使分割的结果看起来更平滑。

第4章 语义空间：图像信息语义理解

(2) 加入了法向量特征的平滑核：

$$k^{(2)} = \omega^{(2)} \exp\left(-\frac{|\boldsymbol{p}_i - \boldsymbol{p}_j|^2}{2\theta_{p,n}^2} - \frac{|\boldsymbol{n}_i - \boldsymbol{n}_j|^2}{2\theta_n^2}\right) \quad (4.9)$$

式中，$\boldsymbol{n}_i, \boldsymbol{n}_j$——像素点 i 和 j 处的法向量；

$\theta_{p,n}$——用于控制这个核的空间影响范围；

θ_n——用于控制法向量相似程度的衡量。

该平滑核使 3D-DenseCRFs 在推理优化的过程中，尽量将空间位置相邻且具有相似法向量方向的三维特征点标签归为一类，以此减少噪声；而且，加入法向量特征后，能量函数的收敛速度也会加快。

(3) 外观核：

$$k^{(3)} = \omega^{(3)} \exp\left(-\frac{|\boldsymbol{p}_i - \boldsymbol{p}_j|^2}{2\theta_{p,a}^2} - \frac{|\boldsymbol{c}_i - \boldsymbol{c}_j|^2}{2\theta_c^2}\right) \quad (4.10)$$

式中，$\boldsymbol{c}_i, \boldsymbol{c}_j$——像素点 i 和 j 处的 RGB 颜色向量；

$\theta_{p,a}$——用于控制这个核的空间影响范围；

θ_c——用于控制颜色相似程度的衡量。

通常认为，相邻的像素点若颜色相近则有很大概率属于同一类物体，因此外观核的作用是尽量使空间位置相近且颜色相近的像素点拥有相同的标签。

该模型综合考虑颜色、空间位置、法向量三个特征，通过为各项成对势函数设置固定的权值 $\omega^{(m)}$（$m = 1,2,3$）来调整各个核在整个模型优化时的比例，最后通过一种高效的近似方法[148]对能量函数进行最优化推理，从而得到语义精分割的结果。

4.1.3 像素级语义分割野外环境测试

为进一步加深对像素级语义分割算法的理解，本节将介绍一种基于二维全连接条件随机场优化的 SegNet 语义分割算法应用在野外环境的测试情况。在该实例中，将分别基于弗莱堡森林数据集[149]及自采数据集对基于二维全连接条件随机场优化的 SegNet 语义分割网络进行训练，并在自采数据集上测试其语义分割效果。

4.1.3.1 弗莱堡森林数据集

弗莱堡森林数据集是由弗莱堡大学的 Viona 自主移动机器人平台采集的，如图 4.15 所示，其采集平台搭载了用于捕获多光谱和多模式图像的相机。该数据集的数据是在三个不同的日期收集的,使数据集包含了不同光照的场景;数据集中包含了 6 种类语义标签:障碍物、道路、天空、草丛、植被、空隙。弗莱堡森林数据集可用于语义分割、物体检测、地形分类等方面。

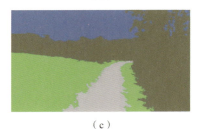

图 4.15 弗莱堡森林数据集采集平台及数据集示例
(a) 数据采集平台;(b) 原始图像;(c) 语义分割标签

4.1.3.2 自采数据集

自采数据集基于北京理工大学自动化学院组合导航与智能导航实验室的 Polaris 全地形无人平台与红旗 H7 平台进行采集,如图 4.16 所示。这两个实验平台均搭载了环境感知与定位传感器,并配备了支持算法开发的工控机。

图 4.16 Polaris 全地形无人平台(左)与红旗 H7 平台(右)

第 4 章 语义空间：图像信息语义理解

自采数据集图像通过实验平台搭载的 PointGrey 相机进行采集，采集场景为野外半结构化环境与野外非结构化环境。相机帧率为 90 帧/s，像元尺寸为 5.5 μm；图像数据采用 USB 3.0 接口进行传输，传输速率为 5 Gbps。

4.1.3.3 弗莱堡森林数据集语义分割结果

在该实例中，采用弗莱堡森林数据集对二维全连接条件随机场优化的 SegNet 语义分割算法进行训练，并在弗莱堡森林数据集上对训练后的网络进行测试。其中，神经网络输入图像大小为 480 像素×360 像素，训练前对数据集图像尺寸进行统一调整。在成对势能计算过程中，第一步仅考虑像素的位置关系，第二步综合考虑颜色和位置。将计算结果赋予相应颜色，得到条件随机场优化的语义结果，如图 4.17 所示。可以看到，优化后的结果边界更清晰，分割结果中的孤立像素块被滤除，更加符合实际场景需求。

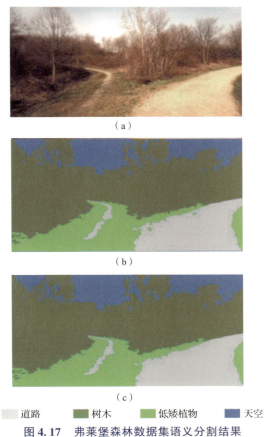

图 4.17 弗莱堡森林数据集语义分割结果

（a）场景原图；（b）SegNet 语义分割结果图；（c）条件随机场优化结果

4.1.3.4 自采数据集语义分割结果

在该实例中,使用弗莱堡森林数据集训练的语义分割模型在自采数据集上测试,结果如图 4.18、图 4.19 所示。

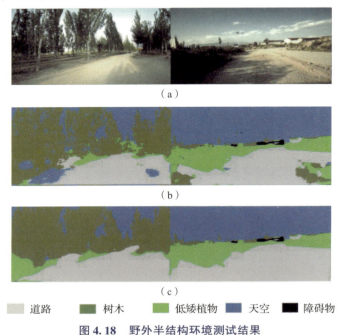

图 4.18 野外半结构环境测试结果

(a)场景原图;(b)未加入自采训练集的分割结果;(c)加入自采训练集的分割结果

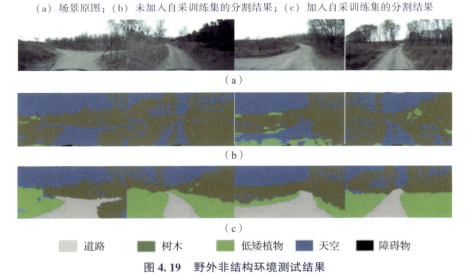

图 4.19 野外非结构环境测试结果

(a)场景原图;(b)未加入自采训练集的分割结果;(c)加入自采训练集的分割结果

当训练集中未加入自采数据训练时,颜色和光照条件与弗莱堡森林数据相差较多,导致语义分割结果不准确。相对而言,自采数据集中的半结构化环境与训练集更接近,所以语义分割结果相对于非结构化环境更准确。为了使训练模型在真实环境中可以使用,可在粗略分割的基础上采用人工辅助的手段标注自采数据集的语义真值,并将其加入模型的训练集,这将大幅提高语义分割准确度。

4.2 图像目标检测、定位与跟踪

4.2.1 目标识别算法概述

目标检测是计算机视觉领域的经典问题,给定一幅图像,设计检测器检测出图像中特定的目标,如人脸、行人、车辆等。研究者提出的经典目标检测方法[150]首先通过训练数据集学习一个分类器,接着在测试图像中以不同尺度的窗口滑动扫描整幅图像。每次扫描时,利用已训练好的分类器进行分类,判断当前窗口是否为待检测的目标。分类时,所用到的特征有颜色直方图[151]、SIFT 特征[152]、Haar-like 特征[153]、方向梯度直方图[153]等。

近年来,基于深度卷积神经网络的方法逐渐成为当前目标检测与识别研究的热点,尤其是以 R-CNN[154]为代表的面向二维图像目标检测的深度网络架构。R-CNN 将目标检测问题分成两个阶段——候选区域生成、基于卷积神经网络(CNN)的区域分类。为了加速 R-CNN 的训练过程,He 等[144]提出了一种空间金字塔池化操作,使得特征向量长度固定。在此基础上,Wang 等[155]进一步提出了 Fast R-CNN,通过对候选区域进行池化操作,避免了把所有候选区域送到 CNN 进行处理,提高了处理效率。Ren 等[156]提出的 Faster R-CNN 进一步在 Fast R-CNN 的框架中融入了候选区域的生成网络,可以直接在神经网络中产生候选区域,极大提高了目标检测效率。

Liu 等[157]提出了另一种深度网络架构 SSD(single shot detector),采用滑动窗口的检测方式。SSD 不需要候选区域生成、特征采样等过程,在一个网络中包括了所有计算,这使得网络更容易训练,并取得了与 Faster R-CNN相当的结果。Redmon 等[158]提出的 YOLO 算法将整幅图像作为神经网络的输入，直接在输出层回归边界框（bounding box）的位置及其所属的类别。YOLO 算法的检测速度较 Faster R – CNN 提升了近 10 倍，目前已更新到 YOLOv5。

目前用于目标检测的深度学习方法主要分为两类——两步检测（two stage）、一步检测（one stage）。前者分为两步，先由算法生成一系列作为样本的候选框，再通过卷积神经网络进行特征提取，用分类器进行样本分类；后者直接用卷积神经网络提取特征，将目标边框定位问题转换为回归问题处理。一般而言，前者在检测准确率和定位精度上占优，后者在算法速度上占优。

4.2.1.1 两步检测

两步检测算法主要包含 R – CNN 及其一系列改进。

1. R – CNN

R – CNN 算法过程可以分为三步——区域选择、特征提取、判别分类，如图 4.20 所示。其核心思想在于，区域选择采用启发式的候选区域生成算法选择性搜索，即根据像素的颜色特征进行聚类；利用卷积神经网络自动提取特征，增强了鲁棒性。

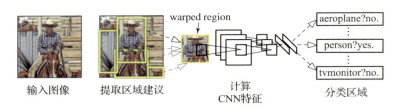

图 4.20 R – CNN 算法流程[154]

R – CNN 算法的流程如下：

第 1 步，使用选择性搜索算法从待检测图像中提取约 2 000 个区域候选框。

选择性搜索算法[159]是通过聚类的方法，把图像中的像素分成几部分。在选择性搜索算法中，图像被视为一张无向图 $G = (V, E)$。其中，节点 $v_i \in V$ 对应像素点；边 $(v_i, v_j) \in E$ 对应一对相邻的像素点；每条边都有自己的权重 $w((v_i, v_j))$，用来度量相邻两个像素点的不相似性。区域 $C \in V$ 是 V 内的一个最小生成树 $MST(V, E)$，其中的每个节点都可以通过边到达区域

第4章 语义空间：图像信息语义理解

内的每个节点。对于灰度图像，其不相似性用相邻像素间的灰度差绝对值来度量，即 $w((v_i,v_j)) = |I(p_i) - I(p_j)|$，其中 $I(p_i)$ 代表像素点 p_i 的灰度值。对于彩色图像，其不相似性用相邻像素间的颜色向量之间的距离来度量，即 $w((v_i,v_j)) = \sqrt{(r_i - r_j) + (g_i - g_j) + (b_i - b_j)}$，其中 r_i、g_i、b_i 分别代表图像第 i 个像素的 RGB 三个通道。

通过设定自定义阈值，可判断两个区域能否合并成一个。自适应阈值在以下两个定义基础上定义：

（1）类内差异 $\text{Int}(C) = \max\limits_{e \in \text{MST}(V,E)} w(e)$，即最小生成树中不相似度最大的一条边。

（2）类间差异 $\text{Dif}(C_1, C_2) = \min\limits_{v_i \in C_1, v_j \in C_2, (v_i,v_j) \in E} w((v_i, v_j))$，即连接两个区域的所有边中不相似度最小的边的不相似度，也就是两个区域最相似的位置的不相似度。

如果两个区域 C_1、C_2 满足 $\text{Dif}(C_1, C_2) < \min(\text{Int}(C_1), \text{Int}(C_2))$，就认为这两个区域可合并为一个区域。

选择性搜索算法流程见算法 4.1。

算法4.1 选择性搜索

输入：包含无向图 $G = (V, E)$
输出：分割出的图 $S = C_1, C_2, \cdots, C_r$
将边按照不相似度升序排列得到 $e_1, e_2, \cdots, e_n$ **do**
 选择 e_i 对当前选择的边 e_j（点 v_i、v_j 不属于一个区域）进行合并判断。设其所连接的顶点为 v_i、v_j
  if $\text{Dif}(C_1, C_2) < \min(\text{Int}(C_1), \text{Int}(C_2))$ **then**
   更新阈值以及类标号
 $i \leftarrow i+1$
until $i = n$;

第 2 步，把所有候选框缩放成固定大小（采用 227 像素 × 227 像素），使用 CNN（有 5 个卷积层和 2 个全连接层）提取候选区域图像的特征，得到固定长度的特征向量。

第 3 步，将特征向量输入 SVM 分类器，判别输入类别；将描述候选框位置及大小的向量 (x, y, w, h) 输入全连接网络，以回归的方式精修候选框，将候选框与类别分开训练。

R – CNN 算法是深度学习目标检测的开山之作，与传统方法相比，其在选择候选区域上使用了启发式方法，速度更快，在特征提取方面使用卷积神经网络，鲁棒性增强。然而，由于重复卷积、固定图像缩放和分开训练，R – CNN 算法有算力冗余、物体形变、训练测试不简洁等不足。

2. SPP Net

SPP 的全称为 spatial pyramid pooling，即空间金字塔池化。SPP Net 的整体过程与 R-CNN 相同，分为候选框生成、特征提取、判别分类三个步骤。SPP Net 是在 R-CNN 基础上的一次改进，主要改进之处为特征提取部分，其候选框生成部分仍采用选择性搜索算法。SPP Net 的优点在于将提取候选框特征向量的操作转移到卷积后的特征图上进行，将 R-CNN 中的多次卷积变为一次卷积，极大降低了计算量，不仅能减少存储量而且能加快训练速度。同时，SPP Net 在最后一个卷积层和第一个全连接层之间做一些处理，引入了空间金字塔池化层，对卷积特征图像进行空间金字塔采样获得固定长度的输出，可对特征层任意长宽比和尺度区域进行特征提取。

图 4.21（a）所示为 Pascal VOC 2007[160] 数据集中的一幅图像，图 4.21（b）所示为卷积层 $Conv_5$ 生成的一些特征图（feature maps），图 4.21（c）所示为 ImageNet 数据集[161]中激活最强的若干图像。通过可视化一些特征图，场景原图中的激活区域在特征图中的激活位置是相同的（图中的箭头所指），因此在场景原图上生成候选框后，可直接在特征图上截取窗口，提取特征向量。SPP Net 的结构如图 4.22 所示。

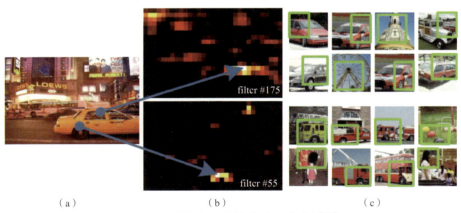

（a） （b） （c）

图 4.21 特征图与原图激活区域对比[144]

（a）场景原图；（b）特征图；（c）激活最强的若干图像

除此之外，SPP Net 还在提取特征向量时加入空间金字塔池化层（SPP 层）：在得到卷积特征图后，对卷积特征图进行三种尺度的切分——4×4、2×2、1×1，对切分出来的每个小块进行最大池化下采样；之后，将下采样的结果全排列成一个列向量，送入全连接层。具体操作如图 4.23 所示。

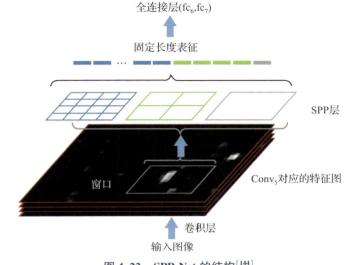

图 4.22　SPP Net 的结构[144]

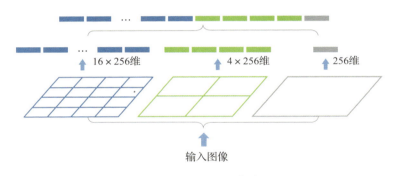

图 4.23　SPP 操作[144]

对于每幅特征图，都产生一个（$4\times4+2\times2+1\times1$）维的固定长度特征向量。例如，每个候选区域在最后的 256 幅卷积特征图中得到 256 个该区域的卷积特征图，通过 SPP Net 下采样后得到一个 $256\times(4\times4+2\times2+1\times1)$ 维的特征向量。这样就可以将大小不一的候选区的特征向量统一到一个维度。

SPP Net 的目标检测整体流程：

第 1 步，输入一幅待检测图像。

第 2 步，提取候选区域。采用选择性搜索算法，在输入图像中提取约 2 000 个最有可能包含目标实例的候选框。

第 3 步，候选区域尺度缩放。以候选区域长宽中的较短边长度进行统一，即 $\min(w,h)=s, s\in\{480, 576, 688, 864, 1\ 200\}$，$s$ 的取值标准是使得统一后的候选区域尺寸与 224 像素 ×224 像素最接近。

第 4 步，特征提取。利用 SPP Net 结构提取特征。

第 5 步，分类与回归。根据所提取的特征，利用 SVM 分类器进行分类，用边框回归器微调候选框的位置。

相比之下，R‑CNN 将所有候选框一一输入后进行 CNN 处理，而 SPP Net 是在特征图上提取候选框并进行空间金字塔池化操作，因此 R‑CNN 遍历一个 CNN 2 000 次，而 SPP Net 只遍历了 1 次，所以 SPP Net 的整体计算速度快很多倍。空间金字塔池化层（SPP 层）一般在卷积层后面，此时网络的输入可以是任意尺度的，在 SPP 层中每一个池化下采样的滤波器会根据输入调整大小，而 SPP 层的输出则是固定维数的向量，然后传输到全连接层（FC）。

SPP Net 解决了 R‑CNN 重复提取候选区域特征的问题，同时允许各种尺寸图像作为输入，解决了图像畸变的问题。但 R‑CNN 存在其他问题（如训练步骤烦琐、磁盘空间开销大等），仍有待解决。

3. Fast R‑CNN

Fast R‑CNN 将 R‑CNN 原来的串行结构改成并行结构，在网络中加入与空间金字塔池化层类似的感兴趣区域（region of interest，RoI）池化层，将不同大小候选框的卷积特征图统一采样成固定大小，但只使用一个尺度进行网格划分和池化，可被视为 SPP 层的简化。此外，针对 R‑CNN 和 SPP Net 分开训练导致耗费计算时间、占用存储空间等，Fast R‑CNN 进行改进，设计了多任务损失函数（multi‑task loss），将目标检测中的两个任务（分类和定位）统一到一个框架内。

Fast R‑CNN 的网络结构如图 4.24 所示，其输入由两部分组成——待处理的整幅图像、候选区域（region proposal）。首先采用 CNN 获取卷积特征图。由于存在多个候选区域，系统会进行甄别，进而判断出感兴趣区域（RoI）。RoI 池化层是空间金字塔池化层（SPP 层）的特殊情况，它可以从特征图的感兴趣区域中提取一个固定长度的特征向量。每个特征向量都会被输送到全连接层（FC）序列中，这个全连接层分支成两个同级输出层。其中一层的功能是进行分类，对目标关于 K 个对象类（包括全部"背景 background"类）输出每个感兴趣区域的概率分布；另一层的功能是对边界框（bounding‑box）位置进行回归，输出的 K 个对象中每一个边界框的 4 个实数值 (x,y,w,h)。这 4 个值分别代表边界框的横坐标、纵坐标、宽度、高度,从而编码每个对象的精确边界框位置。整个结构使用多任务损失的端到端训练(除去对候选区域的提取阶段)。

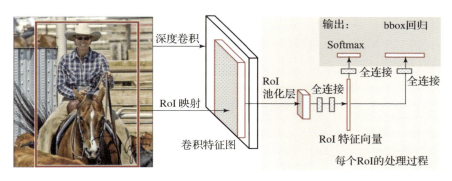

图 4.24　Fast R – CNN 网络结构[155]

如上所述,RoI 池化层实际上是空间金字塔池化(SPP)层的简化版,空间金字塔池化层对每个候选区域使用了不同大小的金字塔映射,即采用多个尺度的池化层进行池化操作;而 RoI 池化层只需将不同尺度的特征图下采样到一个固定的尺度(如 7×7)。例如,对于 VGG16 网络 $Conv_5$ 有 512 个特征图,虽然输入图像的尺寸是任意的,但是通过 RoI 池化层后均会产生一个 $7 \times 7 \times 512$ 维度的特征向量作为全连接层的输入,即 RoI 池化层只采用单一尺度进行池化,如图 4.25 所示。

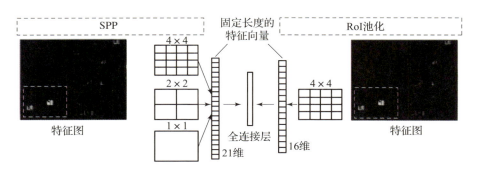

图 4.25　RoI 池化层

对于每一个虚线窗口内的卷积特征,SPP 层采用 3 种尺度的池化层进行下采样,将每个虚线框按照 1×1、2×2、4×4 划分,然后分别采用最大值池化,这样一共得到 21 维的特征向量;RoI 池化层则采用一种尺度的池化层进行下采样,将每个 RoI 的卷积特征按照 4×4 划分,然后对每个分区内采用最大值池化,这样就得到 16 维的特征向量。SPP 层和 RoI 池化层使得特征向量长度固定,网络对输入图像的尺寸不再有限制,同时 RoI 池化层解决了 SPP 层无法进行权值更新的问题。RoI 池化层的作用主要有两方面:其一,将图像中的 RoI 定位到卷积特征中的对应位置;其二,将这个对应后的卷积特征区域通过池化操作固定到特定长度的特征,然后将该特征送入全连接层。

Fast R – CNN 统一了类别输出任务和候选框回归任务,有两个损失函数:分类损失和回归损失。分类损失采用 Softmax 函数代替 SVM 分类器进行分类,共输出 N(类别) + 1(背景)类。回归损失输出的是 $4 \times N$(类别),4 表示的是边界框描述向量 (x, y, w, h) 的长度。多任务损失函数为这两个损失函数的加权和,从而将分类和回归统一。

一幅图像产生约 2 000 个 RoI,近一半的时间用于全连接层计算。为了提高运算速度,可以用 SVD(奇异值分解)对全连接层进行变换,一个大的矩阵可以近似分解为三个小矩阵的乘积,分解后矩阵的元素数目将远小于原始矩阵的元素数目,从而达到减少计算量的目的。对全连接层的权值矩阵进行 SVD,可明显提高处理图像的速度。

为了减少烦琐的目标检测步骤,Fast R – CNN 直接使用 Softmax 替代 SVM 分类,同时利用多任务损失函数将边界框回归也加入网络,这样整个训练过程只包含提取候选区域和 CNN 训练两个阶段。此外,Fast R – CNN 在网络微调的过程中,不仅微调全连接层,还对部分卷积层进行微调,得到了更好的检测结果。

Fast R – CNN 目标检测主要流程如下:

第 1 步,输入一幅待检测图像。

第 2 步,提取候选区域。利用选择性搜索算法从输入图像中提取候选区域,并把这些候选区域按照空间位置关系映射到最后的卷积特征层。

第 3 步,区域归一化。对卷积特征层上的每个候选区域进行 RoI 池化操作,得到固定维度的特征。

第 4 步,分类与回归。将提取到的特征输入全连接层,然后用 Softmax 函数进行分类,对候选区域的位置进行回归。

4. Faster R – CNN

Faster R – CNN 的基本结构如图 4.26 所示。

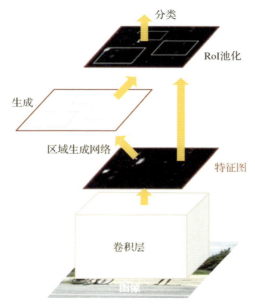

图 4.26 Faster R – CNN 的基本结构[162]

从 Faster R – CNN 的基本结构中可以看出,该网络结构主要分为 4 部分:卷积层、区域生成网络、RoI 池化层、分类层。

卷积层:作为基于 CNN 网络的目标检测方法,Faster R – CNN 使用多组基础的"Conv + ReLU + 池化"结构提取图像的特征图谱,用于后续 RPN 层和全连接层的输入。

区域生成网络:Faster R – CNN 相较于 Fast R – CNN 最大的改进就是将区域生成的过程加入 CNN 网络,设计实现了区域生成网络(region proposal networks,RPN)。首先,在 RPN 中引入了锚(anchor)的概念,特征图中的每个滑窗位置都会生成 k 个锚;然后,通过 Softmax 函数判断锚覆盖的图像是前景还是背景,同时回归边界框(bounding box)的精细位置,使得所预测的边界框更加精确。

RoI 池化层:收集输入的特征图谱和候选目标区域,提取候选区域的特征图谱并输入全连接层,对目标进行分类。

分类层:计算候选目标区域的类别,并且通过边界框回归方法精确计算候选目标的位置。

Faster R – CNN 的基本结构如图 4.27 所示,网络输入大小为 $P \times Q$ 的图像,将图像缩放至固定大小 $M \times N$ 后输入数据层。卷积计算部分包含 13 个 Conv 层、13 个 ReLU 层、4 个池化层,输出特征图谱。在卷积过程中,对图像进行扩边处理，在图像最外围填充一圈 0 像素点，原图大小变为 $(M+2)\times(N+2)$，经过 3×3 卷积之后，图像大小仍为 $M\times N$；池化层设置合适的参数，使得输出图像大小为 $(M/2)\times(N/2)$，即先将图像的长、宽均变为原来的 $1/2$，再进行下一步计算。

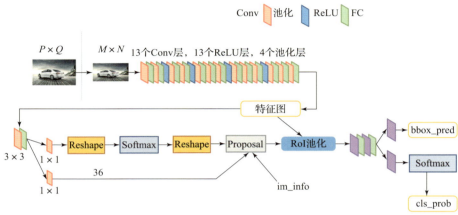

图 4.27　Faster R – CNN 的基本结构①

可以说，Faster R – CNN 是真正意义上的深度学习目标检测算法，其将一直以来分离的候选区域提取和 CNN 分类进行融合，采用端到端的网络进行目标检测，使检测速度和检测精度都得到了不错的提高。

4.2.1.2　一步检测

尽管 Faster R – CNN 在计算速度方面已经取得了很大进展，但仍然无法满足实时检测的需求，因此有研究者提出了基于回归的方法直接从图像中回归出目标物体的位置以及种类，即一步检测（one – stage）算法，具有代表性的两种方法是 YOLO[158] 和 SSD[157]。

1. YOLO

区别于以 R – CNN 系列为代表的两步检测算法，YOLO[158] 舍去了候选框提取分支，直接将特征提取、候选框回归和分类在同一个无分支的卷积网络中完成，使得网络结构变得简单，其检测速度较 Faster R – CNN 有近 10 倍的提升。这使得深度学习目标检测算法在有限的计算能力下能够满足

---

①　https://github.com/rbgirshick/py – faster – rcnn/blob/master/models/pascal_voc/VGG16/faster_rcnn_alt_opt/faster_rcnn_test.pt。

实时检测任务的需求。

YOLO 的核心思想是将整幅图像作为网络的输入，直接在输出层回归边界框（bounding box）的位置及其所属的类别。其实现方法是将一幅图像分成 $S \times S$ 个网格（grid cell），如果某个目标的中心落在这个网格中，则这个网格就负责预测这个目标。YOLO 的网络结构如图 4.28 所示，图中的 C,R 表示卷积 + ReLU，FC,R 表示全连接（FC）+ ReLU。

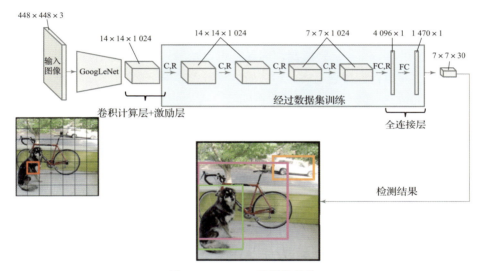

图 4.28 YOLO 的网络结构

每个网格要预测 B 个边界框，每个边界框除了要回归自身的位置外，还要附带预测一个置信度（confidence）。confidence 代表了所预测的边界框中含有目标（object）的置信度和这个边界框预测的准确度两个重要信息，其值计算如下：

$$\text{confidence} = \Pr(\text{object}) \cdot \text{IOU}_{\text{pred}}^{\text{truth}} \qquad (4.11)$$

其中，如果有目标落在一个网格里，则 $\Pr(\text{object})$ 取 1，否则取 0；$\text{IOU}_{\text{pred}}^{\text{truth}}$ 是预测的边界框和实际的真值（ground truth，GT）之间的交并比（intersection over union，IoU）值。每个边界框要预测 (x, y, w, h) 和 confidence 共 5 个值；每个网格还要预测一个类别信息，记为 C 类。对于 $S \times S$ 个网格，每个网格要预测 B 个边界框及 C 个类别，则其输出为 $S \times S \times (5 \times B + C)$ 维的向量。

在测试时，每个网格预测的类别信息和边界框预测的 confidence 信息相乘，就得到每个边界框的类别特性置信度（class – specific confidence score），设置阈值，滤除得分低的边界框，对保留的边界框进行非极大值抑制（non – maximum suppression，NMS）处理，就得到最终的检测结果。YOLO 不需要中间的候选区域生成寻找目标位置，直接回归便可完成位置和类别的判定，因此在速度上更有优势。

2. SSD

YOLO 在小目标检测方面通常效果一般，因此 Liu 等[157]提出了另外一种深度网络架构——SSD。SSD 同时借鉴了 YOLO 网格的思想和 Faster R – CNN 的锚（anchor）机制，确保其可以快速进行预测的同时又可以相对准确地获取目标位置。SSD 算法的主要特点如下：

（1）在多尺度特征图上进行锚框的生成、分类、回归，融合得到最终的预测结果。在 SSD 的网络结构图中可以看出，SSD 使用了多个特征层，特征层的尺寸分别是 38×38、19×19、10×10、5×5、3×3、1×1，一共 6 种不同的特征图尺寸。大尺度特征图（图 4.29（b））使用浅层信息，感受野小，适合预测小目标；小尺度特征图（图 4.29（c））使用深层信息，感受野较大，适合预测大目标。这样，SSD 在深浅不同的特征图上进行回归，可既保证大目标的检测准确率，又兼顾小目标检测。

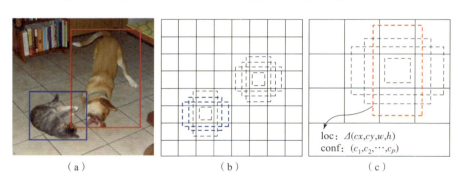

图 4.29　SSD 算法[157]

(a) 带有 GT 框的图像；(b) 8×8 特征图；(c) 4×4 特征图

（2）采用卷积进行检测。与 YOLO 最后采用全连接层不同，SSD 直接采用卷积对不同的特征图提取检测结果。对于形状为 $m \times n \times p$ 的特征图，只需要采用 $3 \times 3 \times p$ 这样比较小的卷积核得到检测值。

（3）提出预设先验框作为强先验知识。在 YOLO 中，每个单元预测多个边界框，但其都是相对这个单元本身（正方块），而真实目标的形状是

第4章 语义空间：图像信息语义理解

多变的，YOLO 需要在训练过程中自适应目标的形状。SSD 借鉴了 Faster R - CNN 中锚（anchor）的理念，对每个单元设置尺度（或长宽比）不同的先验框，预测的边界框以这些先验框为基准，可在一定程度上降低训练难度。一般情况下，每个单元会设置多个先验框，其尺度和长宽比存在差异，如图 4.29 所示，可以看到每个单元使用 4 个不同的先验框，图像中的不同物体采用最适合它们形状的先验框进行训练。

（4）充分的数据增强。SSD 采用了随机裁剪、水平翻转、色域扭曲等数据增强方法，为网络提供了充分的训练数据，在保证训练数据分布的前提下扩充了其丰富性，从而能有效提升检测精度。

具体地，在预测物体类别过程中，对每一个锚框需要预测其是否包含了感兴趣目标，还是仅为背景。使用一个 3×3 的卷积层来做预测，加上填充一层的 0，使得它的输出和输入一样。图上每个点对应的锚框数量为 $num_{anchors}$，目标类别的数量是 $num_{classes}$，输出的通道数是 $num_{anchors} \times (num_{classes} + 1)$，每个通道对应一个锚框属于某个类的置信度。假设输出是 Y，那么对应输入中第 n 个样本的第 (i,j) 像素的置信度在 $Y[n,:,i,j]$ 中。具体而言，对于以 (i,j) 为中心的第 a 个锚框，通道 $a \times (num_{classes} + 1)$ 是其只包含背景的分数，通道 $a \times (num_{classes} + 1) + 1 + b$ 是其包含第 b 个物体的分数。

在预测边界框的过程中，因为真实的边界框可以是任意形状，所以需要预测如何从一个锚框变换成真正的边界框。这个变换可以由一个长为 4 的向量来描述。同上，用一个有 $num_{anchors} \times 4$ 通道的卷积。假设输出是 Y，那么对应输入中第 n 个样本的第 (i,j) 像素为中心的锚框的转换在 $Y[n,:,i,j]$ 中。具体而言，对于第 a 个锚框，它的变换在 $a \times 4 \sim a \times 4 + 3$ 通道中。

4.2.2 视觉目标跟踪

根据被跟踪目标个数的不同，视觉目标跟踪可以分为单目标跟踪和多目标跟踪[163-164]。

4.2.2.1 单目标跟踪的基本流程与框架

视觉目标（单目标）跟踪任务就是在给定某视频序列初始帧中特定目标大小与位置的情况下，预测后续帧中该目标的大小与位置。单目标跟踪的基本流程如图 4.30 所示。

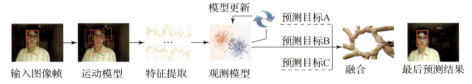

图 4.30　单目标跟踪的基本流程

这一基本任务流程可以按如下框架划分：输入初始化目标框，在下一帧中产生众多候选框（motion model），提取这些候选框的特征（feature extractor），然后对这些候选框评分（observation model），最后在这些评分中找一个得分最高的候选框作为预测目标，或者对多个预测值进行融合（ensemble），得到更优的预测目标。

根据该框架，可以把目标跟踪划分为以下 5 项主要研究内容。

运动模型：如何产生众多候选样本（包括粒子滤波（particle filter）和滑动窗口（sliding window）等）？

特征提取：利用何种特征表示目标（包括手工设计的特征（hand-crafted feature）和深度特征（deep feature））？

观测模型：如何为众多候选样本进行评分（包括生成式模型（generative model）和判别式模型（discriminative model））？

模型更新：如何更新观测模型使其适应目标的变化（包括每一帧都更新一次模型和长短期更新相结合）？

集成方法：如何融合多个决策获得一个更优的决策结果（包括在多个预测结果中选一个最好的，或是利用所有的预测加权平均）？

视觉运动目标跟踪是一个极具挑战性的任务。这是因为，对运动目标而言，其运动场景非常复杂并且经常发生变化，甚至目标本身也会不断变化。因此，如何在复杂场景中识别并跟踪不断变化的目标就成为一个具有挑战性的任务。常见的挑战因素主要有遮挡（occlusion）、形变（deformation）、背景杂斑（background clutter）、尺度变换（scale variation）、光照（illumination）、低分辨率（low resolution）、运动模糊（motion blur）、快速运动（fast motion）、超出视野（out of view）、旋转（rotation）等，这些挑战因素共同决定了目标跟踪是一项极为复杂的任务。

4.2.2.2　单目标跟踪方法

根据观测模型是生成式模型或判别式模型，视觉目标跟踪方法可以分为生成式方法（generative method）和判别式方法（discriminative method）。生成式跟踪方法以稀疏编码（sparse coding）为主。近年来，判别式跟踪方法逐渐占据了主流地位，以相关滤波（correlation filter）和深度学习（deep learning）为代表。

1. 稀疏表示

基于稀疏表示（sparse representation）的目标跟踪方法将跟踪问题转换为稀疏逼近问题进行求解。例如，文献［165］提出了L1Tracker，认为候选样本均可由字典（即目标模板和碎片模板的组合）稀疏表示，而一个好的候选样本应该拥有更稀疏的系数向量；稀疏性可通过解决一个 L_1 正则化的最小二乘优化问题获得；最后，在所有候选样本中，选择系数最稀疏且重构误差最小的目标作为跟踪结果。L1Tracker[165]中利用碎片模板处理遮挡，利用对稀疏系数的非负约束解决背景杂斑问题。

2. 相关滤波

相关性用于表示两个信号之间的相似程度，通常用卷积表示相关操作。基于相关滤波（correlation filter）跟踪方法的基本思想是：寻找一个滤波模板，将下一帧图像与滤波模板做卷积操作，响应最大的区域就是预测目标。基于这一思想，先后有大量基于相关滤波的方法被提出，其中引入核方法（kernel method）的KCF[166]利用循环矩阵计算，跟踪速度惊人。在KCF的基础上，又发展了DSST[167]，其可以处理尺度变化；还发展了基于分块的（reliable patches）相关滤波方法，可处理遮挡等。为了克服边界效应（boundary effect）的影响，文献［168］提出了SRDCF，利用空间正则化惩罚了相关滤波系数，获得了可与深度学习跟踪方法相比的结果。

3. 深度学习

深度特征对目标有强大的表示能力，因此基于深度学习（DL）的方法在特征表示方面具有先天优势。其中，基于孪生网络的方法取得了优异的跟踪效果。Siamese-FC[169]使用一对共享权值的卷积神经网络（CNN）对模板和当前帧提取特征，通过互关联层生成目标区域的分数；SiamRPN[170]能通过RPN生成高宽比变动的边框，以预测目标物体的位置。尤其是在SiamRPN中，每个候选窗口响应图（response of a candidate window，RoW）都编码一组 k 个锚框候选区以及对应的物体/背景置信度，因而SiamRPN

输出边框预测位置以及分类置信度。这两个输出分支通过损失函数 Smooth L1 和交叉熵损失来训练。SiamMask[171]除了相似性置信度和边框坐标外，用全卷积孪生网络的 RoW 对必要的信息进行编码，产生像素级的二元掩膜，可以用一个额外的分支和损失函数扩展现有的 Siamese 跟踪器来实现。

4.2.2.3 主流跟踪方法介绍

1. Siamese – FC

Siamese – FC 采用一种对称的、共享权重的深度卷积网络结构来同时处理初始目标和当前帧，并通过互关联层计算匹配的分数，从而达到跟踪的目的。这种对称的网络结构称为孪生网络。Siamese – FC 的网络结构如图 4.31 所示。

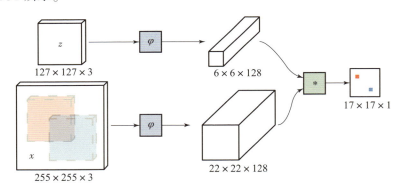

图 4.31　Siamese – FC 的网络结构[169]

算法可分为两支：图 4.31 中上面一支的输入是初始帧中给定的目标模板 z，φ 是用于提取特征的卷积神经网络，输出是 $6 \times 6 \times 128$ 的特征图 $\varphi(z)$；下面一支的输入是当前帧中可能存在目标的区域 x，φ 是与上面一支结构相同、权重共享的卷积神经网络，输出是 $22 \times 22 \times 128$ 的张量 $\varphi(x)$。* 是一个互关联层，用 $\varphi(z)$ 对 $\varphi(x)$ 进行卷积，计算 $\varphi(z)$ 和 $\varphi(x)$ 的匹配分数，最后得到一个 $17 \times 17 \times 1$ 的候选窗口响应图（RoW），图中像素值最大的坐标就是算法认为的目标中心所在位置。图中的红色点和蓝色点分别对应正样本和负样本。

Siamese – FC 采用离线训练的方式，是应用逻辑回归的典型二分类问题，对于一个候选区域 x，损失函数为

$$l(y,v) = \lg(1 + \exp(-yv)) \tag{4.12}$$

式中，y——真实类别，$y \in \{-1, 1\}$；

v——候选位置 x 的得分。

对于整幅图像，损失函数为

$$L(y,v) = \frac{1}{|D|} \sum_{u \in D} l(y[u], v[u]) \tag{4.13}$$

式中，D——整幅图像；

u——不同的候选位置。

2. SiamMask

SiamMask 是一种将视频目标跟踪（video object tracking，VOT）和视频目标分割（video object segmentation，VOS）相结合的方法。视频目标跟踪（如 Siamese－FC）仅预测目标所在位置及边界框大小，而 SiamMask 输出的是像素级语义分割的掩膜，精度更高。SiamMask 的网络结构如图 4.32 所示。

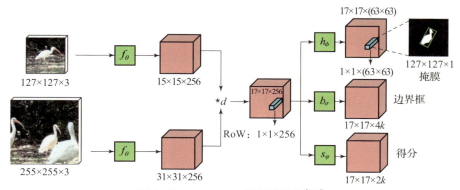

图 4.32　SiamMask 的网络结构[171]

图 4.32 展示了完全版的 SiamMask 网络，SiamMask 的前半部分与 Siamese－FC 相同，都采用孪生网络进行特征提取，但是在互关联层按照深度逐层进行卷积，因此生成的响应图的维度是 $17 \times 17 \times 256$，定义为候选窗口响应图（response of a candidate window，RoW）；图中的 $\star d$ 表示每个深度上的互关联，k 表示每个 RoW 的锚框数量。在得到 RoW 后，用三个分支的小型神经网络来生成二值掩膜、边界框、属于背景（或前景）的分数。

SiamMask 的跟踪效果如图 4.33 所示。

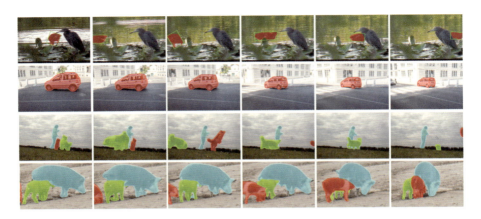

图 4.33 SiamMask 的跟踪效果[171]

4.2.2.4 多目标跟踪

当前的多目标跟踪算法大多基于 Tracking by Detection 框架，即将不同帧的不同检测目标与轨迹进行数据关联，而如何更好地关联数据是多目标跟踪问题研究的重点与难点。当前国内外关于多目标跟踪问题的研究工作可以分为以下 4 类：基于子图多切（subgraph multi-cut）的方法[172-174]；基于贝叶斯优化的方法[175]；基于多假设跟踪的方法[176-177]；基于深度学习的方法[177-181]。

1. 基于子图多切的方法

Tang 等[172]将多目标跟踪问题转化为求解一个跨时间的最小损失的子图多切问题。在此基础上，文献 [173] 使用深度匹配方法[182]解决目标遮挡与相机视角改变对跟踪结果的影响。文献 [174] 进一步在图模型中增加长边保证长时间跟踪算法的效果，并利用行人重识别的特征进行检测与目标轨迹的匹配。

2. 基于贝叶斯优化的方法

为了充分利用低置信度概率的检测结果，Sanchez-Matilla 等[175]在概率假设密度粒子滤波算法框架下，将高置信度的检测结果用于已有轨迹的标签传播与新的轨迹初始化，而将低置信度的检测结果只用于已有轨迹的标签传播。通过在预测阶段结束后的提前关联策略，该算法在没有利用检测目标表观特征的情况下也取得了较好的跟踪结果。

3. 基于多假设跟踪的方法

基于多假设跟踪的方法对于目标检测精度的依赖性强，文献［176］在多假设跟踪方法的基础上对每个轨迹假设使用一个在线更新表观模型的方法，文献［177］提出了一个对场景理解与检测之间交互分析的增强检测模型来改善跟踪效果。

4. 基于深度学习的方法

Bae 等[178]将多目标跟踪过程中的检测候选与轨迹根据置信度进行分类，使用不同的策略将轨迹与检测候选相连，并使用深度学习的方法建模，以检测目标的表观特征。Son 等[179]提出了一种四重关系，即一对正样本检测之间的距离应该比一对负样本检测之间的距离小，并且时间上相邻的检测对之间的距离应比时间上跨度大的检测对之间的距离小。基于该思路，Son 等[179]设计了一个四重卷积神经网络模型对检测与目标进行数据关联。Milan 等[180]基于贝叶斯滤波的思想使用循环神经网络建模多目标跟踪过程。Sadeghian 等[181]使用循环神经网络建模，以检测目标的表观、运动、目标域目标之间的交互，从而解决了多目标跟踪过程中长时间数据关联问题。

4.2.2.5 车辆跟踪检测测试

以城市路口为例，在该场景下，最常见的运动目标是车辆。每个车辆目标会根据所要到达的目的地，在路口选择合适的行驶方向。因此，其他运动车辆在路口处的行驶方向可以作为路口的其中一个可通行方向。本节采用车辆短轨迹跟踪的方法，分析潜在的可通行方向。经过对车辆目标的检测与跟踪，会从每一帧图像中获得当前场景中的多个车辆包围框。本节定义，每一帧中各个包围框的状态为

$$\boldsymbol{d} = (f, \boldsymbol{p}, \boldsymbol{o}, t) \tag{4.14}$$

式中，f——帧号；

$\boldsymbol{p}$——包围框在图像中的位置与尺寸，$\boldsymbol{p} = (u, v, w, h)$，$u$、$v$ 分别为横坐标、纵坐标，w、h 分别为宽度、高度；

o——包围框中车辆的朝向；

t——包围框所属的轨迹编号。

因此，车辆跟踪就是匹配连续帧之间的车辆目标包围框，并完成轨迹对应与编号。

1. 车辆检测

车辆检测采用 Faster R – CNN 方法，训练数据采用 Pascal VOC 2007[160]公开数据集。首先，根据所要分类的类别个数，调整数据集的标注。本实例中将 Car、Bus、Truck、Van 统一合并成一类 car，其余类别忽略不检测。所要检测的类别由原来的 21 类改为 2 类（车辆＋背景）。然后，将调整后的数据集标注写入 Pascal VOC 的标准 .xml 格式文件，每个标注目标包括 3 个属性——目标类型、包围框（$x_{min}, y_{min}, x_{max}, y_{max}$）、目标朝向。最后，把要进行训练和测试的图像分别编写目录。

经过训练与参数调整，所获得的网络模型可用于对图像中的车辆进行实时检测，结果如图 4.34 所示。将输出的包围框分割为子图，并输入朝向检测网络，以检测朝向。

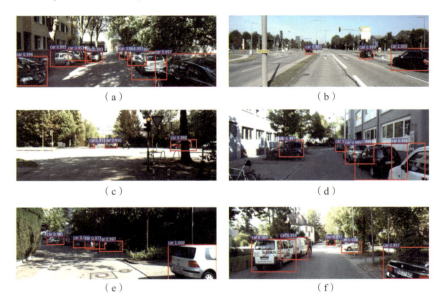

图 4.34　车辆目标检测结果示例

2. 车辆朝向检测

车辆朝向检测采用卷积神经网络实现。对车辆朝向的真值标注文件进行观察可发现，车辆的朝向取值范围为[－π, π]，保留两位小数，即[－3.14, 3.14]，共 629 类朝向。因此，本节将车辆朝向检测问题转化为车辆朝向的多分类问题，每个车辆的朝向对应于 629 类朝向中的一类。通过问题转化，原本的连续值回归问题转化为常见的分类问题，可采用 CaffeNet[183]结构实现。

训练网络的结构包括 5 个卷积层结构和 2 个全连接层，最后一个全连接层的输出为 629 维向量。卷积层与全连接层的原理与前文所述一致，此处不再赘述。

训练数据集由车辆目标检测部分的数据集生成。将图中车辆包围框的真值分割出来，生成单独的图像，并将其朝向进行对应标注，然后输入训练网络进行训练。车辆朝向检测数据集中包含各类车辆、各个朝向、各类清晰度、各级别遮挡程度，部分数据如图 4.35 所示。

图 4.35　车辆朝向检测数据集部分数据[160]

3. 多目标跟踪

为了实现短时间、多目标、接近实时的目标跟踪功能，本节参考了文献［184］中介绍的匈牙利算法[185]来实现多目标的短轨迹跟踪。

多目标短轨迹跟踪的方法流程如图 4.36 所示，其目的是为当前帧图像中检测置信度大于置信度阈值的包围框分配轨迹。

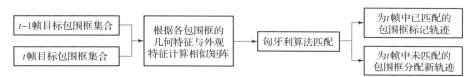

图 4.36　多目标短轨迹跟踪的方法流程

该方法的主要步骤如下：

第 1 步，假设已知第 $t-1$ 帧的包围框检测结果 $\boldsymbol{D}_{t-1}=[\boldsymbol{d}_{t-1,1},\boldsymbol{d}_{t-1,2},\cdots]$

其中每个元素 $d_{t-1,i}$ 的定义参见式（4.14）。对第 t 帧（即当前帧）进行目标与朝向检测，可以获得当前帧的目标检测包围框，筛选符合置信度要求的包围框，得 $D_t = [d_{t,1}, d_{t,2}, \cdots]$，其中对于每个元素 $d_{t,i}$，其轨迹编号为待求参数项。

第 2 步，计算相似矩阵。对相似矩阵的计算考虑了两帧各个包围框的几何特征与外观特征，计算出两帧之间任意两个包围框的相似度，取值范围为 [0, 1]。本节对几何特征采用了 IoU 指标，即包围框 i、j 的面积交集与并集之比：

$$g(i,j) = \frac{\text{box}(i) \cap \text{box}(j)}{\text{box}(i) \cup \text{box}(j)} \tag{4.15}$$

式中，box(·)——某目标包围框所占的图像块。

本节对外观特征采用了归一化互相关（normalized cross correlation, NCC），以计算图像块之间的相似性。相似性越接近 0 则表示越不相似，越接近 1 则越相似。公式如下：

$$S(A,B)_{\text{NCC}} = \frac{\sum_{x,y} A(x,y) B(x,y)}{\sqrt{\sum_{x,y} A(x,y)^2 \sum_{x,y} B(x,y)^2}} \tag{4.16}$$

式中，A, B——图像块。

获得以上特征之后，相似矩阵 A 的元素 a_{ij} 可由下式计算获得：

$$a_{ij} = (1 - g(i,j)) \times (1 - S(d_i, d_j)_{\text{NCC}}) \tag{4.17}$$

式中，d_i, d_j——包围框 i、j 所在的图像块。

基于相似矩阵 A，可以计算匈牙利算法指派问题，即对第 $t-1$ 帧的每个包围框，在第 t 帧找到与之最相似的包围框。该过程由 Kuhn - Munkres 算法[185]求得。通过匹配，第 t 帧中包围框分为两类——已分配轨迹标号的包围框、未分配轨迹标号的包围框。然后，将未分配轨迹标号的包围框赋予新的轨迹。至此，便完成了对第 t 帧检测到的所有车辆目标包围框的轨迹编号标记，跟踪效果如图 4.37 所示。

图 4.37　目标跟踪效果
（基于 KITTI 数据集）

第 4 章　语义空间：图像信息语义理解

4.3　本章小结

本章主要介绍了如何从图像数据中实时获取所处环境的静动态语义信息，具体阐述了图像像素级语义分割，图像目标检测、定位与跟踪的原理与方法。

在像素级语义分割方面，本章首先介绍了基于卷积-反卷积的全卷积深度神经网络语义分割算法，并介绍了两种经典网络模型——基于编码器-解码器结构的 SegNet 和包含空洞卷积的 DeepLab，二者均实现了更加精细化的图像语义分割效果。在此基础上，介绍了二维和三维全连接条件随机场的后处理优化算法，进一步提升语义分割准确度。然后，分别基于弗莱堡森林数据集和自采数据集对改进算法进行测试，实现了较好的像素级语义分割效果。

在目标检测、定位与跟踪方面，本章首先介绍了包含两步检测和一步检测的图像目标检测方法。针对目标检测中候选框生成和目标分类，两步检测将其分解为回归和分类两类问题并在网络模型的不同位置分别输出，此类方法以 R-CNN 为基础，加入候选框生成网络、空间金字塔池化等结构更新迭代模型，提高模型的泛化能力和准确度，主要有 R-CNN、SPP Net、Fast R-CNN、Faster R-CNN 等；一步检测将目标检测视为一个回归问题，直接输出目标边界框及所属类别，实现了端到端目标检测，主要有 YOLO、SSD 等。将这两种方法相对比，两步检测的精度更高，但一步检测在牺牲部分准确率情况下可以实现更高的检测帧率。最后，本章介绍了图像目标跟踪方法，重点介绍了基于孪生网络的单目标跟踪算法（如 Siamese-FC 和 SiamMask 等）和基于匈牙利算法的多目标跟踪算法，并在真实场景数据集中验证了其跟踪效果。

第 5 章

语义空间：激光信息语义理解

随着新型传感器技术的发展，激光雷达在实时性、准确度、数据量、抗干扰能力等方面有了显著提升，已被越来越多的研究者应用到陆上无人系统中，几乎与相机一样成为各类无人系统的通用传感器。本章主要介绍从原始激光点云信息中提取多类型语义目标、可通行区域等相关方法的原理及应用思路。

激光信息的表达形式是原始点云 $p_i(x,y,z,I_{intensity})$，包括三维坐标点 (x,y,z) 及其反射强度 $I_{intensity}$。激光雷达可以直接获得物体的三维信息，与二维视觉图像相比，三维点云对物体表面纹理信息和几何信息的描述更加丰富；且激光雷达传感器不受光照、雨雾等极端天气的影响，可以避免视觉传感器的应用限制。通常激光点云不具备颜色信息，因此在自动驾驶中常结合激光雷达与其他传感器形成多源信息的融合。为了更好地利用激光点云信息，或者为多源数据融合做准备，就需要实现对于激光点云的语义理解。对于点云的语义理解主要包含两层概念：其一是实例层面的语义认知，即将场景中不同类别的物体独立识别出来，又称为目标检测；其二是语义标签的确定，即通过算法得到每一个三维点的类别，将大规模的点云数据形成以"类别"为单位的点云团簇。考虑到无人平台对环境中物体语义信息的感知需求，以及点云中目标识别算法的广阔应用前景，本章将首先介绍激光雷达目标检测方法，并在此基础上提出两种动态目标检测方法；然后介绍激光点云目标分割、聚类方法，并基于目标检测结果提出物体特征提取方法、语义模型训练方法，以及在线模型匹配方法，实现点云分割[186]。

5.1 激光点云目标检测

对于激光点云数据目标检测算法，按照数据来源可以分为单帧点云算法、连续多帧算法和多传感器融合算法，如图5.1所示。单帧点云算法可以分为非深度学习的传统算法，以及近几年日渐成熟的深度学习方法；连续多帧的算法通过帧间的相互约束，可以稳定检测效果；多传感器融合算法常见的组合包括激光雷达和相机、激光雷达与毫米波雷达等。

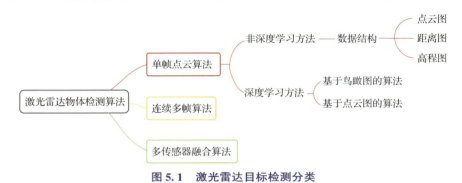

图5.1 激光雷达目标检测分类

5.1.1 三维目标的数学表达方法和基于分类器的分类策略

三维激光点的目标识别是对激光雷达三维点云中的目标进行分割和对其所属类别进行分类的方法。目标识别问题从根本上来说是一个分类问题，将未知类别的目标正确地与已知类别关联，确定其属于哪个类别，识别其类别属性。三维目标的数学表达方法和基于分类器的分类策略是进行目标识别的两个最基本且重要的问题。在点云目标识别算法中，分类器的分类策略基本上是由三维目标的数学表达方法决定的，因此三维目标的数学表达是三维点云目标识别算法的核心问题之一[187]。特征是一类物体区别于另一类别物体的最显著标志，是目标表达的基本元素。

根据物体特征的描述对象和来源不同，常用的特征可以分为4类：全局特征、局部特征、分割特征和随机采样特征[188]。基于全局特征的目标识别技术对于待识别场景有较高的要求，而在实际的应用场景中，受复杂背景、目标信息残缺不全、光照变化、遮挡等因素的影响，全局特征难以满足三维目标的识别需求。局部特征在对目标进行描述时，因其不依赖目标的整体信息而表现出突出优势，其应用范围随着研究的深入而不断扩大。物体的局部特征不仅能够对物体进行良好的描述，还有缩减数据规模、提高算法速率的优点，在数据规模、表达效果和速度上的优势使它得到许多实时处理系统的青睐。

在目标识别领域，为了得到高效、可靠的分类识别结果，一般采用现代模式识别理论进行分类器设计，常见的分类方法有模糊模式分类法、统计模式分类法、支持向量机模式分类法[189]、句法模式分类法、模型分类法、神经网络分类法。

基于模糊模式的分类法是将模糊数学理论方法应用到目标识别中的一类方法，适用于待分类对象或者所要求的分类结果本身具有模糊性的应用场合。模糊模式分类方法源于模糊数学，因此其关键在于对象类的隶属度函数设计。Garten 等[190]设计了模糊模式分类器，对 T72 和 T62 两类坦克进行实验，取得了不错的效果。

基于统计模式的分类方法利用概率模型得到各个类别的特征向量分布，并在此基础上进行未知样本的分类，其主要方法有基于判别类域代数界面的方法、基于统计决策的方法、基于聚类分析的方法和基于最近邻的方法等。Zhou 等[191]提出了基于最小概率误差的分类识别方法，并利用模拟的地面交通目标的深度图像进行了实验验证。Green 等[192]基于似然函数计算设计了统计分类方法，并在激光雷达得到的深度图像中进行了实验验证。

基于支持向量机的分类方法建立在 VC 维（Vapnik – Chervonenkis dimension）理论以及结构风险最小化理论基础上。支持向量机法通过选择函数子集的判别函数，根据选择的有限样本的特征信息在算法的学习能力与对模型描述的复杂性之间寻求最佳折中，使结构风险最小化，以期获得最优的泛化效果。文献［193］、［194］利用支持向量机对军用坦克、卡车、装甲车等目标的三维点云数据进行识别，取得了不错的识别结果。

句法模式分类法[187,195]的最经典方法就是视觉词袋模型（Bag – of – Words）。这类方法将待分类对象分解为若干基本单元（基元或单词），将这些单词和它们的结构关系用字符串（或图）的形式表示，用于对待分类对象进行描述，然后应用形式语义理论进行语法分析，多用于复杂对象的较高水平解释。本节提出的基于语义模型的识别算法在分类上就属于该类方法。

基于模型的分类方法用目标的实体模型依据目标姿态实时构建特征"模板"用于识别。基于模型的分类方法在识别过程中，一般通过一定的算法选定构建的模型库中某一模型来生成特征向量，作为预测特征；同时从待识别目标中提取特征向量，作为提取特征；然后进行预测特征和提取特征的匹配，找到最佳匹配的预测特征所来自的模型即最佳匹配模型。基于模型的匹配算法具有处理速度快、存储量低、分辨能力高、能适应不同工作条件的特点。Zheng 等[196]通过研究激光射线与几何模型之间的相互作用获得深度图像模板，然后通过与待识别目标进行匹配来完成识别。

基于神经网络的分类识别算法是模拟人脑的生理组织结构而提出的一种分类方法。神经网络模型是由大量简单的神经元相互连接而构成的非线性动态系统，具有生物神经网络的某些特性，在自组织、自学习、联想及容错等方面具有较强的能力，具有能够通过调整使得输出在特征空间中逼近任意目标的优点，但其数学解释比较复杂，常需要通过大量试验进行神经网络的设计和改进。Pal 等[197]应用基于随机特征选择的 K – 近邻分类器和改进后的多层感知器网络对三维激光点云中的目标进行了识别验证。

5.1.2　难点及主流方法

1. 难点

激光点云目标识别主要面临以下难点：

（1）实际应用中，难以获得高质量的原始 RGB 图像或者三维点云深度图像。在实际应用场景中，受光照、天气、遮挡等原因影响，难以获得理想的高质量 RGB 图像；而由三维激光雷达采集的点云存在点云稀疏性问题，难以实现较好的识别。

（2）待识别目标的尺度、旋转、位移变化，以及由于相机或雷达视角导致的目标残缺不全以及复杂背景的影响，要求所选取的对目标进行描述的特征应尽可能具有旋转、平移、尺度的不变性以及很强的抗噪声能力。但是在实际场景的应用中发现，很难找到一种最理想的满足上述条件的稳定特征。

（3）算法的识别准确性与实时性的平衡。一般情况下，目标识别算法要想取得较高的识别精度，往往需要采用较复杂的特征提取方法和分类器设计方法,而这些方法往往难以保证实时性。识别算法精确度的提高,伴随的是算法复杂度的提高和实时性的下降。如何在二者之间取得平衡,得到一种实时性和识别精度都可以接受的识别算法也是目标识别领域的一个研究难点。

2. 主流方法

目前的主流方法主要集中在基于深度学习的检测框架,按照输入信息来源的不同,可以分为基于单帧点云的方法、基于连续多帧点云的方法和基于多传感器融合的方法。

(1) 基于单帧点云的方法。Zhou 等[198] 提出的 VoxelNet 是一个在激光点云数据中利用图像深度学习检测框架的很好的例子,其先将三维点云转化成 voxel 结构,然后以鸟瞰图的方式处理这个结构。VoxelNet 有两个主要过程:第一个过程称为 VFE (voxel feature extraction),是 voxel 的特征提取过程;第二个是类似 YOLO 的目标检测过程。在 VFE 过程中,所有 voxel 共享同一组参数,这组参数描述了生成 voxel 的特征的方法。VFE 过程由一系列 CNN 层组成,如图 5.2 所示。VoxelNet 在实际使用中有两个问题:首先,由于在 VFE 过程中所有 voxel 都共享同样的参数和同样的层,因此当 voxel 数量很大时在计算上会引入错误(或效率)问题;其次,三维卷积操作的复杂度太高,使得这个算法很难在无人平台上满足实时性要求。

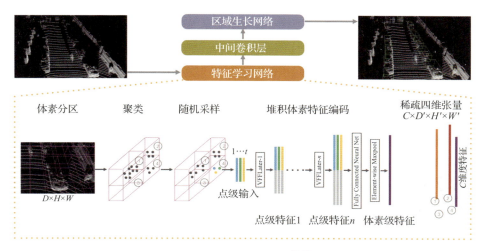

图 5.2 VoxelNet 结构[198]

（2）基于连续多帧点云的方法。利用多帧激光雷达数据进行目标检测可以得到较稳定的检测结果，其具体方法是在跟踪算法中滤波或在后处理中增加约束。Luo等[199]利用深度神经网络在鸟瞰图中通过连续帧的数据进行目标检测，建立了一个"多入多出"结构，即算法的输入是过去连续帧的鸟瞰图，而算法的输出是当前时刻和未来连续时刻的物体位置，其希望通过这种结构让网络不仅学习到物体在鸟瞰图中的形状，还可以学习到物体的速度、加速度信息。这个方法可以在减少物体检测噪声、增加召回率的同时提高检测结果的稳定性。例如，当道路上某辆车突然被其他车辆遮挡，由于前面若干帧中存在与此车相关的点云，所以此时可以通过网络猜测其当前的真实位置。

（3）基于多传感器融合的方法。从融合的时间点出发，可以将多特征融合方法分为前融合和后融合。在前融合中，首先将不同来源数据的特征进行融合，然后对融合后的特征进行处理，得到检测结果；在后融合中，将不同特征分别进行独立的处理，得到初步检测结果，然后将这些结果融合，生成最终检测结果。这两种方法各有优劣：前融合能够更好地挖掘不同特征之间的联系，从而得到更好的检测结果；后融合从宏观来看具有更强的系统稳定性，即使部分感知设备出现故障，只要还有一个设备在工作，就不会让整个感知系统崩溃。接下来，主要介绍一些前融合的相关算法。

近几年出现了很多图像和激光雷达数据融合的方法。Chen等[200]提出了MV3D方法，其首先在不同数据上提取特征图，然后在点云的鸟瞰图中做三维物体检测，之后将检测结果分别映射到鸟瞰图、距离图和图像中，通过RoI池化分别在三种特征图中进行特征提取，最后将提取到的特征融合在一起，以进行后续处理。在这个方法中，检测过程只在鸟瞰图中进行，融合了鸟瞰图、距离图和图像这三类数据源的特征。Liang等[201]提出了一种将图像特征融合到鸟瞰图中的方法。其核心思路是：对于鸟瞰图中的每个点，首先在三维空间中寻找邻近的点，然后把将这些点根据激光雷达和相机标定信息投影到图像特征图上，最后将对应的图像特征和点云的三维信息融合到鸟瞰图对应的位置中。融合后的结果是得到一个具有更多信息量的鸟瞰图的特征图。这个特征图中除了包含自带的点云信息，还包含相关的图像信息。后续的分割和检测任务都基于该特征图。虽然采用这种方法仍然是在鸟瞰图中对物体进行检测，但由于此时的特征图中还包含了图像信息，因此理论上可以得到更高的召回率。

第 5 章 语义空间：激光信息语义理解

5.2 激光点云目标检测方法设计

本节提出基于毫米波雷达与激光雷达数据融合的动态目标检测方法。这种方法可以以较高的准确率和较低的误检测率对车辆前方最远 175 m 范围内的动态目标进行检测，以满足地面无人平台对动态目标检测任务的需求。

5.2.1 极坐标栅格地图构建

激光雷达的每个数据帧都有近 13 万个采样点，超大的数据规模带来丰富环境信息的同时也加大了处理难度。对无人平台环境感知而言，将激光雷达丰富的数据用地图进行表示，并从中提取一个用较小数据量表示的可通行区域，既能满足无人平台对环境信息中障碍物的感知需求，又可以有效缩减数据量，提高算法的实时性。

激光雷达数据量巨大，如果直接在原始数据上进行目标提取，将难以保证算法的实时性。将三维坐标点投影到二维平面，采用适当的数据处理方法构建二维地图，然后为地图赋予高度或占据概率等语义信息形成三维栅格地图，是目前无人平台自主导航中最常用的方法。占据栅格地图是由 Elfes[202] 在 1989 年提出的一种机器人路径导航地图的数据表示方法。占据栅格地图对周围环境进行离散化，用一系列大小相同的小栅格表征地图。通过数行、数列相交叉的方法将地图划分为栅格，并为每个栅格赋予一个（或几个）表示高程或占据概率的数值，构成占据栅格地图。占据栅格地图的创建方法简单，可以确保地面无人平台快捷地实现导航定位和路径规划，在机器人导航、自动驾驶等研究领域得到了广泛应用。

极坐标栅格地图[203] 是根据激光雷达的射线扫描原理发明的一种较新颖的导航地图表示方法。极坐标栅格地图的优点是可以克服随着扫描水平距离的增加，三维激光雷达的扫描线变得过于稀疏而导致采样点分布十分不均匀的问题；其缺点是由于存储了整帧的三维激光雷达采样点，数据存储量庞大，算法处理时间较长，难以保证实时性。

本部分采用三维极坐标栅格地图进行三维激光点云的数据组织，并通过提取可通行区域对三维栅格地图进行简化，有效缩减了数据量。极坐标栅格地图与 Velodyne 直角坐标系如图 5.3 所示。

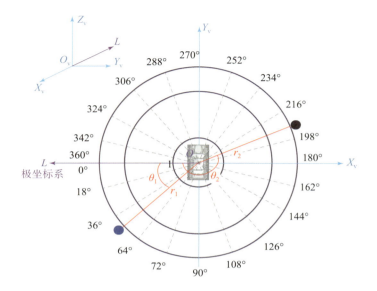

图 5.3　极坐标栅格地图与 Velodyne 直角坐标系

本节所提方法采用的构建三维极坐标栅格地图的步骤如下：

第 1 步，定义栅格地图参数：以 0.5° 为角度分辨率，进行三维极坐标栅格划分。

第 2 步，遍历当前输入的点云数据帧中的所有采样点，按下式方法计算各采样点所属的极坐标通道号，存入相应的极坐标通道：

$$n = \left(\frac{f(y,x) \times 180}{\pi} + 180 \right) \times 2 \tag{5.1}$$

式中，$f(y,x)$——计算点 (x,y) 与 x 轴的夹角，其定义见式（3.2）。

第 3 步，对每个极坐标通道中的采样点进行排序。排序依据：各点与坐标原点的水平距离 r 由小到大排序，$r = \sqrt{x^2 + y^2}$。

第 4 步，保存极坐标栅格地图中各个点的高度值。

至此，所有激光点云均转入三维极坐标栅格地图。下面通过提取可通行区域的边界点，对栅格地图进一步简化。

5.2.2 可通行区域提取

为了缩减激光点云的数据量，提高算法的实时性，同时提取道路的可通行区域，本节基于 5.2.1 节的极坐标栅格地图设计了障碍物检测算法，提取无人车周围 360°范围内的障碍物边界，形成可通行区域[204-206]。以 Velodyne 激光雷达为例，将 Velodyne 三维直角坐标系 $O_vX_vY_vZ_v$ 转化为二维坐标系 O_vZR，如图 5.4 所示，以原 $O_vX_vY_vZ_v$ 坐标系的 O_vZ_v 轴为 O_vZ 轴，以 $R=\sqrt{X^2+Y^2}$ 为 O_vR 轴，坐标原点不变。O_vZR 坐标系描述了原三维坐标点 (x,y,z) 到原点 O_v 的水平距离 r 与其垂直高度 z 的关系。图中显示了极坐标栅格地图的某一个极坐标通道中，两条相邻激光扫描线扫描到一个不规则坡度的陡坡和一个垂直面障碍物的情形。

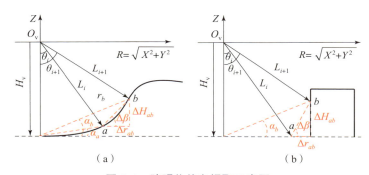

图 5.4　障碍物信息提取示意图
（a）陡坡；（b）垂直面障碍物

图 5.4 中，$a(x_a,y_a,z_a)$ 和 $b(x_b,y_b,z_b)$ 为 Velodyne 栅格地图中第 n 个极坐标通道中第 i 条和相邻的第 $i+1$ 条扫描线分别扫到场景中的两点及其三维坐标。$H_v(H_v>0)$ 表示 Velodyne HDL-E 的垂直安装高度，θ_i 表示第 i 条扫描线与 O_vZ_v 轴的夹角，θ_{i+1} 表示第 $i+1$ 条扫描线与 O_vZ_v 轴的夹角，L_i 和 L_{i+1} 分别表示第 i 条和第 $i+1$ 条扫描线的长度。α_a、α_b 分别表示扫描点与水平面的夹角。

方法 1：判断扫描点位置是否在地平面。公式如下：

$$\begin{cases}\tan\alpha_a=\dfrac{H_v+z_a}{\sqrt{x_a^2+y_a^2}}\\[2mm]\tan\alpha_b=\dfrac{H_v+z_b}{\sqrt{x_b^2+y_b^2}}\end{cases} \tag{5.2}$$

判断当前扫描点是否为地平面上的点：当坡度$|\alpha|<\epsilon$时，表示该扫描点在水平面上。ϵ的取值可随水平距离r的增加而增大。这是因为，在无人车行进过程中，车辆振动引起的传感器抖动会使计算得到的坡度α在$0°$左右变化，且距离传感器水平距离越远，浮动范围ϵ就越大。

判断扫描点位置是否在地平面的另一种方法：

$$\begin{cases} L_i = \sqrt{x_b^2 + y_b^2 + z_b^2} \\ \cos\theta_i = \dfrac{|z_a|}{\sqrt{x_a^2 + y_a^2}} \end{cases} \tag{5.3}$$

利用激光雷达的先验知识，可以根据扫描线的扫描角度θ_i和Velodyne激光雷达的安装高度H_v得到该条扫描线扫到水平地面时的长度。当第i条扫描线的长度比该条扫描线扫到水平地面的应有长度差小于某阈值D_T时，可判断a所在位置为地平面，即

$$\left| L_i - \frac{H_v}{|\cos\theta_i|} \right| < D_T \tag{5.4}$$

方法2：利用相邻两点相对地平面的坡度变化判断障碍物。公式如下：

$$\begin{cases} \Delta\alpha = \alpha_a - \alpha_b \\ \Delta H_{ab} = |z_a - z_b| \end{cases} \tag{5.5}$$

式中，$\Delta\alpha$——反映当前两个扫描点a、b之间的坡度变化，符号为负表示上坡，符号为正表示下坡；

ΔH_{ab}——当前两个扫描点a、b的高度差。

（1）在距离地面无人平台较近距离处，可以根据$\Delta\alpha$和ΔH_{ab}判断扫描点是否为障碍物边界：

$$\begin{cases} |\Delta\alpha| > \delta \\ \Delta H_{ab} > d_T \end{cases} \tag{5.6}$$

式中，δ——无人车的接近角，对于角度大于接近角的坡度，则认为无人车无法跨越；

d_T——高度阈值，具体取值依据无人车无法直接跨越的高度而定。

满足该条件的两个扫描点之间具有剧烈的坡度变化，且垂直高度差大于平台的接近角，因此无人车无法直接跨越，可以将后点作为障碍物边界点。

（2）当扫描点距离坐标原点的水平距离较远时，由于无人车存在抖动，远处扫描线的抖动使得各扫描点计算出的坡度不再准确；而且，α_a和

α_b 本身就有较大的抖动范围,且水平距离越远的地方,计算出的 α_a 和 α_b 都变得非常小,其差值 $|\alpha_a|$ 难以出现大于接近角 δ 的情况。因此,该方法难以适用。

(3) 在实际工程实验中,相邻两点的坡度变化 $\Delta\alpha$ 意义不大,但相隔多条扫描线处两点的坡度变化可以描述该射线方向的坡度变化,因此可通过统计 $\Delta\alpha$ 来反映当前射线上的地形变化规律。

方法 3:直接利用两个扫描点的位置关系提取可通行区域。公式如下:

$$\begin{cases} \Delta r_{ab} = |r_b - r_a| = \left|\sqrt{x_b^2 + y_b^2} - \sqrt{x_a^2 + y_a^2}\right| \\ \Delta\beta = \dfrac{\Delta H_{ab}}{\Delta r_{ab}} \end{cases} \tag{5.7}$$

当相邻两个扫描点之间的倾斜夹角 $\Delta\beta$ 和高度差 ΔH_{ab} 满足以下条件时,可判断点 b 为障碍物点:

$$\begin{cases} |\Delta\beta| > \delta \\ \Delta H_{ab} > d_T \end{cases} \tag{5.8}$$

角度阈值可以保证所提取的点是凸障碍物或凹障碍物;高度阈值可以滤除在扫描线比较密集的近处 Δr_{ab} 非常小、$\Delta\beta$ 远远大于接近角,而实际障碍物高度又非常矮的情况,且在距离较远处同样具有较好的效果。

本节采用方法 3 进行可通行区域的提取。基于障碍物检测的可通行区域提取方法如下:

(1) 从极坐标栅格地图的第 0 个极坐标通道开始,遍历通道中的所有相邻点,顺序查找障碍物点。找到后,记录障碍物点的三维坐标,用该点替代该极坐标通道的点,即每个极坐标栅格通道中只保留一个障碍物边界点。

(2) 遍历栅格地图的所有极坐标通道,得到简化的仅包含 720 个边界点的栅格地图。

图 5.5 显示了对城市道路场景进行地图栅格化和可通行区域提取的效果,无人车基于此可通行区域,可进行障碍物规避和路径规划。本方法将基于可通行区域,并结合混合高斯模型和毫米波雷达,提出两种动态目标检测算法。

5.2.3　基于全局运动补偿与混合高斯模型的动态目标检测算法

通过在极坐标栅格地图中的每个极坐标通道取一个障碍物点,可将数

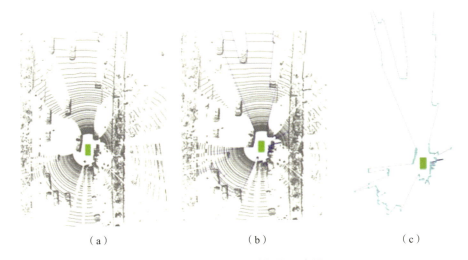

(a) (b) (c)

图 5.5 可通行区域提取示意图

(a) 原始激光点云；(b) 原始激光点云中的关键障碍物点；(c) 可通行区域

据量达 13 万个点的每帧激光雷达点云压缩到仅含有 720 个坐标点的可通行区域极坐标栅格地图。数据量的压缩使得一些复杂处理方法可以进行高实时性的动态目标检测。由于无人车搭载有 INS/GPS 组合导航单元，因此本节设计了一种全局运动补偿的方法，将基于背景建模的混合高斯模型引入动态场景下的动态目标检测任务[207]。

在传感器静止的静态背景中，在一段时间内，将连续的 N 帧栅格地图中的某点采样作为静态背景中的一点，该点的采样坐标值应该为某一固定的值。而在动态场景中，传感器的运动导致参考坐标系实时变化，背景图像上的点不再具有这种特性，使得动态场景下的动态目标检测变得异常困难。

因此，本节提出利用全局运动补偿的方法解决传感器移动的问题。其核心思想如下：首先，对当前 t 时刻第 N 帧极坐标栅格地图之前的连续 $N-1$ 帧激光点云栅格地图进行全局运动补偿，将连续的前 $N-1$ 个历史帧对准到当前第 N 帧的 Velodyne 坐标系下，去除传感器运动带来的地图坐标的位移变化，构建静态场景下的背景特点；然后，可以采用静态场景下的背景建模方法对动态场景的每个时刻进行背景建模，从而实现动态场景下的动态目标检测任务。

SPAN-CPT 组合导航系统实时测量无人车位姿信息，结果如图 5.6 所示。

INS/GPS:	坐标	东向坐标	北向坐标	天向坐标	姿态角	横滚角	俯仰角	航向角
	Position:	440133	4.42435e+06	39.0322	Attitude:	0.594838	-0.863221	261.456
	Position:	440133	4.42435e+06	39.0325	Attitude:	0.618166	-0.936696	260.828
	Position:	440133	4.42435e+06	39.0314	Attitude:	0.615618	-0.890166	260.147
	Position:	440133	4.42435e+06	39.0306	Attitude:	0.558397	-0.904314	259.529
	Position:	440132	4.42435e+06	39.032	Atttitude:	0.494036	-1.01628	258.93
	Position:	440132	4.42435e+06	39.0333	Attitude:	0.474285	-0.946643	258.321
	Position:	440132	4.42435e+06	39.0331	Attitude:	0.47211	-0.925136	257.701
	Position:	440132	4.42435e+06	39.0316	Attitude:	0.486463	-0.901883	257.085
	Position:	440132	4.42435e+06	39.032	Attitude:	0.545023	-0.811477	256.448
	Position:	440132	4.42435e+06	39.0318	Attitude:	0.598998	-0.76023	255.805

图 5.6　SPAN – CPT 组合导航系统实时输出的位姿测量结果

INS/GPS 组合导航单元的参考坐标系如图 5.7 所示。INS/GPS 输出相对于东北天坐标系（ENU）的位置坐标和姿态角 $P(x_e, y_n, z_u, \gamma, \varphi, \theta)$，其中，$x_e$ 为东向坐标，y_n 为北向坐标，z_u 为天向坐标，γ 为绕 Y 轴的横滚角，φ 为绕 Z 轴的偏航角，θ 为绕 X 轴的俯仰角。

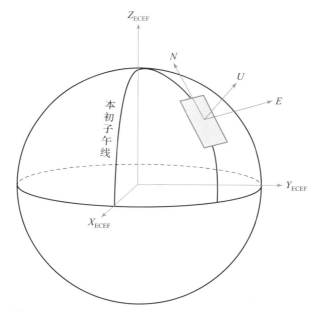

图 5.7　SPAN – CPT 组合导航系统采用的东北天坐标系

设 t_1 时刻在 Velodyne 坐标系 $X_v^{t_1} Y_v^{t_1} Z_v^{t_1}$ 下检测到采样点 $A(x_{t_1}, y_{t_1}, z_{t_1})$，$t_1$ 时刻 INS/GPS 的输出为 $P^{t_1}(x_e^{t_1}, y_n^{t_1}, z_u^{t_1}, \gamma^{t_1}, \varphi^{t_1}, \theta^{t_1})$，随着无人车的移动，在 t 时刻 INS/GPS 的输出为 $P^t(x_e^t, y_n^t, z_u^t, \gamma^t, \varphi^t, \theta^t)$。设 t 时刻的 Velodyne 坐标系为 $X_v^t Y_v^t Z_v^t$，此时采样点 $A(x_{t_1}, y_{t_1}, z_{t_1})$ 下的坐标为 $A(x_t, y_t, z_t)$。图 5.8 所示为坐标系平移转换过程，即先将坐标系 $X_v^{t_1} Y_v^{t_1} Z_v^{t_1}$ 旋转为与东北天坐标系 ENU 平行的坐标系 $X^* Y^* Z^*$，然后根据在 ENU 坐标系下 INS/GPS 输出的位置坐标进行平移，平移后变为坐标系 $X^{**} Y^{**} Z^{**}$，然后将坐标系

$X^{**}Y^{**}Z^{**}$ 旋转为坐标系 $X_v^t Y_v^t Z_v^t$。根据坐标系平移转换关系，可得 t_1 时刻的采样点 $A(x_{t_1}, y_{t_1}, z_{t_1})$ 在 t 时刻车体坐标系下的值（因不需要 Z 值，因此此处只进行水平坐标转换）为 $A(x_t, y_t, z_t)$。转换公式为

$$\begin{bmatrix} x_t \\ y_t \end{bmatrix} = \begin{bmatrix} \cos\varphi^t & -\sin\varphi^t \\ \sin\varphi^t & \cos\varphi^t \end{bmatrix} \begin{bmatrix} \cos\varphi^t & -\sin\varphi^t \\ \sin\varphi^t & \cos\varphi^t \end{bmatrix} \begin{bmatrix} x_{t_1} \\ y_{t_1} \end{bmatrix} + \begin{bmatrix} x_e^{t_1} - x_e^t \\ y_n^{t_1} - y_n^t \end{bmatrix} \quad (5.9)$$

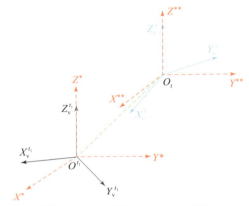

$X_v^{t_1} Y_v^{t_1} Z_v^{t_1} \xrightarrow{\text{旋转}} X^* Y^* Z^* \xrightarrow{\text{平移}} X^{**} Y^{**} Z^{**} \xrightarrow{\text{旋转}} X_v^t Y_v^t Z_v^t$

图 5.8　全局运动补偿的坐标转换过程示意图

记在 t 时刻得到的可通行区域数据帧为第 N 帧，从 t 时刻往前，在 $t-1$ 时刻为第 $N-1$ 帧、在 $t-2$ 时刻为 $N-2$ 帧、…、在 $t-(N-1)$ 时刻为第 1 帧。利用全局运动补偿，将 t 时刻之前的 $N-1$ 帧数据全部对准到第 N 帧的 Velodyne 坐标系下。取 $N=10$，对准后的结果如图 5.9 所示，图中的黄色点为激光点云，拖出长尾的为移动的车辆。

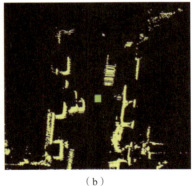

（a）　　　　　　　　　　（b）

图 5.9　全局运动补偿结果

（a）补偿前；（b）补偿后

第 5 章 语义空间：激光信息语义理解

基于全局运动补偿与混合高斯模型的动态目标检测算法如图 5.10 所示。其核心思想是：在任意采样时刻，通过全局运动补偿将连续多帧激光点云的历史信息对准到当前采样时刻的车体坐标系下，构成当前坐标系下的一幅静态背景图；然后，利用混合高斯模型对当前背景进行学习，得到一个静态背景模型，用于对当前帧进行动态目标检测并输出检测结果。

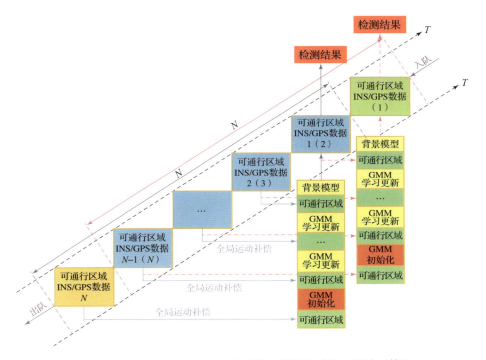

图 5.10 基于全局运动补偿与混合高斯模型的动态目标检测算法

该算法的步骤如下：

第 1 步，存储一个长度为 N 的历史信息队列，各个时刻的历史信息包含可通行区域数据与时间对准后的 INS/GPS 数据。采样得到新的采样数据帧后，原来的第 N 数据帧出队，新数据帧入队。

第 2 步，在各新数据帧入队后，从队列中第 N 数据帧开始，依次通过全局运动补偿对准到当前数据帧采样时的车体坐标系下；同时，利用第 N 数据帧的补偿结果初始化高斯混合模型（Gaussian mixture model，GMM）；然后，依次利用其余各帧的对准结果进行背景学习，至最近的第 2 帧，完成背景模型学习。

189

第3步，利用学习得到的背景模型对最新的数据帧（第1帧）进行动态目标识别，输出检测结果。

第4步，在当前数据帧的动态目标检测完成后，采样得到新采样与时间对准后的点云与INS/GPS数据帧，原来队列中的第N帧出队，新数据帧入队。重复第2步、第3步，进行动态目标检测。

5.3 激光点云语义模型识别方法

一帧采集到的激光雷达点云数据在直角坐标系下的表示为包含近13万个无序排列的数组。为了进一步筛选数据中的有效信息和特征，需要对激光点云进行合理分割。激光点云的语义理解算法主要面临以下需求和挑战。

（1）激光点云的无序性：输入的点云是无序的，点云语义归类识别的结果不应该受到点云顺序变化的影响。

（2）激光点云的旋转不变性：对点云数据进行旋转平移变换后，算法的结果保持不变。

（3）激光点云的分布密度不均：距离近的点云较稠密，距离远的点云较稀疏。

（4）能有效提取点云特征：算法应能够有效捕捉点云之间的位置关系及特征关系。

（5）实时性要求高：需要实时高效地处理来自大范围场景的大规模的点云数据。

点云分割技术可以分为基于深度学习的语义分割算法和传统的分割算法。

1. 基于深度学习的语义分割算法

点云的大规模、无序性、旋转不变性和分布不均是深度学习方法需要突破的应用瓶颈。早期利用神经网络实现点云分割的方法为了适应点云的特性，通常会选择两种处理方式。一种处理方式是将三维点云投射到二维平面，形成鸟瞰视角图，从而减少维度以降低复杂度，典型的算法包括MV3D和AVOD。另一种处理方式是通过构建三维体素来实现三维空间的

第 5 章 语义空间：激光信息语义理解

分割，这种方法能较好地还原点云之间的空间特性，但是三维卷积的复杂度随着空间划分的细腻程度增长。PointNet[121]则跳出上述思维框架，尝试利用深度学习，在无须预处理点云的情况下直接进行点云语义分割，其网络结构如图 5.11 所示。

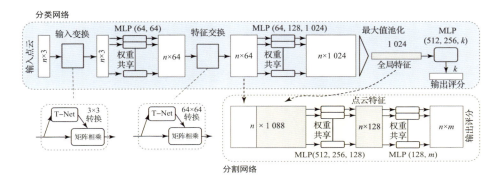

图 5.11 PointNet 的网络结构[121]

PointNet 的创新点主要体现在以下两方面：

（1）为了适应激光点云的旋转不变特性，构造空间变换网络 T – Net，通过输入变换对空间中的点云进行调整，使之旋转到一个更有利于分类（或分割）的角度，如正面；通过特征变换对提取出的特征进行对齐。

（2）最大池化（max pooling）解决无序性问题。网络对每个点进行了一定程度的特征提取后，最大池化可以对点云的整体提取全局特征。

PointNet++ 在 PointNet 的基础上发展而来。PointNet 是对所有的点云数据提取全局特征；PointNet++ 融入了卷积神经网络逐层提取特征的法则，在不同尺度下提取点云的局部特征，然后通过多层网络结构的堆叠得到深层特征，其网络结构如图 5.12 所示。网络主要包括采样层、组合层和特征提取层。原数据通过最远点采样（farthest point sampling，FPS）后，输入组合层，从而提取采样点附近的组合点；在特征提取层，为解决点云的分布不均特性，考虑到在点云稀疏区域采用更大的尺度范围，可使用多尺度组合（multi – scale grouping，MSG）与多分辨率组合（multi – resolution grouping，MRG）两种方式。

深度学习方法的表现严重依赖于训练数据的数量和质量，如果任务中出现训练集中未出现过的场景，基于深度学习的方法一般无法正确对其分

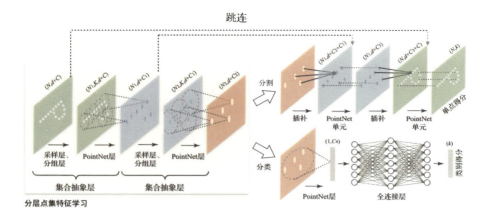

图 5.12　PointNet++ 的网络结构[122]

类。在面对未知场景时，基于简单规则的传统方法具有更高的普适性和检出率。在自动驾驶领域，出于对避障功能的需要，因此相较于分类正确率，行业对检出率提出了更高的要求。从这个角度来说，基于简单规则的传统方法对于自动驾驶安全具有重要意义。

2. 传统的点云分割方法

传统的点云分割方法主要可以分为两大类：

（1）使用纯数学模型和几何推理技术（如区域增长、模型拟合），将线性模型和非线性模型拟合到点云数据。此类方法的优势是耗时短且效果较好，缺点是难以选择适当的模型大小且对于噪声敏感。

（2）使用特征描述子提取点云中的三维特征，将每个类别的特征模型单独保存，然后将其与数据库中的模型匹配，从而实现数据的分类。

本节所提出的语义模型是基于传统的点云分割方法，具体包括地面滤波、聚类分割等。语义模型识别方法用于前文检测到的动态目标识别时，首先将动态目标的坐标作为区域生长的种子点输入点云分割算法，分割出动态目标的点云集合，然后利用语义模型进行在线识别。同时，本节对三维点云中目标识别算法的研究并没有仅局限于对车辆、行人等动态目标进行识别，该算法还能对点云场景中所有已训练的目标类别（如树木、建筑等）进行识别，应用范围十分广泛。

本节提出的基于语义模型的目标识别系统框图如图 5.13 所示。

第 5 章 语义空间：激光信息语义理解

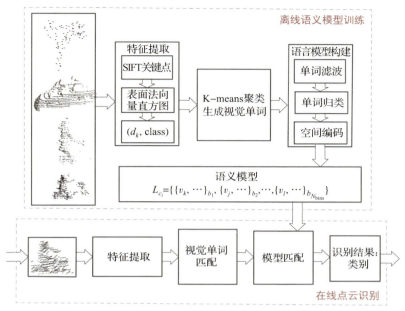

图 5.13 三维点云中基于语义模型的目标识别系统框图

5.3.1 三维点云的地面点滤波

对地面上的采样点进行滤波是点云数据处理的关键技术之一。目前针对点云中地面点的滤波方法主要有以下 4 类：最大局部坡度滤波方法、移动曲面拟合滤波方法、区域增长滤波方法和滑动窗口的最小二乘曲面拟合方法。将地面上的激光点称为地面点，高出地面的物体上的点称为地物点。

1. 最大局部坡度滤波方法

最大局部坡度滤波方法（maximum local slop filter，MLS）利用地面的坡度变化来区分地面点和地物点。对于点 $A(x,y,z,I)$，在其半径为 R 的平面圆形邻域内，若该点与其邻域中的所有点之间的坡度最大值都小于给定的坡度阈值，则该点为地面点，否则为地物点。

2. 移动曲面拟合滤波方法

假设地面为一个复杂的空间曲面，利用一个二次曲面来拟合该曲面的局部面元，当局部面元满足一定条件时，可以把该面元当作一个平面。具体做法如下：

（1）对原始激光点云排序，依据最小区域理论，在某一区域内找到三个高程方向的最低点当作最开始的地面点（即最早拟合面的缓冲区）。

（2）根据平面坐标方程，计算相同区域内邻近各点的拟合高程，将各点的拟合高程与实际的采样高程值做差。若二者的差值大于预先设定的阈值，则认为该点是地物点，进而保留；若二者的差值小于阈值，则认为该点属于地面点，进而滤除。

（3）当拟合点数达到一定量后，保持拟合点数不变，在区域内新增一个点，实现区域的滑动。用新点重复以上操作，直到覆盖整个范围。

该方法的缺点是对阈值的初始选取需要进行大量人工实验。

3. 区域增长滤波方法

区域增长是一种常用于点云分割聚类的方法，5.3.2节的点云分割中将用到这种方法。该方法本质上是选取一个地面种子点，以该点作为滤波的基元，通过判断待滤波点与周围点的关系来判断待滤波点的属性类别。地面种子点的选择方法如下：根据先验知识，对实际的点云采样区域进行划分，在各个分区块中寻找初始的地面种子点，然后以这些种子点为起点，进行生长。生长方法如下：若邻域内某点与种子点的高程差小于设定阈值，则把该点当作新种子点，继续扩张搜索，否则停止搜索。迭代直至搜索完毕。最终，在每个初始的地面种子点周围的地面块会生长成一片较大的区域，将其滤除即可。由于该方法中对种子点的选取需要有先验知识，因此在应用中受到的限制较多。

4. 滑动窗口的最小二乘曲面拟合方法

该方法即选定一个区域，利用部分点云拟合一个二次曲面作为参考地平面模型，对该选定区域内的点云进行判别。若实际采样点的高程值与参考的地平面模型的差值在阈值范围内时，则认为该点是地面点，将其滤除；若超出阈值范围，则认为该点是地物点，将其保留。具体方法如下：选定一个固定大小的窗口，查找窗口内6个高程值最矮的点，将其作为最初的地面点，计算对应的拟合方程作为参考地平面，对窗口内的其他采样点进行滤波。

本节针对滑动窗口的最小二乘曲面拟合方法进行了以下改进：

（1）将原始激光点云按照极坐标栅格地图进行存储。

（2）从第0个极坐标通道开始，计算该通道内采样值高程值的最低点

$z_{\min}$（因为坐标原点为 Velodyne 中心，所以 $z_{\min} \leq 0$）。在高程值 $[z_{\min}, 0]$ 的范围内，以 0.2 m 为区间，统计 M 个区间内采样点高程值的直方图，即直方图统计区间为 $[z_{\min}, z_{\min}+0.2], \cdots, [z_{\min}+0.2 \times M, \pm \infty]$，记区间 $[z_{\min}, z_{\min}+0.2]$ 为区间 0；统计落在各个直方图区间内点的个数 n_i 占该极坐标通道内点的总数 N 的比值 p_i，从最低的区间 $[z_{\min}, z_{\min}+0.2]$ 开始，记为 $p_0, p_1, p_2, \cdots$，其中 $p_i = n_i / N$。

（3）预先设定一个比例阈值 γ，如城市道路条件下可取 $\gamma = 15\%$。从直方图区间 0 开始，依次累加直方图各连续区间的比值 p_i，当比值和大于阈值时（即 $\sum p_i > \gamma$），若此时累加的直方图区间为区间 $0 \sim k$，则取落在 $0 \sim k$ 几个区间内的所有点，用最小二乘法拟合一条二次曲线 $z = f(r)$，其中 z 为拟合曲线在 Velodyne 坐标系内 Z_v 方向的函数值，r 为距坐标原点的水平距离。

（4）预先设定缓冲区阈值 η（本方法取 $\eta = 0.4$ m）。设栅格地图中该极坐标通道内的采样点为点 $a(x, y, z)$，计算拟合曲线在该采样点处的高程值 $z_a = f(\sqrt{x^2 + y^2})$，将采样点的高度值 z 与该拟合高程值 z_a 做差，若 $z - z_a > \eta$，则认为该点为地物点。遍历该通道内的所有采样点，滤除差值小于阈值的点即可。

（5）遍历 720 个极坐标栅格通道，完成地面点滤波。

与滑动窗口的最小二乘曲面拟合方法相比，本节改进的方法不需要进行二次曲面拟合计算，而以二次曲线拟合代替，并将直角坐标系栅格地图改为极坐标栅格地图，更符合激光雷达的扫描原理，能适应各种地形下的地面滤波，如上坡、下坡、水平路面等。图 5.14 所示为一个实际的城市道路场景，实验结果如图 5.15 所示。

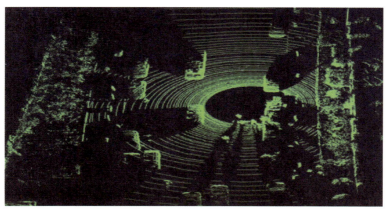

图 5.14　原始三维点云（北京市海淀区万柳中路的扫描场景）

图 5.15 滤除地面点之后的三维点云

5.3.2 点云分割

通过三维点云的地面滤波，原始采样的激光点云中属于地面的激光采样点被滤除，大量地物点被保留。这些地物点就是地面上凸出障碍物的激光采样点。将属于同一个物体的采样点从一幅完整的点云中分割出来，这既是进行后续目标识别任务的基础，也是生成训练样本的基础。

1. 点云分割概述

纵观点云数据处理的研究现状，激光点云的分割方法主要可以分为两大类——基于边缘的分割法、基于区域的分割法。

基于边缘的分割法依据各曲面间的交叉、过渡、相切等不连续性识别各自的边界点。常用的边界点主要可分为三种：光滑边界点（如曲率产生突然变化的点）、尖点（法向矢量或者切向矢量方向产生突然变化的点）、台阶点（水平位值或高度位值产生突然变化的点）。找到边界点后，用来自同一个曲面的全部边界点拟合一条封闭边界线，包围与其属性相同的采样点组成的点云区域，即可完成分割。这种方法的抗噪性能较弱，很容易把非边界点归为边界点中，从而导致错误分割。

基于区域的分割法是根据现实场景中物体间的不连续性，通过区域生长将连通区域聚集到一起。该方法首先要选择种子点，并假定所选择的种子点及其周围的点组成了某个可以用数学方法表示的三维曲面；然后，从该种子点开始，向四周并行膨胀搜索，基于三维曲面的几何性质，与当前种子点具有共同属性的点的连通区域将被膨胀进来,从而完成分割。基于区域的分割方法有两个难点:其一,对种子点的选择没有明确标准;其二,随着越来越多的点生长到该三维曲面中,曲面的几何类型会发生改变。

本节主要进行室外城市道路场景下的目标识别,因此不能忽略城市道路场景的特点——城市道路场景中的物体之间一般有较大的空间间隔。在城市道路场景中,车辆、行人、树木在三维空间中几乎不存在交叉,当多个物体距离过近时,原则上会把它们当作同一个物体来处理。在实际应用中,主要对动态目标进行识别,此时区域生长的种子点由动态目标检测算法提供。下面主要介绍本节采用的区域生长算法以及其在 k-d 树与极坐标栅格地图中的应用。

2. 区域生长条件

对于在激光点云中进行区域生长,本节设定了以下生长准则。

(1) 所有未经过聚类的采样点均可作为种子点开始一次区域生长。

(2) 生长过程中,确定能否将邻近激光点生长进来的准则如下:对于选定的种子点 $a(x_a, y_a, z_a)$ 和采样点 $b(x_b, y_b, z_b)$,设定生长阈值 D_m(可根据现实场景中物体之间的可分辨距离对 D_m 进行取值),若满足以下生长条件:

$$\|ab\|_2 = \sqrt{(x_a - x_b)^2 + (y_a - y_b)^2 + (z_a - z_b)^2} < D_m \quad (5.10)$$

则采样点 $b(x_b, y_b, z_b)$ 可生长进当前区域,并作为一个新的种子点继续生长。

(3) 生长的终止条件:当一个种子点周围不包含未经生长过的且满足上述生长准则的点时,则以该点为种子点的生长结束,即局部生长结束;当所有种子点的邻域点都已生长进当前区域,找不到满足条件的新种子点时,整个区域生长结束,即全局生长结束。

3. 区域生长在 k-d 树与极坐标栅格地图中的应用

对于不同的点云存储和组织方式,生长准则的直观几何形式也有所不同。常用的三维点云的存储管理方法有基于八叉树的点云存储方法、基于 k-d 树的点云存储法,以及 5.2 节中所用的三维极坐标栅格地图存储法。本节主要介绍基于 k-d 树的区域生长和基于三维极坐标栅格地图的区域生长。

1) 基于 k–d 树的区域生长分割法

k–d 树由 Bentley 于 1975 年提出,是对数据点在 k 维空间中划分的一种数据结构,主要用于检索多维且具有很多属性的数据。本质上,k–d 树是一种平衡二叉树,它具有一般二叉树的优点,平均查找长度仅为 $1 + 4\log n$。

k–d 树为树的各层定义了一个分辨器,用于对树的分支进行决策,其定义为第 i 层的分辨器值 $d = i \bmod k$。例如,对于本节方法的三维激光点云的存储,应用的是三维 k–d 树,$k = 3$,设 k–d 树的根节点所在层为第 0 层,其子节点为第 1 层,则两层的分辨器值分别为 $d = 0$ 和 $d = 1$,各层依次增加,该 k–d 树如图 5.16(c)所示。

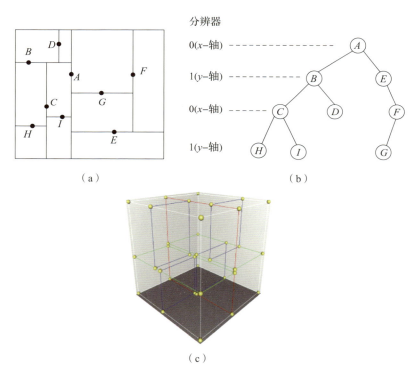

图 5.16　本例数据的 k–d 树分析[208]

(a) 二维空间分割示意图;(b) k–d 树构建示意图;(c) 三维空间分割示意图

图 5.16(a)所示的各节点坐标分别是 $A(45,60)$、$B(10,80)$、$C(25,15)$、$D(30,90)$、$E(70,20)$、$F(80,70)$、$G(60,50)$、$H(20,35)$、$I(35,35)$。节点 A 为根节点,处于第 0 层,则它的分辨器值 d 为 0(x 值),其左子树

中全部节点（B,C,D,H,I）的 x 维值都比 45 小，右子树中全部节点（E，F,G）的 x 值都比 45 大。节点 B 处于第一层，它的分辨器值 d 为 1（y 值），其左子树中全部节点（C,H,I）的 y 维值都比 75 小，右子树中节点 D 的 y 维值比 80 大。k-d 树的搜索过程和二叉树类似，由于 k-d 树具有分辨器的值 d，该值可以用于分支决策，因此可以 d 值在各层确定搜索方向，加速搜索过程。

本节所述方法研究了利用 k-d 树进行地面点滤波后点云的存储和管理。由于 k-d 树删除节点比较困难，对激光点云的海量数据进行删除操作尤其困难，因此本节采用的 k-d 树所有点云采样值都存储在数的各个叶子节点中，这样有效简化了操作步骤，对点云的搜索、插入和删除可起到加速作用，从而提高 k-d 树处理三维点云的效率。

在 k-d 树存储的点云中进行区域生长时，上述聚类准则为一个以种子点 $a(x_a,y_a,z_a)$ 为球心、D_m 为半径的球形邻域，被该球形邻域包含的其他采样点都生长进当前的聚类，并作为新的种子点重新定义各自的球形邻域，在三维空间并行地向四周膨胀，直至每个新的种子点的球形邻域内都不再包含任何未经聚类的点，则生长停止。

2）基于三维栅格地图和滑动窗口的区域生长分割法

在动态目标检测算法中用到了三维极坐标栅格地图进行点云的存储和管理。在点云的分割聚类中，本节同样研究了基于三维极坐标栅格地图的聚类方法。

极坐标栅格地图中的任意点 $a(x_a,y_a,z_a)$ 可以等价地用 $a(n_a,y_a,z_a)$ 表示。其中，$n_a = \left(\dfrac{f(y_a,x_a) \times 180}{\pi} + 180 \right) \times 2$，为该点所在的极坐标栅格地图的通道号，函数 $f(\cdot,\cdot)$ 的定义见式（3.2）；$r_a = \sqrt{x^2+y^2}$，为该点距离原点的水平距离。利用极坐标栅格通道号 n_a 和水平距离 r_a，可以在三维极坐标栅格地图中快速定位到该区域内的点，这使得这种数据的存储方式在数据查找上具有非常高的效率。

选定 $a(n_a,y_a,z_a)$ 为种子点后，定义一个三维极坐标栅格地图中的扇体形邻域，如图 5.17 所示。扇体形邻域以种子点为中心，跨越左右各一个极坐标通道，共三个极坐标通道，主要为以 6 个曲面所构成的不规则扇体形区域：前后为极坐标栅格通道号为 $n_a - 1$ 和 $n_a + 1$（通道号为 0~720，程序中需要考虑越界问题）的两个外侧的通道壁，上下方向为 $z_a + D_m$ 的弧形曲面和 $z_a - D_m$ 处的两个弧形面，左右方向为 $r_a - D_m$ 和 $r_a + D_m$ 两个弧形曲面，这6个曲面包围成扇体形封闭区域。在该扇体形邻域中的点都满足生长条件，可以生长进入当前区域，并作为新的种子点重新定义一个扇体形邻域进行生长，直至所有种子点的扇体形邻域中都不再包含未经生长的种子点。

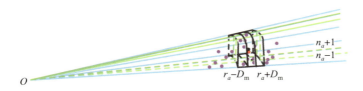

图 5.17　基于扇体形邻域的区域生长示意图

经过实验验证，采用上述两种方法在进行点云的聚类分割时，都能出色地完成分割任务，后者的实时处理速度并不亚于前者。

5.3.3　训练样本生成

在点云分割的基础上，本节结合 PCL 点云库提供的点云三维显示方法，设计了基于人工标注的各类别的训练样本生成方法。

PCL 点云库起源于由慕尼黑大学和斯坦福大学 Radu 博士等人维护和开发的开源项目 ROS，该项目主要应用于机器人研究应用领域。随着各个算法模块的积累，ROS 项目于 2011 年独立，并具备了由多所知名大学、研究所和相关硬件和软件公司组成的强大的开发维护团队。PCL 点云库在吸收了前人点云处理工作成果的基础上，形成了大型的跨平台的开源C++编程库。PCL 点云库实现了大量点云相关的通用算法和高效的数据结构，支持多种操作系统平台，可在 Windows、Linux、Android、Mac OS X 及部分嵌入式系统上运行。PCL 点云库发展迅猛，不断有新的研究机构加入，在 Willow Garage、NVidia、Google（GSOC 2011）、Toyota、Trimble、Urban Robotics、Honda Research Institute 等全球知名公司的资金支持下，不断有新的开发计划被提出，代码更新非常活跃。

为了生成各个类别的训练样本，本节对分割完成的各个生成区域进行编号（ID），利用 PCL 点云库的显示函数进行显示；将所有分割区域包含的采样点坐标存储为 .txt 文档，文档名为 ID.txt；经过人工对显示图像的比对，记录各个 ID 的分割区域的类别；然后从 .txt 文档中提取相应的分割区域坐标文档,存入相应的类别文件夹。通过对 200 帧图像的分割、存储、标记,生成实验所用的训练样本。图 5.18 所示为点云分割与分配 ID 编号的实验结果,图 5.19 所示为提取的训练样本。

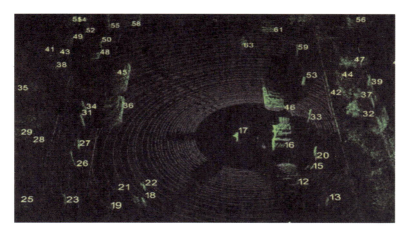

图 5.18　点云滤波、分割、标注 ID 实验结果

图 5.19　训练样本(汽车)

5.3.4　离线语义模型训练

本节采用基于特征提取和模型匹配方法进行三维点云中目标识别。离线语义模型的训练包括了特征提取、视觉单词训练和最终的语义模型构建几个主要步骤。其中,视觉单词的训练以视觉词袋模型(Bag-of-Words)为基础。针对每个类别,本节对训练样本进行了表面法向量特征提取和快速表面法向量直方图(fast point feature histograms,FPFH)的计算;同时,为了进行算法加速,引入了三维 SIFT 关键点提取方法,通过对具有尺度和旋转不变性的 SIFT 关键点提取实现计算量的进一步压缩。最后,本节针对

视觉词袋模型不考虑特征间空间关系的缺点，提出了为视觉单词增加空间语义信息的方法，最终生成语义模型，如图5.20所示。

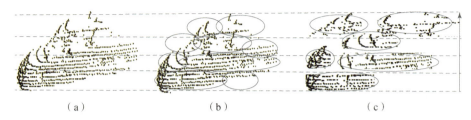

图 5.20　离线语义模型训练示意图
（a）输入标记样本：车辆集；（b）特征提取、聚类、生成视觉单词；
（c）滤波、归类、编码、生成语言模型

5.3.4.1　三维 SIFT 关键点提取

尺度不变特征（scale-invariant feature transform，SIFT）是由 Lowe 提出的一种图像处理领域的局部特征描述子[209]。由于点云的数据规模过于庞大，在点云中进行特征提取的实时性难以保证，本节所述方法将二维图像中的 SIFT 特征提取技术扩展到三维点云，进行关键点的提取，从而对点云处理算法进行加速。三维 SIFT 关键点提取主要包含以下步骤：

第1步，用立体栅格法对输入点云块进行降采样，生成点云金字塔，并用上一节所述的 k-d 树数据结构进行点云的存储和管理。立体栅格法具体如下：根据输入点云块的尺寸，创建一个长方体盒子对输入点云进行封装，盒子两两垂直的三边分别与右手坐标系的三个坐标轴平行。根据设定的栅格尺度 ϵ，沿着坐标轴将长方体盒子分割成边长为 ϵ 的立方体栅格，然后用输入点云对栅格进行填充。填充结果：有的栅格中具有多个激光点，而有的栅格中没有激光点。将有激光点的立方体栅格的中心点作为对点云降采样后的点云点，以代替原始点云中的激光点，则可依据栅格化尺度对原始输入点云进行降采样。

栅格边长用栅格尺度 ϵ 表示，确定最小尺度 ϵ_0 后，生成 $N_{octaves}$ 个尺度值 $\epsilon_i = 2^i \cdot \epsilon_0$，以 ϵ_i 为最小栅格的边长，对原始输入点云进行栅格化，输出一组降采样后的点云数据，则可生成具有 $N_{octaves}$ 层不同尺度的点云金字塔，如图 5.21 所示。将每层采样后输出的点云数据用 k-d 树进行存储，得到点云金字塔的 $N_{octaves}$ 个用 k-d 树存储的数据组。

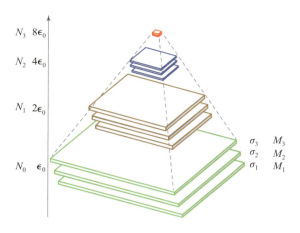

图 5.21　高斯金字塔示意图[210]

第 2 步，对不同的高斯卷积尺度 σ_i，计算高斯响应和高斯差分（DOG）。设定高斯卷积最小尺度 $\sigma_{\min}$ 和点云金字塔各层的卷积尺度个数 M_{interval}，生成 M_{interval} 个尺度值 $\sigma_i = 2^{i/M_{\text{interval}}} \cdot \sigma_{\min}$。对每层的 k–d 树，设定最大搜索半径为 $\sigma_{\max}$，计算 k–d 树中各个点的半径近邻域，邻域内点的集合为 $P^k(p_1^k, p_2^k, \cdots, p_n^k)$。对每个高斯卷积尺度 σ_i，计算集合 P^k 中各点与中心点 $p(x,y,x,I_{\text{intensity}})$ 的高斯响应：

$$\begin{cases} G(p_i(x,y,x,I_{\text{intensity}}),\sigma) = \dfrac{1}{2\pi\sigma^2}\exp(-((x-x_0)^2+(y-y_0)^2+(z-z_0)^2)/(2\sigma^2)) \\ L(P^k,\sigma_i) = G(P^k,\sigma_i) \times H(P^k) \\ \qquad\quad = \dfrac{\sum_{j=0}^{k} I_{\text{intensity}}^{j} \times \exp(-((x_j-x_0)^2+(y_j-y_0)^2+(z_j-z_0)^2)/(2\sigma_i^2))}{\sum_{j=0}^{k} \exp(-((x_j-x_0)^2+(y_j-y_0)^2+(z_j-z_0)^2)/(2\sigma_i^2))} \\ \text{DOG}(P^k,\sigma_i) = L(P^k,\sigma_{i+1}) - L(P^k,\sigma_i) \end{cases}$$

(5.11)

式中，$G(p_i(x,y,x,I_{\text{intensity}}),\sigma)$——高斯函数；

$H(P^k)$——三维邻域点集的函数；

$\text{DOG}(P^k,\sigma_i)$——高斯差分。

经过高斯卷积，金字塔各层的每个点处都得到一组与邻域点的高斯差分值。

第 3 步，计算 SIFT 关键点。将每层的各个点设成检测点，比较其与所在层的邻域 P^k 中点的 $k \times M_{\text{interval}}$ 个 DOG 值，以及相邻层对应邻域点中所有

DOG 的值，判断该点是否为 DOG 极值点。DOG 极值点即 SIFT 关键点，记为 $k_p\{(x,y,z,I_{\text{intensity}}),\sigma\}$。其中，$\sigma$ 是输入点云块在 Velodyne 坐标系 Z 轴方向的尺度值，为高程方向最高点与最低点的 z 值之差，即 $\sigma = |z_{\max} - z_{\min}|$。图 5.22 所示为三维 SIFT 关键点提取算法在实际场景中的实验结果。

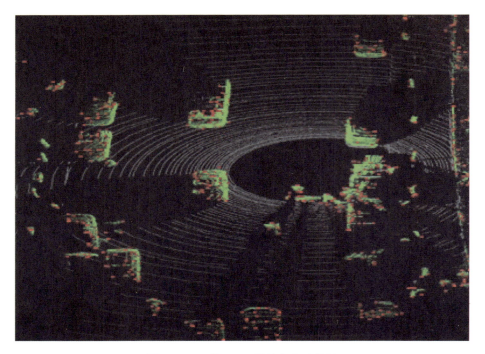

图 5.22　三维 SIFT 关键点实验结果

5.3.4.2　点云表面法向量估计

表面法向量是几何体形状的重要属性，反映了几何物体的表面特征信息，是物体重要的局部特征之一。本节采用的 FPFH 特征是对点云表面法向量夹角的直方图统计特征，因此接下来介绍点云表面法向量的估计方法。在 5.3.2 节中基于 k-d 树和区域生长的点云分割中，介绍了球形邻域的概念。对于一个点云中的采样点 $p_q(x,y,z,I_{\text{intensity}})$（$I_{\text{intensity}}$ 为激光的反射强度，Velodyne 的采样值之一），记其半径为 D_m 的球形邻域内点的集合为 $P^k(p_1^k, p_2^k, \cdots, p_n^k)$，则

$$\| \boldsymbol{p}_i^k - \boldsymbol{p}_q \|_x \leq D_m, \quad i=1,2,\cdots,n \tag{5.12}$$

对一个待定点 $p_q(x,y,z,I_{\text{intensity}})$，通过计算欧氏距离，很容易在 k-d 树中找到其球形邻域内点的集合。得到 $p_q(x,y,z,I_{\text{intensity}})$ 的邻域点集 P^k 后，本方法利用 P^k 来估计点 p_q 处的表面法向量特征。近年来，许多研究人员已经提出过多种三维深度数据表面法向量估计方法，但最简单的方法还是基于一阶三维平面拟合。估计表面上一个点的法向量的问题与估计一个平面的法向量问题类似，最终都可以转换成一个最小二乘的平面拟合问题。本节采用的估计方法如下：点 $p_q(x,y,z,I_{\text{intensity}})$ 及其邻域点集 P^k 中的点 p_1^k，$p_2^k,\cdots,p_n^k$ 可以确定一个局部的小平面。而任意一个二维平面都可以用该二维平面上一点 g 和过 g 的法向量 $\boldsymbol{n}$ 来表示。对由点 p_q 及其邻域点集 P^k 确定的局部平面，点 g 可以取为邻域点集 P^k 的中心：

$$\boldsymbol{g} = \bar{\boldsymbol{p}} = \frac{1}{k}\sum_{i=1}^{k}\boldsymbol{p}_i \tag{5.13}$$

而领域点集 P^k 中的一点 $p_i \in P^k$ 到平面的距离定义为 $d_i = (\boldsymbol{p}_i - \boldsymbol{g})\cdot\boldsymbol{n}$。利用最小二乘估计计算 $\boldsymbol{n}$ 的值以使 $d_i = 0$。根据主成分分析（principal component analysis，PCA），通过计算邻域点集 P^k 的协方差矩阵 $\boldsymbol{C}\in\mathbb{R}^{3\times3}$ 的特征值及其特征向量，即可求得 $\boldsymbol{n}$ 的解。$\boldsymbol{C}$ 满足下式：

$$\begin{cases} \boldsymbol{C} = \dfrac{1}{k}\sum_{i=1}^{k}k\psi_i(\boldsymbol{p}_i - \bar{\boldsymbol{p}})\cdot(\boldsymbol{p}_i - \bar{\boldsymbol{p}})^{\mathrm{T}} \\ \boldsymbol{C}\cdot\boldsymbol{v}_j = \lambda_j\cdot\boldsymbol{v}_j,\quad j = 0,1,2 \end{cases} \tag{5.14}$$

式中，ψ_i——点 p_i 的权值，通常取 $\psi_i = 1$。

协方差矩阵 $\boldsymbol{C}$ 是一个对称的半正定矩阵，存在正交矩阵 $\boldsymbol{Q}$ 满足 $\boldsymbol{Q}\boldsymbol{C}\boldsymbol{Q}^{-1} = \boldsymbol{Q}\boldsymbol{C}\boldsymbol{Q}^{\mathrm{T}}$，其特征值均为实数域的值 $\lambda_i \in \mathbb{R}$，而根据主成分分析，特征向量 $\boldsymbol{v}_j$ 构成邻域点集 P^k 的一个正交坐标系。如果协方差矩阵 $\boldsymbol{C}$ 的各个特征值都满足条件 $0\leqslant\lambda_0\leqslant\lambda_1\leqslant\lambda_2$，则最小的正特征值 λ_0 所对应的特征向量 $\boldsymbol{v}_0$ 就是该局部平面法向量的一个近似，$\boldsymbol{v}_0 = +\boldsymbol{n}$ 或 $\boldsymbol{v}_0 = -\boldsymbol{n}$，其中 $\boldsymbol{n} = (n_x, n_y, n_z)$。通常，$\boldsymbol{n}$ 用球坐标系中的一个角度组合 (ϕ,θ) 进行表示：

$$\begin{cases} \phi = \arctan\dfrac{n_z}{n_y} \\ \theta = \arctan\dfrac{\sqrt{(n_y^2 + n_z^2)}}{n_x} \end{cases} \tag{5.15}$$

一般来说，利用主成分分析（PCA）求解 $\boldsymbol{n}$ 时，难以确定 $\boldsymbol{n}$ 的方向。但对于激光点云中的法向量估计问题来说，由于已知所有激光点云采样值的观测视点都为 Velodyne 坐标系的中心 $v_p(0,0,0)$，因此对 $\boldsymbol{n}$ 的方向估计就变得简单了。为了使所有的法向量 $\boldsymbol{n}_i$ 都一致指向观测视点 $v_p(0,0,0)$，则 $\boldsymbol{n}_i$ 应满足以下条件：

$$\boldsymbol{n}_i \cdot (\boldsymbol{v}_p - \boldsymbol{p}_i) > 0 \tag{5.16}$$

若 $\boldsymbol{v}_0 \cdot (\boldsymbol{v}_p - \boldsymbol{p}_i) > 0$，则 $\boldsymbol{n}_i = \boldsymbol{v}_0$；否则，$\boldsymbol{n}_i = -\boldsymbol{v}_0$。图 5.23 所示为一些表面的法向量估计结果。

图 5.23　三维点云表面法向量

(a) 平面点云法向量；(b) 边缘点云法向量；(c) 曲面点云法向量

5.3.4.3　FPFH 特征提取

直接使用一个表面法向量并不能方便地描述一个几何物体的表面特征，本方法使用快速法向量直方图特征进行几何物体的局部特征描述。FPFH 特征由 Rusu 等[211]于 2009 年提出，是在 PFH（point feature histograms）基础上提出的一种快速点云法向量直方图特征。如图 5.24 所示，设点云中的两个采样点为源点 p_s 和目标点 p_t，它们的法向量分别为 $\boldsymbol{n}_s$、$\boldsymbol{n}_t$。源点的选定依据是源点的法向量 $\boldsymbol{n}_s$ 与两点组成的向量 $\boldsymbol{p}_t\boldsymbol{p}_s$ 的夹角最小。在源点 p_s 处，构造 Darboux 坐标系 uvw，其中：

$$\begin{cases} \boldsymbol{u} = \boldsymbol{n} \\ \boldsymbol{v} = \boldsymbol{u} \times \dfrac{\boldsymbol{p}_t - \boldsymbol{p}_s}{\|\boldsymbol{p}_t - \boldsymbol{p}_s\|_2} \end{cases} \tag{5.17}$$

在 Darboux 坐标系 uvw 中，两个法向量 $\boldsymbol{n}_s$、$\boldsymbol{n}_t$ 的差异可以用下面一组夹角来表示：

$$\begin{cases} \alpha = \boldsymbol{v}\boldsymbol{n}_t \\ \phi = \boldsymbol{u} \cdot \dfrac{\boldsymbol{p}_t - \boldsymbol{p}_s}{d} \\ \theta = \arctan(\boldsymbol{w}\boldsymbol{n}_t, \boldsymbol{u}\boldsymbol{n}_t) \end{cases} \tag{5.18}$$

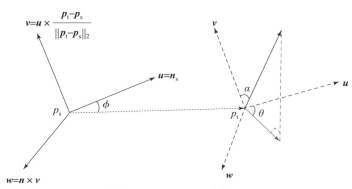

图 5.24 Darboux 坐标系

式中，d——源点 p_s 和目标点 p_t 之间的欧氏距离，$d = \|\boldsymbol{p}_t - \boldsymbol{p}_s\|_2$。

对点 $p_q(x, y, z, I_{\text{intensity}})$ 的球形邻域点集 P^k 中的每两组点求得一组 $\langle \alpha, \theta, \phi, d \rangle$ 值，则将任意两点之间的 12 个参数（即两组 (x, y, z, n_x, n_y, n_z)）缩减为 4 个参数。球形邻域点集如图 5.25 所示。

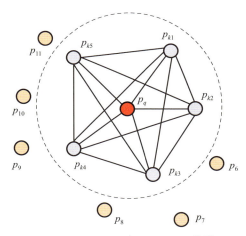

图 5.25 球形邻域点集示意图[211]

为了得到最终的 PFH 特征，于是舍弃 $\langle \alpha, \theta, \phi, d \rangle$ 中实际意义不大的距离信息，保留 3 个角度值 $\langle \alpha, \theta, \phi \rangle$，然后统计这 3 个角度值在角度空间的直方图。首先，将 360° 角度区域划分为 b 个子区间，则这 3 个角度值共有 b^3 种组合（即 b^3 维），根据该组合划分为 b^3 个区间；然后，统计该邻域中每两个点的法向量夹角落在各个直方图子区间中的个数。例如，对 360° 角度区域进行划分，每隔 60° 为一个区间，共分为 6 个区间，因此这 3 个角度共有 6^3（即 216）种组合，此时直方图共有 216 个栅格区间，针对某个

待定点 $p_q(x,y,z,I_{\text{intensity}})$，确定其邻域子集 P^k，然后计算 P^k 中每个点的法向量以及法向量两两之间的夹角 $\langle \alpha, \phi, \theta \rangle$。

用上述方法，遍历点云中的所有点，求解点云中每个点的邻域中所有采样点两两之间的法向量夹角，然后分别统计三个角度落在直方图各个子区间中的角度值个数，即可得到 PFH 特征。

在求解 PFH 时，算法的计算复杂度是 $O(nk^2)$（n 为点的个数），但为了对 PFH 特征提取方法加速而提出的 FPFH 算法的计算复杂度仅为 $O(nk)$。为了简化 PFH 的计算，采用以下步骤进行计算：

第 1 步，计算一个待定点 $p_q(x,y,z,I_{\text{intensity}})$ 与其邻域中每个点之间的法向量夹角 $\langle \alpha, \phi, \theta \rangle$，并统计 PFH 特征。为与前述 PFH 特征区别，此处将 PFH 特征记为 SPFH 特征。

第 2 步，为了避免重复计算，设点 $p_q(x,y,z,I_{\text{intensity}})$ 邻域中每个点的 SPFH 特征在之前已经求出，则点 $p_q(x,y,z,I_{\text{intensity}})$ 邻域的 FPFH 特征为

$$\text{FPFH}(p_q) = \text{SPFH}(p_q) + \frac{1}{k}\sum_{i=1}^{k}\frac{1}{w_k}\text{SPFH}(p_k) \tag{5.19}$$

式中，w_k——权值代表了待定点 $p_q(x,y,z,I_{\text{intensity}})$ 与邻域点 p_k 之间的欧氏距离。

在 FPFH 的计算过程中，不需要对点云集中的每个点的邻域中都进行两两法向量角度计算，而是每个点计算一次，然后其邻域的 FPFH 特征就可通过邻域中各点间的 SPFH 加权得到，从而加速 FPFH 的提取过程。图 5.26 所示为设置邻域半径为 $D_m = 0.3\ \text{m}$ 时，对汽车不同位置的点提取得到的 FPFH 特征；图中右列图示的横轴为特征值大小，纵轴为特征值所属数量占比（%）。

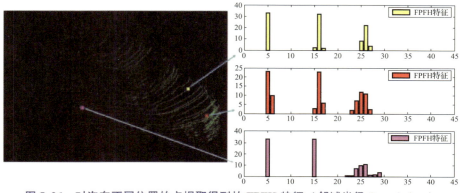

图 5.26 对汽车不同位置的点提取得到的 FPFH 特征（邻域半径 $D_m = 0.3\ \text{m}$）

在本节所述方法中,为了进一步加速对每个点云分割块的特征提取过程,仅对 SIFT 关键点的邻域提取 FPFH 特征。对每个训练样本在 SIFT 关键点周围提取 FPFH 特征。设当前训练样本的编号为 n,以训练样本中提取到的某一 SIFT 关键点为 $k_p^i(x,y,z,I_{intensity})$,对 360°角度区域按 60°划分为 6 个区间,则最终得到 6^3(即 216)维(3 个夹角分布,共 216 种组合)的 FPFH 特征描述子,记为

$$d_i = [f_i(\alpha,\phi,\theta)_{216} \quad \delta_n \quad p(x,y,z,I_{intensity}) \quad \text{Id}_{class}] \quad (5.20)$$

式中,δ_n——当前训练样本在 Z 方向的尺度,即高程尺度值;

Id_{class}——该描述子来自哪个类别的标记样本。

5.3.4.4 视觉单词生成与语义模型构建

视觉词袋模型(Bag-of-Words)最早由 Sivic 等[212]基于自然语言的处理模型而提出。类比一篇文章由很多文字组成,如果将一幅图像表示为由许多视觉单词(visual words)组合而成,就能将以往应用文本检索领域的技巧在图像检索中直接应用,以提高图像检索效率。视觉词袋模型成功解决了如何使用分离的细小局部特征对目标进行全局特征描述的问题。本节所述方法依据传统视觉词袋模型的思想,对 5.3.4.3 节提取的特征描述子进行视觉单词生成;同时,为了避免视觉词袋模型对视觉单词语序信息的忽略所造成的识别精度不高的问题,对视觉单词增加语义信息,生成最终用于目标识别的语义模型。

要生成视觉单词和语义模型,就需要输入所有带标记信息的训练样本。本方法的训练样本类别主要有 7 种——小汽车、公共汽车、行人、骑行者、树木、杆状物、规则建筑物,将其编号为 1~7。各类别的训练样本数在 200 个左右,共采用 200×7 个训练样本进行语义模型的训练。其过程主要包含以下步骤:

第 1 步,生成最初的视觉单词。生成视觉单词过程为基于 K-means 算法的聚类过程。K-means 是一种应用非常广泛的硬聚类算法。聚类过程需要预先设定聚类个数,初始化每个聚类的中心坐标。然后通过计算待聚类点与各个聚类之间的欧氏距离,对待聚类样本重新进行区域划分。每次划分完成后,就更新聚类中心的坐标。如此重复,直至收敛,即可完成聚类过程。本方法首先设定初始聚类个数为 N_{vw},对输入的 1 400 个训练样本提取带类别编号(ID)的描述子后,从所有描述子中选出 N_{vw} 个点作为初

始的聚类中心,依据各描述子与各聚类中心的欧氏距离进行聚类。每次聚类完成后,更新聚类中心坐标,进行重新聚类,直至各聚类中心收敛,完成聚类。

聚类完成后,属于同一个聚类的描述子具有相似的特征,可以描述同一类局部纹理特征,此即本方法用到的视觉单词。本节实验中,设定视觉单词有180个,对每个训练样本提取的特征描述子进行聚类都可得180个视觉单词,每个单词包含来自不同标记类别的大量特征描述子。同时,聚类完成后,根据各描述子与类别间的标记信息,可计算各视觉单词属于各类别的后验概率:

$$P(v_j \mid c_i) = \frac{1}{n_{\text{vw}}(c_i)} \times \frac{1}{n_{\text{vot}}(v_j)} \times \frac{\dfrac{n_{\text{vot}}(c_i, v_j)}{n_{\text{ftr}}(c_i)}}{\displaystyle\sum_{c_k \in C} \dfrac{n_{\text{vot}}(c_k, v_j)}{n_{\text{ftr}}(c_k)}} \quad (5.21)$$

式中,$n_{\text{vw}}(c_i)$——从标记类 c_i 中提取的视觉单词总数;

$n_{\text{vot}}(v_j)$——属于视觉单词 v_j 的特征描述子总数;

$n_{\text{vot}}(c_k, v_j)$——从标记类 c_i 中提取的属于视觉单词 v_j 的特征描述子总数;

$n_{\text{ftr}}(c_i)$——从标记类 c_i 中提取的特征描述子总数。

式(5.21)所表示的后验概率反映了当前视觉单词中描述子来自各类别的比例,代表了当前视觉单词对各类别的表现能力。这种计算方法保证了该后验概率不受样本中各类样本数量差异的影响,能够客观反映视觉单词与各个标记类别之间的统计规律。

第2步,视觉单词滤波。受噪声的影响,以及不同类别物体之间在几何特征中共性的存在,并非每个视觉单词在各类别之间都有较大的区分度。滤除对不同类别区分度较小的视觉单词,将有助于后续的目标识别工作。对视觉单词进行滤波,就是依据后验概率 $P(v_j \mid c_i)$ 滤除在各个类中共存的区分度不大的视觉单词。不同类别的物体(如车辆、行人、骑自行车的人、树)之间有些局部特征具有相似性,表现在该后验概率(即 $P(v_j \mid c_0)$ 和 $P(v_j \mid c_N)$)中在数值上非常接近。在对目标进行识别时,这些区分度不大的视觉单词并不能带来多大的有益效果,反而会对目标的识别产生不利影响。因此,需要根据其概率值的特点进行滤除。

第3步,视觉单词归类。对视觉单词进行归类,即确定区分度明显的视觉单词最可能来自哪几个标记类,以及属于这几个类的概率。不同类别

的物体（如车辆、行人、树木），其特征具有非常明显的区别，如车辆的扁平曲面特征、树木的树冠及下部圆柱面特征。确定各视觉单词最有可能来自哪几个类别，是依据特征进行识别的关键。归类时，依据后验概率值，规定每个视觉单词最多可归为最大类别数为 $N_{class}/3$ 的类。例如，样本中的标记类别为 6 类，则每个视觉单词最多属于 2 个类，且属于各个类的后验概率 $P(v_j|c_i) > P_{threshold}$。

得到各视觉单词与各类别之间的关系后，本节所述方法为视觉单词赋予语义信息，通过对视觉单词进行空间编码来生成最终的语义模型。

第 4 步，视觉单词空间编码与语义模型生成。依据属于视觉单词 v_j 的各个特征描述子在 Z 轴上分布的统计特征，确定 v_j 在 Z 轴上的分布范围，该分布特征表征了该几何纹理信息在几何物体轮廓的高度方向的大致分布区域。如图 5.27 所示，对每个类别的物体（如车辆、树木、行人），从它们中提取的特征在空间有特定的组合规律，依据视觉单词的数量、类别及该特定的组合规律，可完成对未知目标的精确类别识别。对属于类 c_i 的视觉单词 v_j，按其在 Z 轴上的分布进行空间位置编码，得到所述的语义模型。主要步骤如下：

（1）对每个视觉单词 v_j，查找其所有特征描述子中的最大尺度值 σ_{max}，对属于 v_j 的所有特征描述子进行尺度变换，统一其 Z 坐标值：

$$\boldsymbol{d}_k = [f_k(\alpha,\phi,\theta)_{216} \quad \delta_n \quad p(x,y,z\times(\delta_{max}/\delta_k),I_{intensity}) \quad \mathrm{Id}_{class}]$$

（2）将高度空间沿 Z 轴进行栅格划分。从地平面开始，以 0.25 m 为精度，将 0～2.5 m 的高度范围划分为 10 个栅格区间。

（3）统计属于视觉单词 v_j 的特征描述子在各个栅格区间的分布直方图。将特征描述子所占百分比大于阈值 $P_{threshold}$ 的 Z 轴栅格区间标记为该特征描述子的高度空间。该方法统计的是特征描述子在分布上的峰值位置及其分布比例。对于车辆、行人、树木、骑自行车的人以及城市中的杆状物，该方式都有较好的区分度。

（4）对属于类别 c_i 的所有视觉单词 v_j，按上述栅格区间进行编码，标记从下往上属于各个栅格区间中的视觉单词。方法如下：编码时，从第一个视觉单词个数不为 0 的区间开始记为 b_1，依次往上，至最后一个视觉单词不为 0 的区间为止。可得类别 c_i 的语义模型为 $L_{c_i} = \{\{v_k,\cdots\}_{b_1},\{v_j,\cdots\}_{b_2},\cdots,\{v_l,\cdots\}_{b_{N_{bins}}}\}$，$N_{bins}$ 为视觉单词个数。如图 5.27 所示，此语义模型训练过程直接为预先设定的各个类别分别生成一个含视觉单词的空间分布规律的数学表达式，可用于后续在线点云的目标识别。

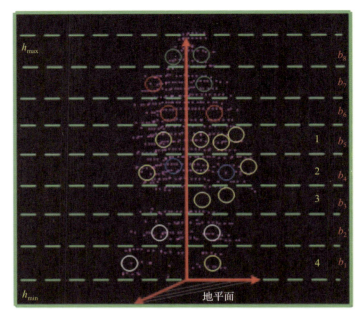

图 5.27 视觉单词空间编码与语义模型构建示意图

5.3.5 点云块在线识别

对在线输入的 Velodyne 采样数据帧进行地面滤波、分割后，对每个分割的点云块进行与训练过程相同的特征提取；然后，将提取的特征描述子与训练过程中保存的视觉单词进行匹配；之后，将已匹配到的视觉单词与各类别的语义模型进行再匹配，找到最佳的匹配类别，即可完成在线识别过程。点云块在线识别过程主要包括以下步骤：

第 1 步，对输入待识别点云块进行特征提取，即三维 SIFT 关键点和法向量直方图特征提取中所述的方法。对输入点云进行特征提取后，可以得到不带标注信息的特征描述子 $\boldsymbol{d}_i = [f_i(\alpha,\phi,\theta)_{216} \quad \delta_n \quad p(x,y,z) \quad I_{\text{intensity}} \quad \text{Id}_{\text{class}}]$。

第 2 步，将特征描述子与视觉单词进行匹配，即计算各个提取的特征描述子 $\boldsymbol{d}_k$ 与语义模型中所有视觉单词聚类中心的距离 $\|\boldsymbol{d}_k\|$，最近距离 $\|\boldsymbol{d}_k\|_{\min} \leqslant D_{\text{threshold}}$ 的视觉单词即该描述子所属的视觉单词。其中，$D_{\text{threshold}}$ 为距离阈值。

第 3 步，将已匹配到的视觉单词与各个类的语义模型进行匹配。主要分为以下步骤：

（1）计算输入点云块的最低值 $z_{\min}$ 和最高值 $z_{\max}$。

（2）与类别 c_i 匹配时，c_i 的语义模型 L_{c_i} 中的栅格区间数为 N_{c_i}，则以 $\dfrac{z_{\max}-z_{\min}}{N_{c_i}}$ 为精度将待识别点云块的高度区间划分为 N_{c_i} 个栅格。

（3）计算从输入点云提取的视觉单词中属于类别 c_i 的视觉单词 v_j 在各个栅格区间中的分布特征。

（4）与 L_{c_i} 进行匹配，计算方法如下：

$$\mathrm{Vot}(c_i) = \frac{n_{\mathrm{vw}}(c_i)}{n_{\mathrm{vw}}} \times \sum_{j=1}^{N_{\mathrm{bins}}} \frac{n_{b_j}^{\mathrm{matched}}}{n_{b_j} N_{c_i}} \qquad (5.22)$$

式中，$n_{\mathrm{vw}}(c_i)$——从待识别点云得到的属于 c_i 的视觉单词总数；

n_{vw}——从待识别点云中提取的视觉单词总数；

n_{b_j}——语义模型 L_{c_i} 中栅格区间 b_j 中的视觉单词总数；

$n_{b_j}^{\mathrm{matched}}$——栅格区间 b_j 中与语义模型 L_{c_i} 中匹配成功的视觉单词个数。

式（5.22）可以反映输入点云与类别 c_i 在视觉单词的数量、空间分布方面的相似度大小。

（5）依次与各个类别进行匹配，取最大的 $\mathrm{Vot}(c_i)_{\max}$。若 $\mathrm{Vot}(c_i)_{\max} > P_{\mathrm{threshold}}$，则匹配成功，待识别点云的类别为 c_i；否则，匹配失败，无法确定该点云类别，输入点云的类别可能并不在训练样本的类别范围内。

5.3.6　激光点云语义模型识别测试

为进一步说明激光点云语义模型识别方法在实际工程中的应用，本节将基于 5.1 节、5.2 节介绍的基于语义模型的点云识别方法进行实例说明。在城市道路环境中，动态目标一般为车辆、行人，本实例在模型训练阶段共选择了 5 个大类、8 个小类的动态目标和静态目标进行训练：汽车（小汽车、公共汽车）、行人、树木（冠状、灌木）、自行车骑行者、建筑（面状物、杆状物）。

本实例基于在北京市海淀区的万柳中路、苏州桥、北京理工大学校园所采集的点云数据集进行实验。图 5.28 所示为本节所述基于语义模型的激光点云识别方法的实验结果。其中，颜色与类别的对应关系如下：黄色——汽车；绿色——树木；橘黄色——自行车骑行者；紫色——公共汽车；水蓝色——四方形建筑或杆状物；灰色——地面点或未知类别。

图 5.28　点云中目标识别结果

本实例所涉及算法的训练阶段耗时最长，主要耗时在对特征描述子通过聚类生成视觉单词的部分。由于提取的特征描述子数量较多（预先设定的视觉单词 180 个，216 维），聚类算法涉及较多的乘法运算，因此训练过程持续时间较长。本实例在 CPU 为 Intel Core E7500，4 GB 内存的主机上运行，以本节所述方法的训练样本规模为例，一次样本训练需耗时约 4 h。为评估分类方法效果，通常将数据集涉及的场景定性划分为复杂、中等、简单等类别，一般用下述 4 种情况统计测试数据集上的分类正确与否。

（1）TP：将正类（属于该类的目标）预测为正类（属于该类的目标）数。

（2）TN：将正类（属于该类的目标）预测为负类（非该类目标）数。

（3）FP：将负类（非该类目标）预测为正类（属于该类的目标）数。

（4）FN：将负类（非该类目标）预测为负类（非该类目标）数。

然后，可以通过计算精确率（precision）、召回率（recall）来评价其效果：

$$精确率 = \frac{TP}{TP + FP}$$

$$召回率 = \frac{TP}{TP + FN}$$

第 5 章　语义空间：激光信息语义理解

5.4　本章小结

本章首先介绍了激光雷达目标检测方法，根据输入点云数据的规模和来源，依次介绍了单帧点云、连续多帧点云以及多传感器融合的检测方法。在此基础上，详细介绍了三维目标的数学表达方法和基于分类器的分类策略。针对激光点云目标识别过程中面对的光照天气的难题、尺度和旋转特征不稳定的难题、算法识别准确性与实时性平衡的难题，本章分析了目前主流方法的优缺点，提出了基于毫米波雷达与激光雷达数据融合的动态目标检测方法，通过全局运动补偿降低传感器运动影响，构建静态场景下的背景图，然后引入基于背景建模的混合高斯模型，实现了 200 m 范围内的动态目标检测。

基于检测结果，本章进一步探索了激光点云语义识别方法。激光点云语义分割可以分为基于深度学习的方法和基于传统数学模型的方法。以 PointNet 等为代表的深度学习模型具有较强的学习和表征能力，能够满足复杂场景需求，但其严重依赖训练数据的数量和质量；传统的点云分割方法主要包括使用纯数学模型和几何推理技术的方法以及基于特征描述子匹配的方法，具有模型易解释、耗时短等优点。本章提出的语义模型基于传统的点云分割方法，包括地面滤波、聚类分割等。将动态目标坐标作为区域生长的种子点输入点云分割算法，分割出动态目标的点云集合，然后利用语义模型进行在线识别。同时，该模型可以拓展应用到多种目标类别，如车辆、行人、树木和建筑等，为规划控制模块提供了多类型激光语义目标的实时状态。

激光点云语义理解技术正逐步向多层次结合和多源数据融合方向发展。例如，将原始点云和空间体素结合处理，在保证速度的同时优化不同颗粒度特征。而且，将激光点云与图像、毫米波雷达、遥感数据等信息融合进行环境语义建模被越来越多的研究人员所关注。此外，新型高维空间的卷积神经网络和图神经网络等技术应用于激光点云语义理解也是该领域未来的发展方向之一。

第6章

行为空间：路径规划

在完成全局地图构建获取实时尺度信息、完成多类型目标检测获取实时语义信息的基础上，陆上无人系统执行自主导航任务时，必须综合分析全局信息和实时动态语义要素，搜索出最优或者最适合的路径与策略，并生成相应控制簇，构建自主导航行为空间。本章主要介绍如何融合全局尺度信息和实时语义信息进行路径与策略搜索，即路径规划技术，以及几种常见路径规划方法的原理及应用思路。

路径规划是指在全局地图或局部地图中找到一条能够引导无人平台从起始位姿运动到目标位姿的路径，且该路径能在满足特定约束条件下优化某些评价指标。约束条件通常包括不与障碍物发生碰撞、车辆非完整性约束等，需要优化的评价指标通常包括路径长度、行驶时间、路径平滑度、与障碍物的距离等。路径规划的输入是无人平台的起始位姿、目标位姿和环境地图，其输出是优化后的行驶路径[213]。这里的位姿指位置和姿态，用向量 $\boldsymbol{p}$ 表示无人平台的位姿：

$$\boldsymbol{p} = [x \quad y \quad z \quad \theta_x \quad \theta_y \quad \theta_z]^\mathrm{T} \tag{6.1}$$

式中，(x, y, z)——无人平台的空间坐标；

$\theta_x, \theta_y, \theta_z$——无人平台的横滚角、俯仰角和航向角。

根据无人平台的运动学模型和所处工作环境，可对位姿的定义进行简化。例如，当工作环境为平整路面时，将位姿定义为 $\boldsymbol{p} = [x \quad y \quad \theta_z]^\mathrm{T}$。路径可以表示为无人平台位姿的序列，用 $\boldsymbol{P}$ 表示路径，则

$$\boldsymbol{P} = [\boldsymbol{p}_1 \quad \boldsymbol{p}_2 \quad \cdots \quad \boldsymbol{p}_n]^\mathrm{T} \tag{6.2}$$

$$\mathrm{s.t.} \quad \|\boldsymbol{p}_i - \boldsymbol{p}_{i-1}\| \leq \delta, \quad i = 2, 3, \cdots, n$$

式中，$\boldsymbol{p}_1, \boldsymbol{p}_n$——无人平台的起始位姿和目标位姿；

δ——路径的分辨率。

综上所述，路径规划可以定义为下述有约束条件的最优化问题：

$$\boldsymbol{P}^* = \arg\min_{\boldsymbol{P}\in\mathbb{P}} J(\boldsymbol{P}) \tag{6.3}$$

$$\text{s. t.} \quad h_k(\boldsymbol{P}) = 0, \quad k = 1, 2, \cdots, l$$

$$g_j(\boldsymbol{P}) \leq 0, \quad j = 1, 2, \cdots, m$$

式中，$\mathbb{P}$——无人平台所有行驶路径的集合；

$J(\boldsymbol{P})$——待优化的代价函数，$J(\boldsymbol{P}):\mathbb{P}\to\mathbb{R}$；

$h_k(\boldsymbol{P})$——等式约束的约束函数，$h_k(\boldsymbol{P}):\mathbb{P}\to\mathbb{R}$；

l——等式约束的数目；

$g_j(\boldsymbol{P})$——不等式约束的约束函数，$g_j(\boldsymbol{P}):\mathbb{P}\to\mathbb{R}$；

m——不等式约束的数目；

$\boldsymbol{P}^*$——满足所有约束条件的最优化路径。

路径规划的输入包括代价地图、起始位姿和目标位姿，代价地图的构建和行为决策是路径规划的基础。路径规划方法按规划范围分为全局路径规划和局部路径规划，全局路径规划基于环境的全局静态地图找到抵达目标位姿的全局最优路径，局部路径规划根据传感器实时感知到的局部环境动态信息实时搜索能够跟踪全局路径的局部最优路径。本章将简要介绍代价地图构建、行为决策，以及两类路径规划方法的研究现状和发展趋势。

6.1 代价地图构建

代价地图是量化描述无人平台在不同环境下行驶时可通行程度的关键技术，其表现形式包括占据栅格地图、拓扑地图等，其应用领域或环境包括星球探索[214]、越野环境[215]、城市交通环境[216-217]等。评价代价地图构建算法的性能指标包括所用模型精度[218]、算法实时性[219]等。目前构建代价地图的算法主要分为基于模型、基于随机理论、基于机器学习等类型。

基于模型的算法根据需求建立合适的环境模型，并在此基础上计算无人平台的行驶代价。例如，Ishigami等[220]建立了圆柱形地形模型，将地形划分为若干扇区，离无人平台近的扇区精度较高，这符合激光点云的分布特点,也因此有效提高了行驶代价的计算精度;孙建等[221]建立分层模型,将代价地图分为静态层和动态层,并构建了多区域代价地图,有效提高了无人平台的区域覆盖效率。

基于随机理论的算法建立概率模型表示环境中的不确定因素,并以概率分布表示无人平台的行驶代价。例如,Weilington等[222]基于马尔可夫随机场估算地形高度,有效提高了估算精度。在文献[223]~[225]中,研究者基于随机理论预测无人平台在不同情况下的行驶代价,并在预测过程中充分考虑了传感器感知和无人平台运动控制的不确定性。

基于机器学习的算法利用大量数据训练神经网络模型,使得无人平台在行驶过程中根据训练时学习到的经验构建代价地图。例如,在文献[226]~[229]中,研究者利用有监督学习估算无人平台行驶代价;在文献[230]、[231]中,研究者基于专家系统的设计思想,根据人类驾驶专家在不同环境下的驾驶行为评估不同行驶状态的代价并生成代价地图;Wulfmeier等[232]利用逆强化学习(inverse reinforcement learning,IRL)估算大范围环境代价地图,该算法的优点是无须人工进行数据标签分类,而是让无人平台在与环境进行交互的过程中自主学习。

除了上述三类代价地图构建算法外,地空协同平台构建代价地图也是目前的一个研究热点[233],并有可能成为代价地图构建技术未来的发展趋势。

代价地图构建技术将向着分层化、智能化、协同化方向发展。分层化是指尽可能细化不同类型的行驶代价并进行独立计算;智能化是指根据环境和任务的特点在线自动调节不同类型代价间的权重关系;协同化是指利用地空协同平台协同构建代价地图,利用不同的视角更加准确地描述行驶代价。

6.2 行为决策

行为决策是进行路径规划前的准备工作,它可能决定路径规划的目标点、模式、参数等,是无人平台智能性最集中体现的技术模块,其主要应用领域包括城市交通环境下的自动驾驶汽车[234-235]、工作于人员密集地的移动服务机器人[236]和多智能体协同[237-238]等。目前无人平台的行为决策算法主要分为基于规则、基于统计和基于强化学习等类型。

基于规则的决策算法根据人为设计的规则决定无人平台行驶模型的转变，设计的规则应满足互斥性和穷举性。互斥性确保不会有两条（或更多）规则被同时触发，穷举性保证所有行为模型都能被规则覆盖。例如，在文献［239］、［240］中，研究者基于驾驶员的逻辑思维和交通规则，将无人车的每个行为对应一个状态，并使用有限状态机实现行为决策。

基于统计的决策算法是基于统计学中的相关概念，以数据为驱动进行行为决策。例如，彭刚等[241]基于神经网络和模糊推理设计无人车决策算法，提高了算法的泛化能力；Ulbrich等[242]为了适应城市交通环境下不可避免的传感器噪声，提出了一种两步算法，可降低部分可观察马尔可夫决策过程（partially observable Markov decision processes，POMDP）的复杂度，以实现该环境下的实时决策；Lu等[243]提出了一种不需要模型的数据驱动式决策算法，可降低决策算法对于无人车运动模型和环境模型的依赖性。

基于强化学习的算法首先在无人平台和环境进行交互的过程中不断训练自身模型，然后根据无人平台当前状态和感知到的环境信息进行决策或调节规划参数。例如，在文献［244］、［245］中，研究者利用强化学习求解马尔可夫决策过程，实现了无人平台的智能决策。

行为决策技术将朝着能够处理环境信息不确定性的方向发展，且未来的决策算法应具备较高的鲁棒性，即在无人平台部分传感器失效的情况下仍能做出最合理的决策，以保证行驶安全。

6.3 全局路径规划

全局路径规划是指基于环境全局地图计算全局最优路径（或轨迹），主要决定了无人平台的行驶路线，而非具体行驶动作[246]。目前，无人平台的全局运动规划算法主要分为基于搜索和基于采样等类型。

基于搜索的全局运动规划算法利用Dijkstra[247]、A*[248]、D*[249]等算法寻找最优路径。例如，Likhachev等[250]在多分辨率的状态栅格地图上进行增量式搜索，在大范围复杂环境下实时生成了动力学可行的高速路径；Dolgov等[251]基于无人车的阿克曼转向（Ackerman steering）

模型改进传统 A* 算法的节点扩展和连接方式，并在有路网信息时结合路线规划算法修改启发式代价函数，提出了混合 A* 算法，生成了满足无人车非完整性约束的路径；任晓兵等[252]提出了一种包含两个阶段的 A* 算法（第一阶段利用 Voronoi 图法描述规划空间并使用 A* 算法搜索一条可行路径；第二阶段在该路径周围重建规划空间，缩小搜索范围），整体提高了规划算法的实时性；Algfoor 等[253]为搜索算法中的启发式代价函数添加权重，在牺牲少量规划质量的情况下有效减少了规划耗时。

基于采样的全局路径规划是指基于采样算法建立环境拓扑地图，并寻找可行路径或轨迹[254]。例如，Webb 等[255]将基于采样的路径规划算法与重连接（re-wire）思想结合，提出了 Kinodynamic RRT* 算法，可以生成满足无人车动力学模型的最优路径；Stenning 等[256]在每次规划过程中都利用历史规划时生成的路径和拓扑地图信息，缩短了算法的平均规划耗时；Otte 等[257]提出了一种渐进最优的采样式路径规划算法 RRT^X，该算法在无人车行驶过程中逐渐优化行驶路径；王道威等[258]提出了一种动态步长的快速搜索随机树路径规划算法，可减小传统 RRT 算法的不确定性，改善算法的避障性能。Kingston 等[259]提出了一种隐式流形构型空间，缩短了高维状态空间下的规划耗时；Luna 等[260]提出了一种新的采样式规划算法 XXL，该算法采用全新的采样和节点连接策略，能够生成满足无人车非完整性约束的路径。

全局路径规划技术将朝着高效化、协同化发展。高效化是指提高算法实时性，保证环境发生变化或感知到新环境信息时能够及时完成重规划。协同化是指利用地空协同平台协同感知环境信息进行全局规划，解决大范围复杂环境下地图信息不全面、不准确的问题。

全局路径规划中，全局地图由度量空间中的地图构建模块提供，且相对于大地坐标系静止。全局路径规划需要根据环境变化或新感知环境信息进行重规划，但通常不考虑环境中的动态障碍物。

常见的全局地图有栅格地图、拓扑地图等。栅格地图使用均匀分布的栅格离散化环境地图，并使用代价值表示每个栅格所对应位置的可通行程度，图 6.1（a）所示为一个二维栅格地图示例。拓扑地图是一种抽象地图，使用顶点和边线表示环境中各位置的相对关系，并且每条边线均有代价，如图 6.1（b）所示。常见的全局路径规划方法有基于搜索的方法和基于采样的方法，下面将分别介绍这两类方法。

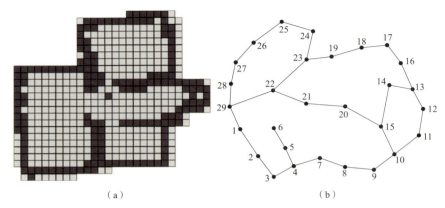

图 6.1　全局地图示例

（a）二维栅格地图示例；（b）拓扑地图示例

6.3.1　基于搜索的方法

基于搜索的方法主要通过搜索环境中的可通行区域，找到一条最优路径。这类方法的优点是完备并且能够找到最优解，缺点是随着环境地图规模和维度的增加，规划耗时会快速增加。这里的完备是指：如果存在可行路径，那么一定可以找到该路径；若找不到可行路径，则说明没有解存在。常见的搜索算法有 Dijkstra、A^* 和 D^* 等。

6.3.1.1　Dijkstra 算法

Dijkstra 算法是一种经典的最优路径搜索算法，用于计算一个节点到其他节点的最优路径。这里的节点是指栅格地图中的栅格或拓扑地图中的顶点。该算法的主要特点是利用广度优先搜索思想，以起始节点为中心向外逐层搜索，一直搜索到目标节点为止。令 $\boldsymbol{n}_s$ 和 $\boldsymbol{n}_g$ 表示起始节点和目标节点，M 表示全局地图，Dijkstra 算法见算法 6.1。

上述算法中的 open 列表 $\mathbb{Q}_0$ 采用优先级队列实现，将节点压入该列表时会根据输入的代价值进行排序，进入该列表的节点就是将被扩展的节点。算法输出的最优路径 $\boldsymbol{P}^*$ 中的元素为全局地图中的节点，因此根据所使用全局地图的种类，$\boldsymbol{P}^*$ 的定义与式（6.2）会有些许差异。传统的 Dijkstra 算法及接下来将要介绍的其他全局路径规划算法通常只考虑二维节点，即位置坐标 x 和 y。6.3.1.3 节将介绍如何将这些路径规划算法推广到更高维度，以考虑更多维度的位姿。

第 6 章 行为空间：路径规划

算法6.1 Dijkstra

输入：$\boldsymbol{n}_\mathrm{s}, \boldsymbol{n}_\mathrm{g}, M$
输出：$\boldsymbol{P}^*$

$found \leftarrow \text{false}; \boldsymbol{P}^* \leftarrow [\,];$ ▷ 初始化最优路径为空
foreach 节点 $\boldsymbol{n} \in M$ **do**
 if $\boldsymbol{n} = \boldsymbol{n}_\mathrm{s}$ **then**
  $d[\boldsymbol{n}] \leftarrow 0;$
 else
  $d[\boldsymbol{n}] \leftarrow +\infty;$ ▷ 初始化从起始节点行驶到其他节点的代价为正无穷
 $\mathbb{Q}_\mathrm{o}.\text{push}(\boldsymbol{n}, d[\boldsymbol{n}]);$ ▷ 将各节点压入 open 列表
while $\mathbb{Q}_\mathrm{o} \neq \varnothing$ **do**
 $\boldsymbol{n} \leftarrow \mathbb{Q}_\mathrm{o}.\text{pop}();$ ▷ 弹出 open 列表中代价最低的节点
 if $\boldsymbol{n} = \boldsymbol{n}_\mathrm{g}$ **then**
  $found \leftarrow \text{true};$ ▷ 搜索到目标节点，即找到最优路径
  break;
 $\mathbb{Q}_\mathrm{c}.\text{push}(\boldsymbol{n});$ ▷ 将已被搜索的节点压入 closed 列表
 foreach $\boldsymbol{n}$ 的邻居节点 $\boldsymbol{n}_\mathrm{n}$ **do**
  if $\boldsymbol{n}_\mathrm{n}$ 被占据或 $\boldsymbol{n}_\mathrm{n} \in \mathbb{Q}_\mathrm{c}$ **then**
   continue   ▷ 该节点被障碍物占据或已被搜索则跳过
  $g \leftarrow d[\boldsymbol{n}] + \text{cost}(\boldsymbol{n}, \boldsymbol{n}_\mathrm{n});$ ▷ $\text{cost}(\boldsymbol{n}, \boldsymbol{n}_\mathrm{n})$ 返回从 $\boldsymbol{n}$ 行驶到 $\boldsymbol{n}_\mathrm{n}$ 的代价
  if $g < d[\boldsymbol{n}_\mathrm{n}]$ **then**
   $\mathbb{Q}_\mathrm{o}.\text{update\_cost}(\boldsymbol{n}_\mathrm{n}, g);$ ▷ 更新 $\boldsymbol{n}_\mathrm{n}$ 的代价为 g
   $d[\boldsymbol{n}_\mathrm{n}] \leftarrow g; p[\boldsymbol{n}_\mathrm{n}] \leftarrow \boldsymbol{n};$ ▷ 更新 $\boldsymbol{n}_\mathrm{n}$ 的父节点为 $\boldsymbol{n}$
if $found = \text{true}$ **then**
 while $\boldsymbol{n} \neq \boldsymbol{n}_\mathrm{s}$ **do**
  $\boldsymbol{P}^*.\text{push}(\boldsymbol{n});$
  $\boldsymbol{n} \leftarrow p[\boldsymbol{n}];$ ▷ 从目标节点回溯到起始节点
 $\boldsymbol{P}^*.\text{push}(\boldsymbol{n}); \boldsymbol{P}^*.\text{reverse}();$ ▷ 将 $\boldsymbol{P}^*$ 中节点逆序

图 6.2 展示了 Dijkstra 算法的搜索过程与所规划路径，其中红色点与绿色点表示 closed 列表 $\mathbb{Q}_\mathrm{c}$ 中的节点，蓝色点表示 open 列表 $\mathbb{Q}_\mathrm{o}$ 中的节点，绿色线段为所规划路径。从图中可以看出，Dijkstra 算法的搜索过程本质上是广度优先的，它并没有充分利用目标点位置信息以加快搜索过程。

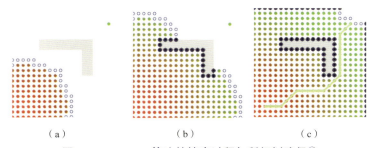

（a）   （b）   （c）

图 6.2 Dijkstra 算法的搜索过程与所规划路径[①]

（a）探索阶段 1；（b）探索阶段 2；（c）探索阶段 3

---

① https://en.wikipedia.org/wiki/Dijkstra's algorithm。

6.3.1.2　A^* 算法

A^* 算法可以看作改进的 Dijkstra 算法。对于所有被搜索的节点，A^* 算法不但记录它们到起始节点的代价，还要估计它们到目标节点的期望代价，因此是一种启发式搜索算法。当存在可行路径时，A^* 算法可以比 Dijkstra 算法更快地找到最优路径。

在 A^* 算法中，用于估计某一节点到目标节点期望代价的函数称为启发式函数，被估计的期望代价称为该节点的启发式代价。当启发式代价总是小于该节点到目标节点的真实代价时，所用启发式函数被认为是可接受的（admissible），此时 A^* 算法可以保证找到最优路径。启发式代价越接近真实代价，A^* 算法找到最优路径的速度就越快。例如，在栅格地图中，可以用无障碍物情况下某一节点到目标节点的欧氏距离作为启发式代价。另外，可以认为 Dijkstra 算法使用的启发式函数总是返回零，因此这也是可将 A^* 算法看作改进的 Dijkstra 算法的原因。将 Dijkstra 算法稍作修改，即可得到 A^* 算法（蓝色表示被修改的部分），见算法 6.2。

算法6.2　A^* 算法

输入：$n_\text{s}, n_\text{g}, M$
输出：P^*
...
foreach 节点 $n \in M$ **do**
　　if $n = n_\text{s}$ **then**
　　　$d[n] \leftarrow 0$;
　　else
　　　$d[n] \leftarrow +\infty$　　　　　　　　　　▷ 初始化从起始节点行驶到其他节点的代价为正无穷
　　$\mathbb{Q}_\text{o}.\text{push}(n, d[n] + h(n))$　　　　　　　▷ $h(n)$ 返回 n 到目标节点的期望代价
while $\mathbb{Q}_\text{o} \neq \emptyset$ **do**
　　...
　　foreach neighbor n_n of n **do**
　　　...
　　　if $g < d[n_\text{n}]$ **then**
　　　　$\mathbb{Q}_\text{o}.\text{update\_cost}(n_\text{n}, g + h(n_\text{n}))$　　　▷ 更新 n_n 的代价为 $g + h(n_\text{n})$
　　　　$d[n_\text{n}] \leftarrow g$;
　　　　$p[n_\text{n}] \leftarrow n$　　　　　　　　　　▷ 更新 n_n 的父节点为 n
...

图 6.3 展示了 A^* 算法的搜索过程与所规划路径，其中红色点和绿色点表示 closed 列表 $\mathbb{Q}_\text{c}$ 中的节点，蓝色点表示 open 列表 $\mathbb{Q}_\text{o}$ 中的节点，绿色线段为所规划路径。从图中可以看出，A^* 算法类似向目标点方向进行深度优先搜索，在遇见凹形障碍物后，搜索耗时会较长，但在搜索范围脱离凹形障碍物后，算法便能快速搜索到目标点。因此，多数情况下，A^* 算法的效率要高于 Dijkstra 算法。

第 6 章　行为空间：路径规划

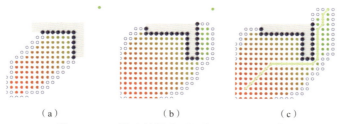

（a）　　　　　　　（b）　　　　　　　（c）

图 6.3　A* 算法的搜索过程与所规划路径①

（a）探索阶段 1；（b）探索阶段 2；（c）探索阶段 3

6.3.1.3　非完整性 A* 算法

对于大多数基于阿克曼转向原理（Ackermann steering geometry）的无人车，上述路径规划算法生成的折线段路径不满足非完整性约束，无法直接跟踪。为了生成满足非完整性约束的路径，搜索算法不仅需要考虑无人车的横纵坐标，还需要考虑平台朝向，并基于无人车的运动学模型连接不同的节点。将上述思路和传统 A* 算法相结合，可以获得非完整性 A* 算法。图 6.4 展示了传统 A* 搜索算法和非完整性 A* 算法的区别[261]。

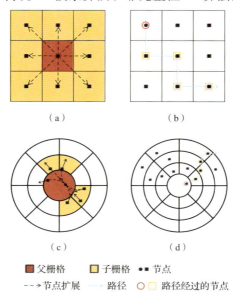

（a）　　　　　　　（b）

（c）　　　　　　　（d）

■ 父栅格　　■ 子栅格　　● 节点
--→ 节点扩展　　→ 路径　　○□ 路径经过的节点

图 6.4　传统 A* 算法与非完整性 A* 算法的区别

（a）传统 A* 算法的节点扩展；（b）传统 A* 算法生成的路径；
（c）非完整性 A* 算法的节点扩展；（d）非完整性 A* 算法生成的路径

---

① https://en.wikipedia.org/wiki/A*_search_algorithm。

225

传统 A* 算法将无人车看作质点且不考虑其转向,搜索时认为无人车仅经过栅格中心,因此其路径是分段线性的折线段,此类路径是无人车后轴中点位置的序列:$[x_i \ y_i]^T, i = 1, 2, \cdots, n$。

非完整性 A* 算法将无人车看作向量,通过预设的控制量(纵向速度、方向盘转角),基于下式生成位姿:

$$\begin{bmatrix} \dot{x} \\ \dot{y} \\ \dot{\theta}_z \end{bmatrix} = \begin{bmatrix} v \cdot \sin \theta_z \\ v \cdot \cos \theta_z \\ (v \cdot \tan \phi)/L \end{bmatrix} \tag{6.4}$$

式(6.4)表示的前轮转向运动学模型的离散状态转移方程为

$$\begin{bmatrix} x_i \\ y_i \\ \phi_i \end{bmatrix} = \begin{bmatrix} x_{i-1} \\ y_{i-1} \\ \phi_{i-1} \end{bmatrix} + \begin{bmatrix} v_{i-1} \cdot dt \cdot \sin \phi_{i-1} \\ v_{i-1} \cdot dt \cdot \cos \phi_{i-1} \\ (v_{i-1} \cdot dt \cdot \tan \theta_{i-1})/L \end{bmatrix}$$

$$\Leftrightarrow s_i = f_T(s_{i-1}, u_{i-1}) \tag{6.5}$$

式中,u_{i-1}——控制向量,$u_{i-1} = [v_{i-1} \ \theta_{i-1}]^T$;

dt——离散化后的时间步长。

搜索开始时,将无人车的初始位姿与其所在栅格关联并放入 open 列表 $\mathbb{Q}_O$,当从 open 列表 $\mathbb{Q}_O$ 中弹出节点时,被弹出节点的子位姿计算如下:

$$\mathbb{C} = \{s_c | s_c = f_T(s_p, u), u \in \mathbb{A}\} \tag{6.6}$$

式中,

$$\mathbb{A} = \{u | u = [v \ \theta]^T, v \in \{-v_u, v_u\}, \theta \in \{-\theta_u, 0, \theta_u\}\} \tag{6.7}$$

s_p——与所弹出节点关联的位姿;

v_u, θ_u——期望平均速度和最大方向盘转角。

基于上述方法生成的子位姿如图 6.4(c)所示。对于每一个 $s_c \in \mathbb{C}$,都会计算其落入的栅格,如果该栅格已经存在于 open 列表 $\mathbb{Q}_O$ 中,且 s_c 的代价值低于原关联位姿的代价值,则对应栅格的关联位姿将被更新为 s_c,且该栅格在 open 列表 $\mathbb{Q}_O$ 中的排序也会根据新代价更新。当两个不同的子位姿落入同一个栅格时(如图 6.4(c)中边框为青色的栅格),该栅格仅与代价较低的子位姿关联。综上所述,非完整性 A* 算法将无人车位姿与栅格关联,避免搜索时只能经过栅格中心,因此其路径满足非完整性约束(图 6.4(d)),此类路径是无人车位姿的序列 $[x_i \ y_i \ \theta_{zi}]^T, i = 1, 2, \cdots, n$。此外,非完整性 A* 算法使用了扇形栅格,此类栅格近处面积小、远处面积大,这与激光点近处密集、远处稀疏的特征一致，因此有助于提高算法的精度和效率。

图 6.5 展示了非完整性 A^* 算法在停车场环境下的应用实例，图中的蓝色矩形表示无人车的行驶路径，可以看出，非完整性 A^* 算法规划的路径高效、平滑，且能引导无人车倒退行驶，完成自主泊车。然而，由于搜索空间多了一个维度（无人车的航向角），因此非完整性 A^* 算法的耗时较长，其实时性有待进一步提升。

图 6.5　非完整性 A^* 算法在停车场环境下的应用实例

6.3.1.4　双相非完整性 A^* 算法

在非完整性 A^* 算法中，根据情况适当增大启发式代价有利于算法更快地找到最优路径。非完整性 A^* 算法的搜索空间是三维的，因此十分耗时。为了提高其效率，本节提出一种启发式权重的在线估计方法，并将该方法与非完整性 A^* 算法相结合，提出双相非完整性 A^* 算法。接下来，将分别介绍应用在线估计启发式权重的基本思路与过程[262]。

启发式权重对于非完整性 A^* 算法的影响如图 6.6 和表 6.1 所示，图中显示了仿真中的两个规划任务，在第一个规划任务中，随着权重 w 从 1.0 增加到 1.3，算法在搜索过程中扩展的节点数显著减少，路径长度略微增长。当无人车行驶了一段时间离终点更近时（第二个规划任务），规划任务变得更简单，此时即使权重 w 为 1.0，算法在搜索过程中扩展的节点数也很少，这种情况下增大权重 w 不会显著减少扩展节点数。综上所述，应该根据规划任务的难易度在线估计合适的启发式权重，寻找规划效率和规划质量间最佳平衡点。

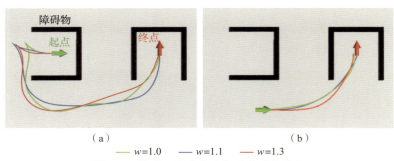

图 6.6 使用不同启发式权重生成的路径

（a）第一个规划任务；（b）第二个规划任务

表 6.1 不同启发式权重的性能比较

权重 w	第一个规划任务		第二个规划任务	
	扩展节点数	路径长度/m	扩展节点数	路径长度/m
1.0（绿）	1 289	13.2	289	6.1
1.1（蓝）	947	13.5	287	6.2
1.3（红）	316	14.6	280	7.2

双相非完整性 A^* 算法的第一阶段是评估规划任务的难易度。为此，首先针对该任务运行传统 A^* 算法，并使用传统 A^* 算法所生成路径的长度 l_p 和扩展的节点数 n_e，以衡量规划任务的难易度，l_p 用于衡量起点到终点的大致距离，n_e 用于衡量障碍物分布的复杂程度。由于传统 A^* 算法的搜索空间是二维的，相对而言其效率较高，因此能够在较短时间内获取规划任务的难易度。

说明：无人车的非完整性约束将在双相非完整性 A^* 算法的第二阶段被考虑。在评估完规划任务的难易度后，将使用模糊推理算法估算启发式权重。

模糊推理算法包括三个步骤：模糊化、模糊推理、去模糊化。模糊规则见表 6.2，其中，ZE、PS、PM、PB、PL、PH 分别表示以下模糊集：零（zero）、正小（positive small）、正中（positive middle）、正大（positive big)、正极大（positive large）、正巨大（positive huge）。

表 6.2　模糊规则

扩展节点数 \ 路径长度	ZE	PS	PM	PB	PL
ZE	PS	PS	PM	PM	PB
PS	PS	PM	PM	PB	PL
PM	PM	PM	PB	PL	PL
PB	PM	PB	PL	PL	PH
PL	PB	PL	PL	PH	PH

模糊化会计算路径长度 l_p 和扩展节点数 n_e 的隶属度（membership degree），l_p 和 n_e 的隶属度分别定义为如下两个向量：

$$\begin{cases} \boldsymbol{\mu}_{l_p} = \begin{bmatrix} f_{ZE}(l_p) & f_{PS}(l_p) & f_{PM}(l_p) & f_{PB}(l_p) & f_{PL}(l_p) \end{bmatrix}^T \\ \boldsymbol{\mu}_{n_e} = \begin{bmatrix} g_{ZE}(n_e) & g_{PS}(n_e) & g_{PM}(n_e) & g_{PB}(n_e) & g_{PL}(n_e) \end{bmatrix}^T \end{cases} \quad (6.8)$$

本节采用 Mamdani 模糊推理法，该算法根据 l_p 和 n_e 的隶属度计算启发式权重 w 的隶属度。w 的隶属度定义为多个梯形区域的并集并用 D 表示，令 $U = \{ZE, PS, PM, PB, PL\}$ 且 u_i 为 U 的第 i 个元素，则模糊推理的过程可被描述为

$$\begin{cases} D_{ij} = \text{trapezoid}(\min(\boldsymbol{\mu}_{l_p}^i, \boldsymbol{\mu}_{n_e}^j), \text{table}(u_i, u_j)) \\ D = \bigcup_{i=1}^{5} \bigcup_{j=1}^{5} D_{ij} \end{cases} \quad (6.9)$$

式中，$\mu_{l_p}^i, \mu_{n_e}^j$——路径长度 l_p 的第 i 个元素和 n_e 的第 j 个元素；

trapezoid(a, b)——返回模糊集 b 中的一个高为 a 的梯形区域；

$\min(\mu_{l_p}^i, \mu_{n_e}^i)$——$\mu_{l_p}^i$、$\mu_{n_e}^i$ 中的较小值；

table(u_i, u_j)——根据模糊规则（表 6.2）返回与 w 相应的模糊集。

l_p、n_e 和 w 的隶属度函数如图 6.7 所示。

图 6.8 中右侧的红色区域显示了 D_{ij} 的例子，Rule#(i, j) 表示表 6.2 中第 i 列第 j 行的模糊规则。图 6.8 底部的红色区域显示了一个 D 的例子，它是上述梯形区域 D_{ij} 的并集。

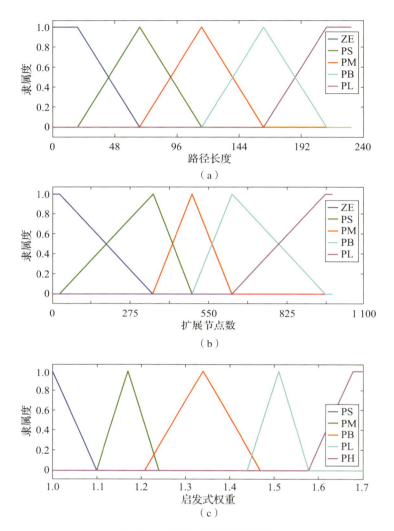

图 6.7　各变量的隶属度函数

（a）l_p 的隶属度函数；（b）n_e 的隶属度函数；（c）w 的隶属度函数

最后，去模糊化根据 w 的隶属度及其隶属度函数（图 6.7（c））计算具体的 w 值，如图 6.8 底部所示，红色区域重心的横坐标即估算的 w 值，其计算方法如下：

$$w = \bar{x} = \frac{\iint_D x \mathrm{d}e}{s_D} \tag{6.10}$$

式中，s_D——区域 D 的面积。

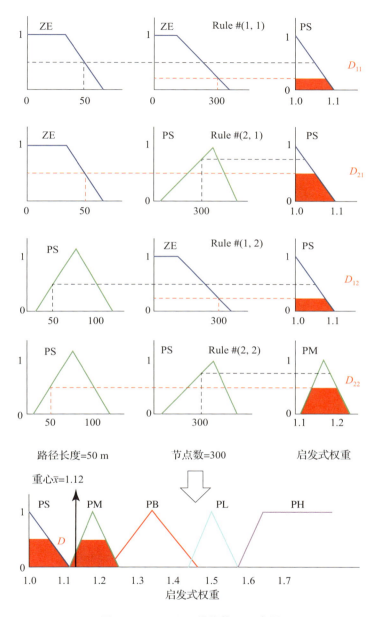

图 6.8 Mamdani 模糊推理示意图

利用上述算法将所有可能的 l_p 和 n_e 转化为 w，即可得到如图 6.9 所示的启发式权重变化平面。双相 A^* 算法的第二阶段为利用估算的 w 运行非完整性 A^* 算法，当无人车远离终点或被很多障碍物阻挡时，双相 A^* 算法的第一阶段会估算一个较大的 w 值,从而加快第二阶段非完整性 A^* 算法的运行速度;当无人车离终点较近或障碍物较少时,双相 A^* 算法的第一阶段会估算一个较小的 w 值,从而保证非完整性 A^* 算法所生成路径的质量。

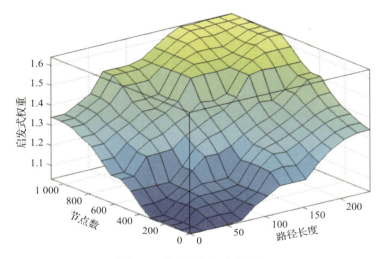

图 6.9　启发式权重变化平面

本节利用不同类型的无人平台进行实验,分别为一辆全地形车和一台室内移动机器人,如图 6.10 所示。全地形车装备了多种传感器,其中 HDL-64E 激光雷达、惯性导航系统和编码器用于构建栅格地图;全地形车配备 i5 2.4 GHz CPU、SLAM 模块,可以为规划模块提供全局占据栅格地图与实时定位信息。室内机器人上用于地图构建的传感器包括一个 Hokuyo UST-10LX 激光雷达和编码器,配备双核 i3 3.7 GHz CPU,可以为路径规划模块提供全局地图与实时定位信息。

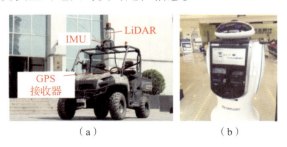

图 6.10　全局运动规划实验中的地面无人平台

(a) 全地形车;(b) 室内机器人

全地形车全局路径规划实验环境如图 6.11（a）~（c）所示；室内机器人全局路径规划实验环境如图 6.11（d）~（f）所示。图 6.12 所示为全地形车（图中的上 3 行）和室内机器人（图中的下 3 行）在不同全局规划算法下的行驶轨迹，它们使用相同的局部规划算法，图中数字表示任务点。与仿真类似，在实验中非完整性 A^* 算法（$w=1.3$）和非完整性 RRT 算法生成的无人车行驶轨迹效率较低，非完整性 A^* 算法（$w=1.0$）和双相非完整性 A^* 算法生成的无人车轨迹较相似，且效率较高。

图 6.11 全局运动规划实验中的真实环境

(a) T 形路口；(b) 环形道路；(c) 野外环境；
(d) 银行大厅；(e) 办公室；(f) 会议室

表 6.3 展示了上述全局规划算法的性能比较结果，当规划任务较难时，无人车会停下并等待重新规划，等待的时间记为 t_s。无人车到达终点所消耗的总时间记为 t_n，其包含 t_s。轨迹的长度记为 l_r，轨迹的归一化平滑度记为 s_r。s_r 使用下式计算：

$$s_r = \left[\sum_{i=1}^{n-1} \left(2\left(\pi - \arccos\left(\frac{a_i^2 + b_i^2 - c_i^2}{2a_i b_i}\right)\right) \middle/ (a_i + b_i) \right)^2 \right]^{-1} \quad (6.11)$$

式中，$a_i = \text{dist}(\boldsymbol{p}_{i-1}, \boldsymbol{p}_i)$，$b_i = \text{dist}(\boldsymbol{p}_{i-1}, \boldsymbol{p}_{i+1})$，$c_i = \text{dist}(\boldsymbol{p}_{i-1}, \boldsymbol{p}_{i+1})$，$\boldsymbol{p}_i$ 为轨迹中的第 i 个位姿，$\text{dist}(\boldsymbol{p}_i, \boldsymbol{p}_j)$ 为 $\boldsymbol{p}_i$ 和 $\boldsymbol{p}_j$ 间的欧氏距离；n 为轨迹中的位姿数量。

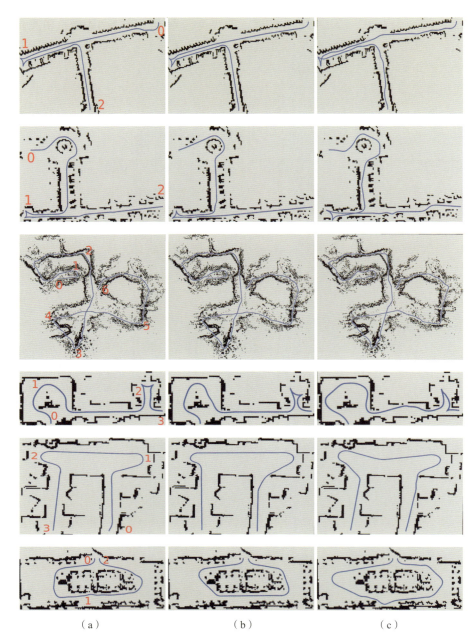

图 6.12 不同全局规划算法在真实环境下生成的轨迹

(a) 双相非完整性 A* 算法（$w=1.3$）；(b) 非完整性 A* 算法（$w=1.0$）；
(c) 非完整性 RRT 算法

表6.3 不同全局路径规划算法在实验中的性能比较（50次仿真数据平均）

算法	t_n/s	t_s/s	l_r/m	s_r
T形路口				
双相非完整性 A*	**62.4 ± 1.9**	**0.69 ± 0.15**	206.8 ± 3.8	0.99 ± 0.05
非完整性 A* ($w=1.0$)	68.5 ± 3.3	6.98 ± 0.62	**205.4 ± 31.1**	**1.00 ± 0.07**
非完整性 RRT	70.3 ± 8.6	2.67 ± 1.55	226.7 ± 9.4	0.68 ± 0.23
环形道路				
双相非完整性 A*	**69.2 ± 2.4**	**0.72 ± 0.17**	235.7 ± 4.2	1.00 ± 0.04
非完整性 A* ($w=1.0$)	76.3 ± 3.6	7.13 ± 0.74	**234.1 ± 3.7**	**0.97 ± 0.06**
非完整性 RRT	78.9 ± 9.7	2.94 ± 1.68	258.6 ± 9.8	0.61 ± 0.29
野外环境				
双相非完整性 A*	**833.7 ± 17.5**	**6.68 ± 1.13**	2 117.3 ± 31.2	**1.00 ± 0.01**
非完整性 A* ($w=1.0$)	889.1 ± 22.6	65.83 ± 7.17	**2 108.5 ± 28.5**	0.99 ± 0.02
非完整性 RRT	886.2 ± 25.9	29.75 ± 9.56	2 131.4 ± 38.6	0.91 ± 0.07
银行大厅				
双相非完整性 A*	**31.1 ± 1.1**	**0.53 ± 0.09**	27.8 ± 1.6	**1.00 ± 0.04**
非完整性 A* ($w=1.0$)	36.4 ± 1.9	6.25 ± 0.44	**27.1 ± 1.4**	0.98 ± 0.03
非完整性 RRT	40.7 ± 5.2	1.96 ± 1.08	33.6 ± 4.1	0.66 ± 0.35
办公室				
双相非完整性 A*	**26.4 ± 0.7**	**0.23 ± 0.04**	21.4 ± 1.3	**1.00 ± 0.02**
非完整性 A* ($w=1.0$)	29.7 ± 1.2	3.85 ± 0.32	**21.2 ± 1.1**	0.99 ± 0.02
非完整性 RRT	32.5 ± 3.8	1.59 ± 0.81	26.8 ± 2.9	0.74 ± 0.22

续表

会议室				
算法	t_n/s	t_s/s	l_r/m	s_r
双相非完整性 A*	**27.8 ± 0.8**	**0.31 ± 0.05**	22.6 ± 1.5	0.98 ± 0.02
非完整性 A* ($w=1.0$)	30.9 ± 1.4	3.96 ± 0.38	**22.3 ± 1.3**	**1.00 ± 0.03**
非完整性 RRT	34.7 ± 4.1	1.64 ± 0.85	28.1 ± 3.4	0.71 ± 0.28

对表 6.3 中的数据进行方差分析可知，双相非完整性 A* 算法的轨迹质量（长度和平滑度）略微差于非完整性 A* 算法（$w=1.0$），但其到达终点的耗时却明显短于非完整性 A* 算法（$w=1.0$）。虽然非完整性 RRT 算法的重规划耗时也很短，但其轨迹较长且平滑度较低，在实际应用中，此类冗余转向过多的轨迹不利于无人车的安全行驶。综上所述，双相非完整性 A* 算法在综合性能方面优于其他被比较的常用全局规划算法。

6.3.2 基于采样的方法

基于采样的方法通过采样构建工作环境的拓扑地图，并基于该拓扑地图找到一条可行路径，其特点是规划效率高，但无法保证解最优，常见的算法有随机路标法、快速搜索随机树等。

6.3.2.1 随机路标法

随机路标法的核心思想是在无人车的状态空间中进行随机采样，然后对样本进行碰撞检测，并利用局部运动规划算法连接相邻样本，当样本数达到预定数量后，拓扑地图构建完成，之后可利用搜索算法在该拓扑地图上寻找可行路径。显然，当样本过少或分布不合理时，随机路标法是不完备的，且很难保证所找路径的最优性，但是只要样本数足够多，就一定能找到可行解，该性质称为概率完备性（probabilistic completeness）。在上述过程中，从初始状态到拓扑地图构建完成的过程称为构建阶段（construction phase），寻找可行路径的过程称为查询阶段（query phase）。令 n 为预定样本数，k 为每个样本的相邻节点数，随机路标法见算法 6.3。

算法 6.3 中，$|V|$ 表示集合 V 中的节点数量，$\overline{ss'}$ 表示连接状态 s 和状态 s' 的无向边。

算法6.3 随机路标法

输入：n, k
输出：拓扑地图 $G = (V, E)$，其中 V 为节点集合，E 为边集合
$V \leftarrow \varnothing$;
$E \leftarrow \varnothing$;
while $|V| < n$ do
 repeat
  $s \leftarrow$ 地面无人平台随机状态;
 until s 无碰撞;
 $V \leftarrow V \cup \{s\}$;
foreach $\overline{s} \in V$ do
 $N_s \leftarrow$ 集合V中状态s的k邻近节点;
 foreach $s' \in N_s$ do
  if $\overline{ss'} \notin E$ 且 $\overline{ss'}$ 无碰撞 then
   $E \leftarrow E \cup \{\overline{ss'}\}$

6.3.2.2 快速搜索随机树

与随机路标法相似，快速搜索随机树也通过采样来构建环境的拓扑地图（构建阶段），并通过搜索算法寻找可行路径（查询阶段），且同样是概率完备的。两者的不同点在于，随机路标法是在完全构建拓扑地图后才开始寻找可行路径，即构建阶段和查询阶段是串行的，而快速搜索随机树中的构建阶段和查询阶段是并行的。令 s_s 为无人车的初始状态，s_g 为目标状态，树生长步长为 d，树随机生长概率为 ϵ，快速搜索随机树算法见算法6.4。

算法6.4 快速搜索随机树

输入：$s_\text{s}, s_\text{g}, d, \epsilon$
输出：拓扑地图 $G = (V, E)$，其中 V 为节点集合，E 为边集合
$V \leftarrow s_\text{s}$;
$E \leftarrow \varnothing$;
while $s_\text{g} \notin V$ do
 生成随机数 e ($e \in [0,1]$);
 if $e \leqslant \epsilon$ then
  repeat
   $s_\text{r} \leftarrow$ 地面无人平台随机状态;   ▷ 朝随机方向生长
  until s_r 无碰撞;
 else
  $s_\text{r} \leftarrow s_\text{g}$ ▷ 朝目标状态方向生长
 $s_\text{n} \leftarrow$ 集合V中状态s_r的最邻近节点;
 $s \leftarrow \text{new\_conf}(s_\text{n}, s_\text{r}, d)$ ▷ 从 s_n 向 s_r 移动距离d，生成状态s
 $V \leftarrow V \cup \{s\}$;
 $E \leftarrow E \cup \{\overline{ss_\text{n}}\}$;

在算法6.4中，当无向边 $\overline{s_n s_r}$ 的长度小于 d 时，函数 new_conf(s_n, s_r, d) 将返回状态 s_r。

6.4 局部路径规划

局部路径规划根据当前环境动态信息实时规划局部轨迹以跟踪全局路径，由于其生成的轨迹（或优化后的轨迹）被直接输入运动控制模块，因此需要考虑无人平台的具体行驶动作，如速度、方向盘转向、与障碍物的距离等。目前无人平台的局部运动规划算法主要分为基于人工势场、基于轨迹簇、基于机器学习等类型。

基于人工势场的局部路径规划算法的基本思想是：构建虚拟力场，目标点和障碍物分别对无人平台产生吸引力和排斥力，最后通过求解合力来控制无人平台的局部运动。这类方法通常容易收敛到局部极小，因此如何避免（或脱离）局部极小点是此类算法的难点。例如，Park 等[263]通过构建虚拟障碍物来帮助无人平台脱离局部极小点；Sheng 等[264]通过改进传统势场函数并设置中间目标点来避免无人平台陷入局部极小点；Rasekhipour 等[265]将人工势场法和模型预测控制相结合，生成了符合无人平台动力学模型的局部轨迹。

基于轨迹簇的局部运动规划算法的基本思想是：生成多条候选轨迹，并根据环境变化实时更新每条轨迹，最后基于代价函数选择其中的最优轨迹。例如，Fox 等[266]提出了一种动态窗口算法，该算法基于无人平台当前运动状态和运动学模型限定控制量采样范围，通过在控制空间采样生成一系列候选轨迹并选择其中的最优轨迹，能够避免无人平台无法跟踪所选轨迹的情况；本团队[267]利用三次埃尔米特样条曲线生成一系列轨迹，基于交通规则代价选择最优轨迹，并基于无人平台运动学模型平滑该轨迹，最后引导无人平台跟踪全局参考路径；Vannoy 等[268]基于进化计算的思想维护候选轨迹簇，并将局部路径规划和运动控制并行化，提出了适用于动态未知环境的 RAMP 算法；McLeod 等[269]对 RAMP 算法进行改进，基于无人平台运动学模型修改候选轨迹簇中路点连接方式，并在此基础上生成了满足无人平台非完整性约束的候选轨迹簇。

基于机器学习的局部路径规划算法的基本思想是：采用端到端学习算法，直接将原始传感器数据映射为无人平台的局部运动轨迹。这类算法不需要无人平台和环境的模型。例如，Ross 等[270]提出了一种基于端到端学习的反应式局部路径规划算法，该算法仅使用一个单目相机即可完成规划；在文献[271]、[272]中，研究者利用卷积神经网络处理相机原始图像，提出了一种基于端到端深度学习的视觉运动策略；Tai 等[273]提出了一种端到端强化学习规划算法，该算法能够在没有地图的情况下引导无人平台平滑行驶，并且能够将仿真中的训练结果应用于真实世界，实现了迁移学习；Park 等[274]使用高斯分布预测人类运动，并在此基础上提出了一种基于学习的意图感知局部规划算法，可提高无人平台在不确定环境下工作的安全性。

局部路径规划技术将朝着高兼容性发展。高兼容性是指局部路径规划生成的轨迹应该是无人平台能够跟踪的，即该轨迹应该符合无人平台的非完整性约束、速度约束、加速度约束等。

为了进一步提高路径质量，部分研究者在局部路径规划后还会对路径进行局部优化。局部路径优化通常需要考虑局部轨迹的平滑度、与障碍物的距离、无人平台的速度和加速度等因素。例如，Zucker 等[275]提出了一种协变哈密顿量局部路径优化算法，能将初始不可行的轨迹优化为低代价轨迹，并保证该轨迹满足特定约束条件；Krüsi 等[276]提出了一种在激光雷达原始三维点云上优化局部轨迹的算法，该算法的优点是不需要建立和维护复杂的环境模型，可减少时间成本和空间成本；Zhang 等[261]提出了一种基于拉格朗日乘数法的局部路径优化算法，且在优化过程中考虑了无人平台的悬架模型，主要适用于崎岖地面轨迹优化；Manchester 等[277]提出了一种隐式接触运动优化算法，其借鉴离散变分力学的思想，极大地提高了优化算法的效率；Guizilini 等[278]提出了一种变分希尔伯特回归的局部路径优化算法，该算法具有很强的鲁棒性和泛化能力；Watterson 等[279]提出了一种基于流形的局部路径优化算法，适用于高维状态空间下的轨迹优化。

局部路径优化技术未来的研究重点是提高算法效率，在短时间内将代价较高的初始轨迹优化为低代价轨迹，以满足无人平台高机动行驶的需求。

6.4.1 非结构化环境下的局部路径规划

在非结构化环境（如野外）和半结构化环境（如停车场）中，来自交通规则的约束较少，但来自地形或障碍物的约束较复杂，并且关于环境的先验信息也较少，这对局部路径规划的避障能力和实时性提出了更高的要求。

实时自适应运动规划器（real-time adaptive motion planner，RAMP）是一种局部动态路径规划算法，主要通过轨迹生成器（trajectory generator）在线维护轨迹簇，每个规划周期内，所有轨迹的代价均由轨迹评估器（trajectory evaluator）计算，轨迹簇中代价最低的轨迹会被发送到运动控制模块。当无人平台沿着当前最优轨迹行驶时，RAMP会基于传感器感知到的环境局部动态信息持续修改轨迹簇，一直持续至终点。由于不可行轨迹（infeasible trajectory）可能因为环境变化成为可行轨迹（feasible trajectory），因此RAMP在轨迹簇中会同时维护可行轨迹和不可行轨迹[280]。

RAMP算法使用不同的代价函数评估可行轨迹和不可行轨迹：

$$\begin{cases} f_{\text{feasible}}(t, \mathrm{d}\theta, d_o) = w_t \dfrac{t}{N_t} + w_{\mathrm{d}\theta} \dfrac{\mathrm{d}\theta}{N_{\mathrm{d}\theta}} + w_{d_o} \dfrac{d_o}{N_{d_o}} \\ f_{\text{infeasible}}(t_c, \mathrm{d}\theta_c) = w_{t_c} \dfrac{t_c}{N_{t_c}} + w_{\mathrm{d}\theta_c} \dfrac{\mathrm{d}\theta_c}{N_{\mathrm{d}\theta_c}} \end{cases} \quad (6.12)$$

式中，$t, \mathrm{d}\theta, d_o$——可行轨迹预估行驶时间、航向变化、与障碍物的距离；

$t_c, \mathrm{d}\theta_c$——不可行轨迹预估与障碍物发生碰撞的时间、航向角变化；

$w_t, w_{\mathrm{d}\theta}, w_{d_o}, w_{t_c}, w_{\mathrm{d}\theta_c}$——对应项的权；

$N_t, N_{\mathrm{d}\theta}, N_{d_o}, N_{t_c}, N_{\mathrm{d}\theta_c}$——对应项的归一化因子。

图6.13展示了RAMP算法优化轨迹簇的过程。在起始时刻，初始化随机轨迹簇；随着优化过程的迭代，各轨迹逐渐实现避障，而后实现平滑。在实际应用中，无须等待RAMP算法将轨迹簇完全优化，可以在行驶过程中逐渐优化并切换到最优轨迹，确保RAMP算法能够满足实时应用的需求。

图6.14展示了RAMP算法在室内移动机器人中的应用实例。实验使用的平台是Turtlebot 2室内移动机器人，环境是一个3.5 m×3.5 m的房

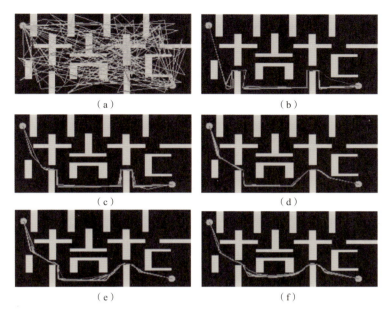

图 6.13　RAMP 算法优化轨迹簇的过程

(a) $t=0$；(b) $t=200$；(c) $t=400$；(d) $t=600$；(e) $t=800$；(f) $t=1\,000$

间。实验测试环境如下：一个空旷环境，其中不存在任何障碍物；一个静态环境，其中仅包含 4 个静态障碍物；一个混合环境，其中包含两个静态障碍物和一个动态障碍物；一个动态环境，其中包含两个动态障碍物。实验中的所有动态障碍物均为其他随机运动的 Turtlebot 2，测试环境如图 6.14 所示。

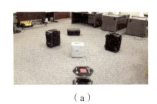

(a)　　　　　　　　　(b)　　　　　　　　　(c)

图 6.14　包含障碍物的实验测试环境

(a) 静态环境；(b) 混合环境；(c) 动态环境

表 6.4 和表 6.5 展示了 Turtlebot 2 行驶过程中各指标的平均值、标准差、置信区间，RAMP 算法能够保证机器人在不同类型环境中行驶时与障碍物保持安全距离。此外，RAMP 算法引导机器人到达终点耗时的标准差较小，这说明 RAMP 算法的计算量稳定性较高。

表 6.4 各指标的平均值和标准差

环境	到达终点耗时/s		与障碍物的距离/m	
	平均值	标准差	平均值	标准差
空旷	20.76	0.77	—	—
静态	29.80	0.84	0.89	0.13
混合	27.05	1.53	0.79	0.38
动态	21.81	1.38	0.56	0.32

表 6.5 各指标的 95% 置信区间

环境	到达终点耗时/s	与障碍物的距离/m
空旷	(20.60, 20.92)	—
静态	(29.63, 29.97)	(0.86, 0.92)
混合	(26.74, 27.36)	(0.71, 0.87)
动态	(21.53, 22.09)	(0.49, 0.63)

6.4.2 结构化环境下的局部路径规划

在结构化环境中，交通规则约束较多，无人平台的行驶速度较快，且需要考虑动态障碍物，因此局部路径规划生成结果应足够平滑。

6.4.2.1 平行曲线簇算法

平行曲线簇算法的核心思想是：基于一条全局参考路径（由地理信息系统根据环境先验信息提供）生成一系列相互平行的路径，并设计代价函数选择最优路径。该算法适用于环境先验信息较完善且障碍物较稀疏的高速局部路径规划。其基本思路是：根据当前道路车道模型，按指定宽度生成一系列平行曲线簇，融合交通规则、驾驶舒适度、避障性能等要素设计一套评价方法，根据该方法从生成的平行曲线簇中选出一条最优曲线作为当前决策引导线，从而实现无人平台的横向行为决策。由于缺乏高精度地图导致全局路网较为粗略，GPS 定位精度较低（平均精度约为 5 m），而且各类感知模块的可靠性参差不齐，因此本方法针对不同场景（或条件）设计了三种道路模型，以增加自动驾驶系统的可靠性。其中，模型 A 根据所

第 6 章 行为空间：路径规划

检车道线在每个车道内生成平行曲线簇，如图 6.15（a）所示；模型 B 根据当前道路路网生成指定宽度范围的平行曲线簇，如图 6.15（b）所示；模型 C 根据当前道路边缘检测结果，在其宽度范围内生成平行曲线簇，如图 6.15（c）所示。不同模型重点依赖的感知结果有所不同，以保证无人平台在某些感知结果错误或失效的情况下仍然可以正常行驶。例如，当车道线检测结果失效或不符合当前道路车道模型时，模型 C 可以保证无人平台在道路范围内按照道路拓扑结构继续行驶。

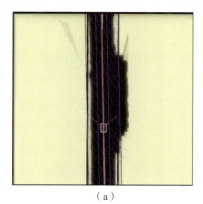

（a）

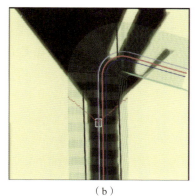

（b）

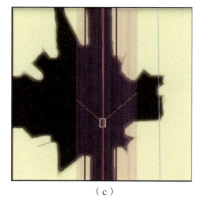

（c）

● 平行曲线簇中每条曲线上所选择的代价计算起始点
— 最终所选引导线
— 全局路网投影曲线
— 所检道路边缘

模型B：
— 模型B所选引导线
— 根据全局路网投影曲线生成的平行曲线簇

模型A：
— 车道模型内所检车道线
— 根据所检车道线在每个车道内生成的平行曲线簇
— 模型A所选引导线

模型C：
— 根据所检道路边缘生成的平行曲线簇
— 模型C所选引导线

图 6.15　三种决策曲线簇道路模型

图 6.16 展示了在 "2016 年中国智能车未来挑战赛"上，笔者所在团队的无人车利用平行曲线簇算法和速度前馈在结构化道路上完成超车的过程，此时的车道线检测结果由于不稳定而被滤除，代价地图中仅显示了障碍物层，最优轨迹为蓝色。图中最前方的车辆为被超车辆，中间的车辆为笔者所在团队的无人车，最后面的车辆为比赛裁判车。当无人车探测到前方约 34 m 处有障碍物时，若该障碍物是静态的，为了能够安全避让，无人车应降速，但前方障碍物是行驶车辆，其速度约为 25 km/h，因此为了完成超车，无人车会利用速度前馈将前方车辆的速度与自身减速后的速度（约为 22 km/h）叠加后作为最终行驶速度（约为 47 km/h），以保证自身与前方车辆的相对速度维持在无人车避让静态障碍物时的速度，安全有效地完成超车。

（a）

（b） （c）

图 6.16 无人车利用平行曲线簇算法和速度前馈超车

（a）测试环境；（b）发现前方车辆；（c）准备超车

| 第 6 章 行为空间：路径规划 |

表 6.6 展示了无人车在平行曲线簇算法和其他局部规划算法引导下行驶的真实轨迹。为了比较不同局部规划算法的性能，同一环境的实验采用相同的全局轨迹，不同局部规划算法性能比较如表 6.7 所示，其中 d_o、t 和 l 分别是无人车真实轨迹与障碍物的最近距离、行驶时间和路程。

表 6.6 平行曲线簇算法和其他局部规划算法的比较实验

环境	平行曲线簇算法	DWA 算法	TEB 算法
环形道路			
直道			
路口			
弯道			

表 6.7 平行曲线簇算法和其他局部规划算法的性能比较

环境	算法	d_o/m	t/s	l/m	轨迹平滑度	平均规划周期/ms
环形道路	平行曲线簇	1.96	19.83	96.57	1.000 0	21.91
	DWA	1.17	25.56	104.28	0.314 7	25.38
	TEB	1.11	19.02	95.14	0.925 6	102.64
直道	平行曲线簇	1.88	11.14	81.71	1.000 0	21.73
	DWA	1.18	13.89	87.15	0.649 3	24.96
	TEB	1.79	11.28	82.33	0.981 4	94.37
路口	平行曲线簇	1.82	14.33	103.14	1.000 0	21.85
	DWA	0.99	18.37	110.85	0.593 5	25.23
	TEB	1.70	14.02	102.33	0.967 7	100.23
弯道	平行曲线簇	1.13	10.56	72.52	0.989 1	21.83
	DWA	1.26	12.95	77.19	0.578 1	25.36
	TEB	1.11	10.91	73.97	1.000 0	100.84

从以上结果可以看出，由于动态窗口法（dynamic window approach，DWA）的规划前瞻较短，无人车在直线行驶过程中容易产生振荡，因此行驶轨迹平滑度较低；而在平行曲线簇算法和 TEB（timed elastic band）算法引导下，无人车的行驶轨迹更加光滑，因此行驶时间和路径也更短。进一步观察发现，平行曲线簇算法和 TEB 算法所引导真实轨迹的各项指标十分接近，但是平行曲线簇算法的平均规划周期短于 TEB 算法。综上所述，平行曲线簇算法的综合性能优于其他算法。

本节提出的方法已在多个无人平台上针对不同场景进行了充分测试，其稳定性已在"中国智能车未来挑战赛"和"跨越险阻"陆上无人系统挑战赛中得到验证。图 6.17 展示了不同的测试路线，主要包括 U–Turn、环形道路、路口、施工区域等常见应用场景，测试过程中需要完成避障、超车、停车等任务。在"2016 年中国智能车未来挑战赛"高速道路比测中，笔者所在团队参赛平台使用本节提出的平行曲线簇算法，在高速道路上的平均速度达 60 km/h，能够完成避障和 U–Turn 等比赛任务，证明了平行曲线簇局部规划算法的实时性和稳定性。

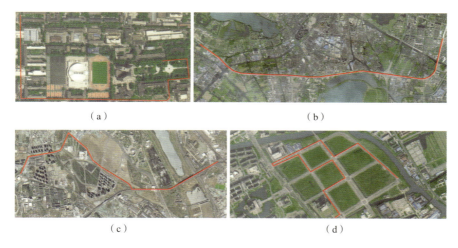

图 6.17 平行曲线簇算法的不同测试路径

(a) 北京理工大学测试路径；(b) "2016 年中国智能车未来挑战赛"高速路径；
(c) 北京园博园测试路径；(d) "2016 年中国智能车未来挑战赛"普通路径

6.4.2.2 样条曲线算法

样条曲线算法的核心思想是：生成一系列样条曲线，引导无人车在避障的同时跟踪全局参考路径，考虑到无人车运动模型，最低应使用三次样条曲线。本节首先介绍三次埃尔米特（Hermite）样条曲线，然后介绍样条曲线簇的生成方法。

一条三次埃尔米特样条曲线由 4 个向量确定，分别是无人车的初始位置 p_0、初始航向 q_0、终止位置 p_1、终止航向 q_1，对应的样条曲线定义为

$$p(t) = h_{00}(t)p_0 + h_{01}(t)p_1 + h_{10}(t)q_0 + h_{11}(t)q_1 \quad (6.13)$$

式中，$h_{00}(t), h_{01}(t), h_{10}(t), h_{11}(t)$ ——埃尔米特基函数（Hermite basis function），它们定义如下：

$$\begin{cases} h_{00}(t) = 2t^3 - 3t^2 + 1 \\ h_{01}(t) = -2t^3 + 3t^2 \\ h_{10}(t) = t^3 - 2t^2 + t \\ h_{11}(t) = t^3 - t^2 \end{cases} \quad (6.14)$$

式中，参数 t 在无人车位于 p_0 时取 0，位于 p_1 时取 1。

为了生成以无人车当前位姿为起始状态的样条曲线簇，需要将 p_0 和 q_0 设置为无人车的初始位置和初始航向，并在全局参考路径上选取多个位

和航向依次作为 p_1 和 q_1。如图 6.18 所示，由近及远按照固定间隔选取终止位置，其中 n 为样条曲线数，它取决于局部运动规划算法的前瞻距离，而前瞻距离又取决于无人车的速度、加速度和算法实时性等，终止航向为对应终止位置处全局参考路径的切线。

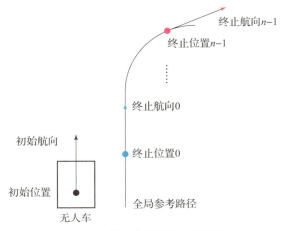

图 6.18 样条曲线簇的参数选取

在所有参数选取完毕后，便可根据式（6.12）生成样条曲线簇，如图 6.19 所示。其中，红色曲线为全局参考路径；红色矩形为无人车；绿色区域为障碍物；白色曲线簇为生成的样条曲线簇；蓝色曲线为样条曲线簇中的最优曲线，该曲线主要由各曲线与障碍物的距离决定。

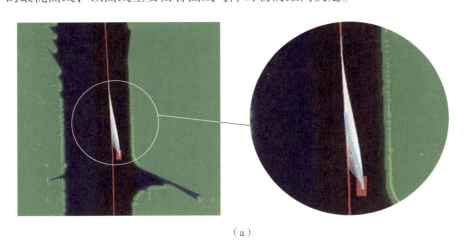

（a）

图 6.19 样条曲线簇示意图
（a）直道

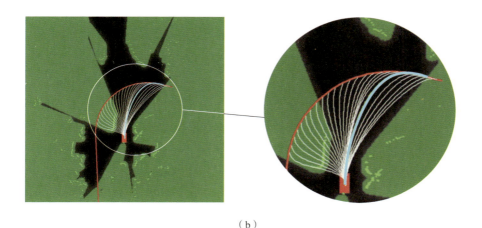

(b)

图 6.19　样条曲线簇示意图（续）

(b) 弯道

6.5　本章小结

本章主要介绍了两类路径规划方法——全局路径规划和局部路径规划，并简述了路径规划前所需准备的工作——代价地图构建和行为决策等步骤。其中，全局路径规划主要通过构建全局通行代价函数在全局地图（通常为静态地图）中搜索出全局最优行驶轨迹；局部路径规划则负责融合全局行驶轨迹、局部环境实时动态信息、无人平台实时运动状态等构建局部代价地图，设计局部通行代价函数并在局部地图中实时搜索局部最优行驶轨迹，从而产生避障、超车、让行、停车等行为。

对于全局路径规划，本章介绍了以 Dijkstra 算法、A^* 算法、非完整性 A^* 算法、双相非完整性 A^* 算法为代表的基于搜索的全局路径规划方法和以随机路标法、快速搜索随机树算法为代表的基于采样的全局路径规划方法，并选取其中的双相非完整性 A^* 算法进行详细介绍。该方法通过对启发式权重在线评估，提高了非完整性 A^* 算法的搜索效率，并在全地形车和室内移动机器人等地面无人平台上完成测试，测试结果表明该算法在轨迹质量上优于非完整性 RRT 算法，但略差于非完整性 A^* 算法，在搜索效率上明显优于其他两种算法。

对于局部路径规划，本章介绍了面向结构化和非结构化环境的基于人工势场、基于轨迹簇和基于机器学习的局部路径规划方法，并着重介绍了基于轨迹簇方法中的平行曲线簇算法：通过设计代价函数，在一系列基于全局参考路径生成的相互平行的轨迹簇中挑选最优轨迹用于执行。该方法被笔者所在团队应用于多届"中国智能车未来挑战赛"，可以实现无人车辆在高速场景以平均 60 km/h 的速度自主行驶并完成避障、超车等任务。此外，在其他多种道路场景（环形道路、直道、路口、弯道等）实验测试中，平行曲线簇算法相较于 DWA 算法和 TEB 算法表现出更好的综合性能：轨迹质量优于 DWA 算法且规划周期短于 TEB 算法。

第7章

行为空间：运动控制

在完成最优（或最合适）路径与策略搜索后，陆上无人系统需要基于平台运动模型设计相应控制器，确保无人平台实时跟踪生成的规划轨迹与策略序列。本章以无人车为例，主要介绍车辆运动模型、模糊控制器设计等相关方法的原理及应用思路。

7.1 车辆模型构建

在了解车辆运动控制算法之前，有必要掌握车辆运动模型基本知识。车辆运动模型是一类能够描述车辆运动规律的数学模型。本节将介绍两个广泛使用的车辆模型，即车辆侧向运动的运动学模型和动力学模型。

7.1.1 运动学模型构建

当运动方程完全基于车辆结构几何关系建立，而不考虑影响运动的受力情况时，所建立的是车辆侧向运动的运动学模型[281]。

车辆的两轮模型如图 7.1[282] 所示。在两轮模型中，左、右前轮由一个位于点 A 的中央前轮（简称"前轮"）代替，左、右后轮由一个位于点 B 的中央后轮（简称"后轮"）代替。前轮、后轮的转角分别用 δ_f 和 δ_r 表示。当只有前轮转向时，后轮转角 δ_r 被置为 0。车辆质心（c.g.）为点 C。从点 C 到点 A、点 B 的距离分别为 l_f 和 l_r。车辆的轴距为 $L = l_f + l_r$。

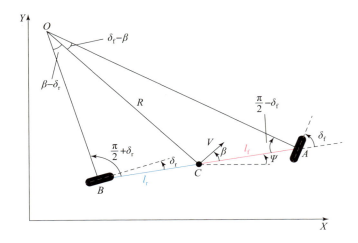

图 7.1 车辆侧向运动的运动学模型

假设车身及其悬架系统是刚性的，车辆做平面运动（即不考虑车辆在 Z 轴方向的运动，只考虑 XY 水平面的运动），需要用三个坐标值（X、Y、ψ）来描述车辆的运动，(X,Y) 为车辆质心位置的惯性坐标，ψ 用于描述车辆的方向。车辆质心处的速度用 V 表示，速度与车辆纵轴成 β 角，β 角称为车辆的滑移角。

在运动学模型的研究中，假设在点 A 和点 B 处的速度矢量分别沿着前、后轮的方向；前轮速度矢量与车辆纵轴间形成了角 δ_f，后轮速度矢量与车辆纵轴间形成了角 δ_r，相当于假设了前后轮上的"滑移角"均为 0，这对低速行驶的车辆是合理假设（例如，车速小于 5 m/s）。

在低速时，车轮产生的侧向力很小。为了在任意半径 R 的环形跑道上行驶，两个车轮的侧向力之和为 mV^2/R，随速度 V 的平方变化，在低速时，侧向力较小。此时，将每个车轮的速度矢量假设为沿着车轮方向是合理的。

点 O 为车辆的瞬时旋转中心，点 O 由垂直于两滚动轮方向的直线 $\overline{AO}$ 和 $\overline{BO}$ 的交点确定。

车辆行驶半径 R 定义为连接质心（点 C）和瞬时旋转中心（点 O）的线段 $\overline{OC}$ 的长度。质心处的车速垂直于 $\overline{OC}$。根据前文定义，由质心处速度方向与车辆纵轴夹角可得滑移角 β，同时可计算出横摆角 ψ，车辆的方向角为 $\gamma = \psi + \beta$。

对 △OCA 用正弦定理：

$$\frac{\sin(\delta_f - \beta)}{l_f} = \frac{\sin\left(\frac{\pi}{2} - \delta_f\right)}{R} \tag{7.1}$$

由式 (7.1) 得

$$\frac{\sin\delta_f \cos\beta - \sin\beta \cos\delta_f}{l_f} = \frac{\cos\delta_f}{R} \tag{7.2}$$

在式 (7.2) 两侧同时乘以 $\dfrac{l_f}{\cos\delta_f}$，可得

$$\tan\delta_f \cos\beta - \sin\beta = \frac{l_f}{R} \tag{7.3}$$

对 △OCB 用正弦定理：

$$\frac{\sin(\beta - \delta_r)}{l_r} = \frac{\sin\left(\frac{\pi}{2} + \delta_r\right)}{R} \tag{7.4}$$

由式 (7.4) 得

$$\frac{\cos\delta_r \sin\beta - \cos\beta \sin\delta_r}{l_r} = \frac{\cos\delta_r}{R} \tag{7.5}$$

在式 (7.5) 两侧同时乘以 $\dfrac{l_r}{\cos\delta_r}$，可得

$$\sin\beta - \tan\delta_r \cos\beta = \frac{l_r}{R} \tag{7.6}$$

将式 (7.3) 和式 (7.6) 相加，得

$$(\tan\delta_f - \tan\delta_r)\cos\beta = \frac{l_f + l_r}{R} \tag{7.7}$$

假设车道半径因车速较低而缓慢变化，则车辆方向变化率 $\dot{\psi}$ 可以近似等于车辆的角速度。由于车辆的角速度为 $\dfrac{V}{R}$，因此有

$$\dot{\psi} = \frac{V}{R} \tag{7.8}$$

可将式 (7.7) 和式 (7.8) 整理为

$$\dot{\psi} = \frac{V\cos\beta}{l_f + l_r}(\tan\delta_f - \tan\delta_r) \tag{7.9}$$

因此，运动的总方程为

$$\begin{cases} \dot{X} = V\cos(\psi + \beta) \\ \dot{Y} = V\sin(\psi + \beta) \\ \dot{\psi} = \dfrac{V\cos\beta}{l_f + l_r}(\tan\delta_f - \tan\delta_r) \end{cases} \quad (7.10)$$

在此模型中有三个输入量——δ_f、δ_r、V。速度 V 为外部变量。滑移角 β 可由式（7.3）乘以 l_r 后减去式（7.6）乘以 l_f 得到，即

$$\beta = \arctan\frac{l_f\tan\delta_r + l_r\tan\delta_f}{l_f + l_r} \quad (7.11)$$

注意：在此模型中，将左、右前轮用一个前轮代替，即假设左、右前轮的转角近似相等，但实际上每个车轮行驶路径的半径不同。

图 7.2 所示为阿克曼转向几何学分析示意图[283]。阿克曼转向几何学（Ackermann turning geometry）是一种为了解决车辆转弯时内外转向轮路径指向不同圆心的几何学。图 7.2 中的 δ_o 和 δ_i 分别表示外侧和内侧的前轮转角，当车辆右转时，右前轮为内侧轮，其转角 δ_i 较左前轮转角 δ_o 更大；l_w 表示车辆的轮距，轴距 $L = l_f + l_r$，且设其小于转向半径 R。当以后轴中心为参考点时，转向半径 R 为图 7.2 中的红色线条所示。此模型中，后轮左、右轮的转角始终为 0°。

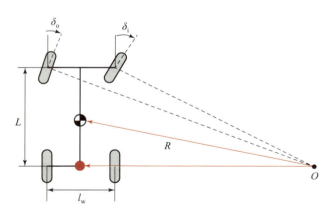

图 7.2　阿克曼转向几何学分析示意图

当滑移角 β 很小且后轮转角为 0° 时，式（7.9）可近似为

$$\frac{\dot{\psi}}{V} \approx \frac{1}{R} = \frac{\delta}{L} \quad (7.12)$$

由于内外侧轮的转向半径不同，因此有

$$\begin{cases} \delta_o = \dfrac{L}{R + \dfrac{l_w}{2}} \\ \delta_i = \dfrac{L}{R - \dfrac{l_w}{2}} \end{cases} \quad (7.13)$$

则前轮平均转角为

$$\delta = \frac{\delta_o + \delta_i}{2} \cong \frac{L}{R} \quad (7.14)$$

内外转角 δ_o 和 δ_i 之间的差值为

$$\Delta\delta = \delta_i - \delta_o = \frac{L}{R^2}l_w = \delta^2 \frac{l_w}{L} \quad (7.15)$$

因此，两个前轮的转角差异 $\Delta\delta$ 与平均转角 δ 的平方成正比，可从转向梯形拉杆的布置获得这类差分转向，如图7.3所示。依据阿克曼转向几何设计的车辆，沿着弯道转弯时，利用四连杆的相等曲柄使内侧轮的转角比外侧轮大2°~4°，使4个轮子路径的圆心大致交汇于后轴的延长线上瞬时转向中心，可使得车辆能顺畅地转弯。

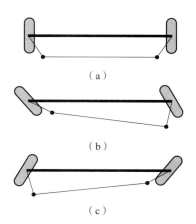

图7.3 梯形拉杆装置差动转向机构
（a）梯形几何；（b）左转；（c）右转

车辆侧向运动的运动学模型的公式总结如表7.1所示。

表 7.1 运动学模型公式总结

符号	物理量	公式
X	系统 X 轴坐标	$\dot{X} = V\cos(\psi+\beta)$
Y	系统 Y 轴坐标	$\dot{Y} = V\sin(\psi+\beta)$
ψ	车身相对系统 X 轴的航向角	$\dot{\psi} = \dfrac{V\cos\beta}{l_\mathrm{f}+l_\mathrm{r}}(\tan\delta_\mathrm{f} - \tan\delta_\mathrm{r})$
β	车辆滑移角	$\beta = \arctan\dfrac{l_\mathrm{f}\tan\delta_\mathrm{r} + l_\mathrm{r}\tan\delta_\mathrm{f}}{l_\mathrm{f}+l_\mathrm{r}}$

以后轴中心为参考点，建立车辆侧向运动学模型，$(X_\mathrm{r}, Y_\mathrm{r})$ 为后轴中心坐标，ψ 为航向角，v_r 为车速，δ_f 为前轮转角，后轮转角 δ_r 恒为 $0°$，ω 为横摆角速度，滑移角 β 极小，假设为 0。当状态量为 $\boldsymbol{\xi} = \begin{bmatrix} X_\mathrm{r} & Y_\mathrm{r} & \psi \end{bmatrix}^\mathrm{T}$，被控量为 $\boldsymbol{u} = \begin{bmatrix} v_\mathrm{r} & \delta_\mathrm{f} \end{bmatrix}^\mathrm{T}$ 时，式（7.10）可转换为如下形式：

$$\begin{bmatrix} \dot{X}_\mathrm{r} \\ \dot{Y}_\mathrm{r} \\ \dot{\psi} \end{bmatrix} = \begin{bmatrix} \cos\psi \\ \sin\psi \\ \dfrac{\tan\delta_\mathrm{f}}{l} \end{bmatrix} v_\mathrm{r} \qquad (7.16)$$

在无人车控制过程中，控制对象一般为 $\boldsymbol{u} = \begin{bmatrix} v_\mathrm{r} & \omega \end{bmatrix}^\mathrm{T}$，则式（7.16）可写为

$$\begin{bmatrix} \dot{X}_\mathrm{r} \\ \dot{Y}_\mathrm{r} \\ \dot{\psi} \end{bmatrix} = \begin{bmatrix} \cos\psi \\ \sin\psi \\ 0 \end{bmatrix} v_\mathrm{r} + \begin{bmatrix} 0 \\ 0 \\ 1 \end{bmatrix} \omega \qquad (7.17)$$

速度 v_r 主要通过刹车、油门、挡位等来控制；横摆角速度 ω 主要通过转动方向盘来控制。

7.1.2 动力学模型构建

在高速行驶时，将每个车轮的速度方向认为是车轮方向的假设将不再成立。在这种情况下，需要研究用于车辆侧向运动分析的动力学模型来替换运动学模型。车辆动力学模型一般用于分析车辆的平顺性和车辆操控的稳定性。研究车辆动力学，主要是研究车轮及其相关部件的受力情况[6,281]。

正常情况下，车辆所受作用力沿三个不同的轴分布，如图7.4所示[284]。

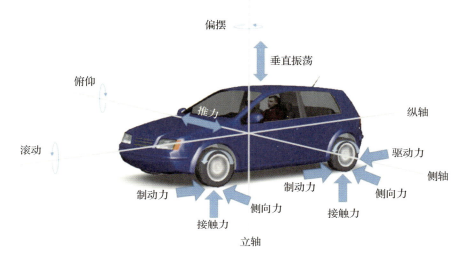

图 7.4 车辆受力模型

（1）纵轴上的力包括驱动力和制动力，以及车轮接触力（包括滚动阻力和拖拽阻力），使车辆绕纵轴做滚摆运动。

（2）侧轴上的力包括转向推力、侧向力（包括离心力和侧风力），使车辆绕侧轴做俯仰运动。

（3）立轴上的力包括车辆垂直振荡施加的力，使车辆绕立轴做偏摆或转向运动。

为构建车辆的动力学模型，作以下假设：

（1）只考虑纯侧偏车轮特性，忽略车轮力的纵横向耦合关系。

（2）用单车模型来描述车辆的运动，不考虑负载的左右转移。

（3）忽略横纵向空气动力学。

（4）车轮侧向力与滑移角成正比（当滑移角较小时成立）。

车辆单车模型如图7.5所示，xoy 为固定于车身的车辆坐标系，XOY 为固定于地面的惯性坐标系。单车模型下车辆具有两个自由度——绕 z 轴的横摆运动、沿 x 轴的纵向运动。横摆运动是指垂直纵轴的运动，出自横向的风力、曲线行驶时的离心力等。纵向运动指沿物体前进方向运动，受总驱动阻力、加速、减速等因素的影响，其中总驱动阻力由滚动阻力、拖拽阻力和坡度阻力等构成。

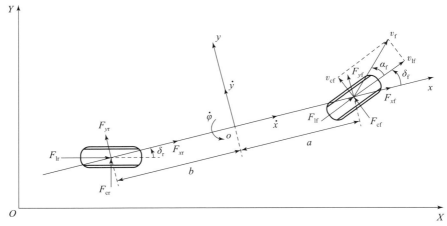

图 7.5 车辆单车模型

图 7.5 中，F_{lf}、F_{lr} 为前、后轮受到的纵向力；F_{cf}、F_{cr} 为前、后轮受到的侧向力；F_{xf}、F_{xr} 为前、后轮受到的 x 方向的力；F_{yf}、F_{yr} 为前、后轮受到的 y 方向的力；a、b 为车辆的前悬、后悬长度；α_f 为前轮滑移角，即车轮运动方向和车轮速度方向的夹角，产生滑移角的主要原因是车轮所受合力方向并非朝向车轮行进方向，滑移角通常较小。

根据牛顿第二定律[285]，分别沿 x 轴、y 轴和 z 轴作受力分析。

在 x 轴方向上：
$$ma_x = F_{xf} + F_{xr} \tag{7.18}$$

在 y 轴方向上：
$$ma_y = F_{yf} + F_{yr} \tag{7.19}$$

在 z 轴方向上：
$$I_z\ddot{\varphi} = aF_{yf} - bF_{yr} \tag{7.20}$$

式中，m——整车质量；

a_x, a_y——纵向加速度、横向加速度；

I_z——车辆绕 z 轴转动的转动惯量。

说明：暂不考虑 x 轴方向的运动（绕纵轴的滚动运动）。

接下来，进行横向动力学分析，参考图 7.6[286]，y 轴方向加速度 a_y 由两部分构成——y 轴方向位移相关的加速度 $\ddot{y}$、向心加速度 $V_x\dot{\varphi}$，即
$$a_y = \ddot{y} + V_x\dot{\varphi} \tag{7.21}$$

则式（7.19）变为
$$m(\ddot{y} + V_x\dot{\varphi}) = F_{yf} + F_{yr} \tag{7.22}$$

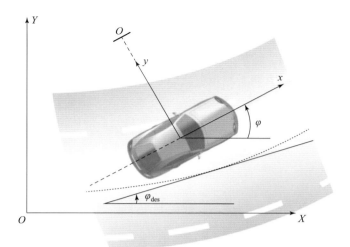

图 7.6　横向动力学模型

由于车轮受到的横向压力，车轮会有一个很小的滑移角，如图 7.7 所示。

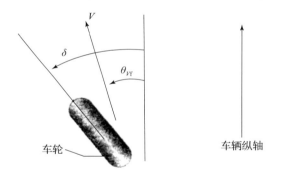

图 7.7　车轮滑移角示意图（以前轮为例）

前轮滑移角为

$$\alpha_f = \delta - \theta_{Vf} \tag{7.23}$$

式中，θ_{Vf}——前轮速度的方向；
δ——前轮转角。

后轮滑移角为

$$\alpha_r = -\theta_{Vr} \tag{7.24}$$

式中，θ_{Vr}——后轮速度的方向。

由此，前轮所受的横向力为（由车轮侧向力与滑移角成正比的假设得到）

$$F_{yf} = 2C_{\alpha f}(\delta - \theta_{Vf}) \tag{7.25}$$

后轮所受的横向力为

$$F_{yr} = 2C_{\alpha r}(-\theta_{Vr}) \tag{7.26}$$

式中，$C_{\alpha f}$，$C_{\alpha r}$——前、后轮的侧偏刚度。

由于车辆前后各有两个车轮，所以求其受力需要乘以2。

θ_{Vf}、θ_{Vr}可用下式计算：

$$\tan\theta_{Vf} = \frac{V_y + l_f \dot{\varphi}}{V_x} \tag{7.27}$$

$$\tan\theta_{Vr} = \frac{V_y - l_r \dot{\varphi}}{V_x} \tag{7.28}$$

根据$\dot{y} = V_y$，式（7.27）和式（7.28）可近似转换为

$$\theta_{Vf} = \frac{\dot{y} + l_f \dot{\varphi}}{V_x} \tag{7.29}$$

$$\theta_{Vr} = \frac{\dot{y} - l_r \dot{\varphi}}{V_x} \tag{7.30}$$

将式（7.23）、式（7.24）、式（7.29）和式（7.30）代入式（7.19）和式（7.20），可得到动力学模型如下：

$$\frac{d}{dt}\begin{bmatrix} y \\ \dot{y} \\ \varphi \\ \dot{\varphi} \end{bmatrix} = \begin{bmatrix} 0 & 1 & 0 & 0 \\ 0 & -\dfrac{2C_{\alpha f}+2C_{\alpha r}}{mV_x} & 0 & -V_x - \dfrac{2C_{\alpha f}l_f - 2C_{\alpha r}l_r}{mV_x} \\ 0 & 0 & 0 & 1 \\ 0 & -\dfrac{2C_{\alpha f}l_f + 2C_{\alpha r}l_r}{I_z V_x} & 0 & -\dfrac{2C_{\alpha f}l_f^2 + 2C_{\alpha r}l_r^2}{I_z V_x} \end{bmatrix} \begin{bmatrix} y \\ \dot{y} \\ \varphi \\ \dot{\varphi} \end{bmatrix} + \begin{bmatrix} 0 \\ \dfrac{2C_{\alpha f}}{m} \\ 0 \\ \dfrac{2l_f C_{\alpha f}}{I_z} \end{bmatrix} \delta$$

$$\tag{7.31}$$

上述横向动力学控制主要通过控制车轮转角实现，而对于驾驶员来说，可直接操控的是方向盘角度。因此，在搭建车辆动力学模型时，可以设置状态变量为相对于道路的方向和距离误差，即方向盘控制模型。

假设：横向误差（即车辆质心距车道中心线的距离）为e_1，航向角误差为e_2，车辆纵向速度为V_x，车辆转弯半径为R。结合图7.4～图7.6可知，车身转过期望角度所需的转角速度为

$$\dot{\varphi}_{des} = \frac{V_x}{R} \tag{7.32}$$

所需的横向加速度为

$$a_{ydes} = \frac{V_x^2}{R} = V_x \dot{\varphi}_{des} \tag{7.33}$$

则横向加速度误差为

$$\ddot{e}_1 = a_y - a_{y\text{des}} = (\ddot{y} + V_x\dot{\varphi}) - \frac{V_x^2}{R} = \ddot{y} + V_x(\dot{\varphi} - \dot{\varphi}_{\text{des}}) \quad (7.34)$$

横向速度误差为

$$\dot{e}_1 = \dot{y} + V_x(\varphi - \varphi_{\text{des}}) \quad (7.35)$$

航向角误差为

$$e_2 = \varphi - \varphi_{\text{des}} \quad (7.36)$$

将式（7.35）和式（7.36）代入式（7.20）和式（7.22），可得

$$m(\ddot{e}_1 + V_x\dot{\varphi}_{\text{des}}) = \dot{e}_1\left(-\frac{2C_{\alpha f}}{V_x} - \frac{2C_{\alpha r}}{V_x}\right) + e_2(2C_{\alpha f} + 2C_{\alpha r}) +$$

$$\dot{e}_2\left(-\frac{2C_{\alpha f}l_f}{V_x} + \frac{2C_{\alpha r}l_r}{V_x}\right) + \dot{\varphi}_{\text{des}}\left(-\frac{2C_{\alpha f}l_f}{V_x} + \frac{2C_{\alpha r}l_r}{V_x}\right) + 2C_{\alpha f}\delta$$

$$(7.37)$$

$$I_z\ddot{e}_2 = 2C_{\alpha f}l_f\delta + \dot{e}_1\left(-\frac{2C_{\alpha f}l_f}{V_x} + \frac{2C_{\alpha r}l_r}{V_x}\right) + e_2(2C_{\alpha f}l_f - 2C_{\alpha r}l_r) +$$

$$\dot{e}_2\left(-\frac{2C_{\alpha f}l_f^2}{V_x} - \frac{2C_{\alpha r}l_r^2}{V_x}\right) - I_z\ddot{\varphi}_{\text{des}} + \dot{\varphi}\left(-\frac{2C_{\alpha f}l_f^2}{V_x} - \frac{2C_{\alpha r}l_r^2}{V_x}\right) \quad (7.38)$$

设控制系统的状态变量为 $\boldsymbol{X} = [e_1 \ \dot{e}_1 \ e_2 \ \dot{e}_2]^T$，即横向误差 e_1、横向速度误差 $\dot{e}_1$、航向角误差 e_2、航向角误差率 $\dot{e}_2$。

综上，可得方向盘控制的动力学模型：

$$\frac{\mathrm{d}}{\mathrm{d}t}\begin{bmatrix} e_1 \\ \dot{e}_1 \\ e_2 \\ \dot{e}_2 \end{bmatrix} = \begin{bmatrix} 0 & 1 & 0 & 0 \\ 0 & -\dfrac{2C_{\alpha f} + 2C_{\alpha r}}{mV_x} & \dfrac{2C_{\alpha f} + 2C_{\alpha r}}{m} & \dfrac{-2C_{\alpha f}l_f + 2C_{\alpha r}l_r}{mV_x} \\ 0 & 0 & 0 & 1 \\ 0 & -\dfrac{2C_{\alpha f}l_f - 2C_{\alpha r}l_r}{I_zV_x} & \dfrac{2C_{\alpha f}l_f - 2C_{\alpha r}l_r}{I_z} & -\dfrac{2C_{\alpha f}l_f^2 + 2C_{\alpha r}l_r^2}{I_zV_x} \end{bmatrix}\begin{bmatrix} e_1 \\ \dot{e}_1 \\ e_2 \\ \dot{e}_2 \end{bmatrix} +$$

$$\begin{bmatrix} 0 \\ \dfrac{2C_{\alpha f}}{m} \\ 0 \\ \dfrac{2C_{\alpha f}l_f}{I_z} \end{bmatrix}\delta + \begin{bmatrix} 0 \\ -\dfrac{2C_{\alpha f}l_f - 2C_{\alpha r}l_r}{mV_x} - V_x \\ 0 \\ -\dfrac{2C_{\alpha f}l_f^2 + 2C_{\alpha r}l_r^2}{I_zV_x} \end{bmatrix}\dot{\varphi}_{\text{des}} \quad (7.39)$$

图 7.8 所示为横向误差计算示意图。

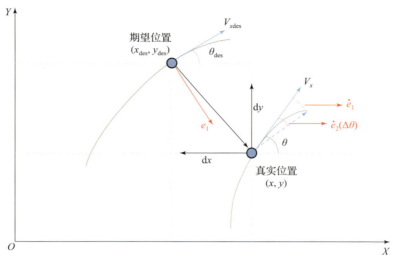

图 7.8　横向误差计算示意图

横向误差的表达式为

$$\begin{cases} e_1 = \mathrm{d}y \cdot \cos\theta_{\mathrm{des}} - \mathrm{d}x \cdot \sin\theta_{\mathrm{des}} \\ \dot{e}_1 = V_x \cdot \sin\Delta\theta = V_x \cdot \sin e_2 \\ e_2 = \theta - \dot{\theta}_{\mathrm{des}} \\ \dot{e}_2 = \dot{\theta} - \dot{\theta}_{\mathrm{des}} \end{cases} \tag{7.40}$$

式中，$\dot{\theta}$ ——车辆转角速度，可由车身传感器测得；

$\dot{\theta}_{\mathrm{des}}$ ——期望车辆转角速度。

说明：当滑移角较大时，车轮侧向力正比于滑移角的假设不再成立。在这种情况下，车轮侧向力的大小取决于滑移角、车轮法向载荷 F_z、车轮–路面摩擦系数 μ，以及同时产生的车轮纵向力的大小。建立更完整的动力学模型需要考虑到所有这些变量的影响。在滑移角较大时，动力学模型将不再是线性的。

7.2　路径跟踪与控制

运动控制系统的主要任务是保证无人平台能够安全、平稳地沿着路径规划得出的局部参考轨迹行驶，并在保证安全的前提下使车速尽量接近规划系统给出的参考车速。运动控制系统主要分为横向控制和纵向控制两部分,是保证无人平台行驶安全性和稳定性的重要一环。本节将介绍一种基于多个模糊推理机的方向盘控制器。其中,车辆横向误差和航向角误差的估计不再局限于单一的预瞄距离,而是综合考虑了待跟踪轨迹上的所有点。在方向盘控制器的每个模糊推理机中,实际车辆行驶速度被直接作为推理机的输入,以实现不同车速下的稳定横向控制(包括简单给定轨迹下的稳定高速行驶和复杂给定轨迹下的精确控制)。最后,基于李雅普诺夫稳定性理论及车辆非线性运动学模型进行控制系统的稳定性分析[287-288]。

7.2.1 运动控制问题描述

车辆运动学模型如图 7.9 所示。其中,X 轴正方向为正东;Y 轴正方向为正北;$P_0(X_0,Y_0)$ 是车辆的后轴中点;$P_1(X_1,Y_1)$ 是车辆的前轴中点;L 是车辆的轴距;φ 表示车辆的航向角;θ 为前轮转角。

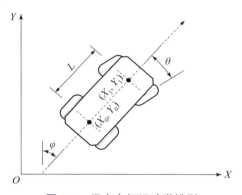

图 7.9　无人车辆运动学模型

无人车动态运动过程可以通过以下状态变量 (X_0,Y_0,φ) 或 (X_1,Y_1,φ) 进行描述。因此,可以给出车辆的运动学模型[289]如下:

$$\begin{bmatrix} \dot{X}_0 \\ \dot{Y}_0 \\ \dot{X}_1 \\ \dot{Y}_1 \\ \dot{\varphi} \end{bmatrix} = \begin{bmatrix} v\sin\varphi \\ v\cos\varphi \\ v\sin(\varphi+\theta) \\ v\cos(\varphi+\theta) \\ \dfrac{v\tan\theta}{L} \end{bmatrix} \qquad (7.41)$$

式中,v——车辆的纵向速率。

车辆运动控制的目的是使车辆沿着由路径规划系统给出的局部参考轨迹行驶。局部参考轨迹在车体坐标系 $x-y$ 内定义。$x-y$ 坐标系为直角坐标系，其坐标原点为车辆后轴中点，y 轴正方向为车辆正前方，如图 7.10 所示。

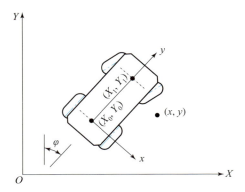

图 7.10　大地坐标系与车体局部坐标系

任意点在车体坐标系和大地坐标系间的转换关系如下：

$$\begin{bmatrix} x \\ y \end{bmatrix} = \boldsymbol{R} \begin{bmatrix} X \\ Y \end{bmatrix} + \boldsymbol{T} \tag{7.42}$$

式中，

$$\begin{cases} \boldsymbol{R} = \begin{bmatrix} \cos(-\varphi) & \sin(-\varphi) \\ -\sin(-\varphi) & \cos(-\varphi) \end{bmatrix} \\ \boldsymbol{T} = -\boldsymbol{R} \begin{bmatrix} X_0 \\ Y_0 \end{bmatrix} \end{cases} \tag{7.43}$$

局部参考轨迹由一组有序点列进行描述，在局部坐标系下定义点列中每个点的坐标为 (x_i, y_i)。将点列 $\mathcal{L}$ 定义为

$$\mathcal{L} = \{(x_i, y_i) \mid i \in I\} \tag{7.44}$$

式中，I——局部参考轨迹上点的序号集，$I = \{0, 1, 2, \cdots, n\}$。

7.2.2　局部参考轨迹特征分析

无人车运动控制系统需要对局部参考轨迹进行预处理，以获取运动控制过程中所需的特征变量。从参考轨迹数据中提取的特征变量包括车辆横向误差、航向角误差以及距弯道距离。

7.2.2.1 车辆匹配点

车辆匹配点是指车辆当前所在的局部参考轨迹上的匹配点,表示为 $P_{\text{now}}(x_{\text{now}}, y_{\text{now}}) \in \mathcal{L}$。车辆匹配点需要满足以下两个条件:

(1) 参考轨迹在车辆匹配点处的曲线方向与车辆当前曲线方向匹配。

(2) 车辆匹配点与车辆实际位置间的距离最小。

具体来说,对于航向匹配条件,车辆当前实际航向与参考轨迹在车辆匹配点处的切线方向的夹角应小于阈值 T_{hd}。所有满足航向匹配条件的点序号集为

$$I_A = \left\{ i \,\Big|\, \left| \arctan \frac{x_{i+1} - x_i}{y_{i+1} - y_i} \right| < T_{\text{hd}}, i \in I \right\} \quad (7.45)$$

说明: 由于 y 轴的正方向定义为车辆正前方,车辆当前实际航向与参考轨迹在车辆匹配点处的切线方向的夹角始终为 $0°$。

对于距离最小条件,车辆当前位置与参考轨迹上车辆匹配点间的距离应在所有满足航向匹配条件的点中取得最小值,即

$$N_{\text{now}} = \arg\min_{i \in I_A} \sqrt{x_i^2 + y_i^2} \quad (7.46)$$

式中,N_{now}——车辆匹配点。

7.2.2.2 位置误差预瞄点、航向角误差预瞄点和入弯点

为了计算横向误差、航向角误差和距弯道距离,首先需要确定这些量在参考轨迹 $\mathcal{L}$ 上的主要预瞄点。

横向误差预瞄点 $P_{\text{pos}}(x_{\text{pos}}, y_{\text{pos}})$ 和航向角误差预瞄点 $P_{\text{ang}}(x_{\text{ang}}, y_{\text{ang}})$ 定义为在局部参考轨迹上具有特定预瞄距离的点。将 P_{pos} 和 P_{ang} 的预瞄距离分别表示为 d_p 和 d_a。这两个预瞄点需要满足下式:

$$\begin{cases} N_{\text{pos}} = \arg\min_{i^* \in I} \left| \sum_{i = N_{\text{now}}}^{i^*} \sqrt{(x_{i+1} - x_i)^2 + (y_{i+1} - y_i)^2} - d_p \right| \\ N_{\text{ang}} = \arg\min_{i^* \in I} \left| \sum_{i = N_{\text{now}}}^{i^*} \sqrt{(x_{i+1} - x_i)^2 + (y_{i+1} - y_i)^2} - d_a \right| \end{cases} \quad (7.47)$$

式中,$N_{\text{pos}}, N_{\text{ang}}$——横向误差点 P_{pos} 和航向角误差点 P_{ang} 在局部参考轨迹上的序号。

预瞄距离 d_p 和 d_a 对无人车轨迹跟踪性能具有很大影响,且适合用于估计横向误差和航向角误差的预瞄距离并不相同。具体来说,针对横向误

差,过小的预瞄距离会放大参考轨迹上的噪声,并对控制的平顺性产生负面影响;过大的预瞄距离会在估计位置误差的过程中产生较大误差,尤其是在转弯半径较小的情况下。另外,针对航向角误差,过小的预瞄距离会导致过低的系统阻尼、大超调,并会影响系统稳定性[290];而过大的预瞄距离会降低跟踪精度并在弯道处偏向弯道内侧,产生类似切弯的效果。

入弯点是指参考轨迹上车辆前方第一个航向发生较大变化的点。在搜索入弯点的过程中,定义航向变化阈值为 T_{angle}。入弯点 P_{far} 需要满足:

$$\begin{cases} I_{\text{f}} = \left\{ i \ \Big| \ \left| \arctan \dfrac{x_{i+10} - x_i}{y_{i+10} - y_i} - \arctan \dfrac{x_i - x_{i-10}}{y_i - y_{i-10}} \right| > T_{\text{angle}}, i \in I \right\} \\ N_{\text{far}} = \arg \min_{i \in I_{\text{f}}} i \end{cases} \quad (7.48)$$

式中,N_{far}——入弯点 P_{far} 在局部参考轨迹上的序号。

式(7.48)中的序号"10"表示用间隔为10的点来计算拐角。间隔过大或过小都会在实际自主驾驶中出现问题。如果间隔太小,则计算出的拐角会对参考轨迹中的微小噪声十分敏感;如果间隔太大,则计算出的拐角无法反映轨迹的真实情况,尤其是在急弯处。

7.2.2.3 横向误差、航向角误差和入弯距离的估计

横向误差为车辆与局部参考轨迹间的横向距离,表示为 E_{pos}:

$$E_{\text{pos}} = \frac{1}{N_{\text{pos}} - N_{\text{now}}} \sum_{i=N_{\text{now}}}^{N_{\text{pos}}} x_i \quad (7.49)$$

航向角误差为车辆实际航向与局部参考轨迹航向间的夹角,表示为 E_{ang}:

$$E_{\text{ang}} = \sum_{i=N_{\text{now}}}^{n} f(i) \arctan \frac{x_i - x_{\text{now}}}{y_i - y_{\text{now}}} \quad (7.50)$$

式中,n——轨迹上的点数;

$f(\cdot)$ 定义如下:

$$f(i) = \frac{1}{\sigma \sqrt{2\pi}} \exp\left(-\frac{i - N_{\text{ang}}}{2\sigma^2} \right), \sigma^2 = 0.25 \quad (7.51)$$

式(7.50)在估计航向角误差时不仅使用了点 P_{ang},而且使用了点 P_{ang} 周围的若干点,这样估计出的航向角误差 E_{ang} 很难被参考轨迹上个别点的噪声干扰;式中使用正态分布的权重因子 $f(i)$ 来保证距离 P_{ang} 较近的点具有较高权重。式(7.51)中 σ 的值根据无人车决策系统的特点来确定。如果决策系统产生的参考轨迹始终具有较高质量且平滑,那么 σ 的取值可以相对较小;否则,为了保持车辆控制的平顺性,σ 的取值需要相对较大。

入弯点距离 D_{far} 定义为车辆在进入弯道前能够行驶的距离，主要用于帮助车辆在进入急弯前提前减速。D_{far} 可由下式得出：

$$D_{\text{far}} = \sum_{i=N_{\text{now}}}^{N_{\text{far}}} \sqrt{(x_{i+1} - x_i)^2 + (y_{i+1} - y_i)^2} \qquad (7.52)$$

局部参考轨迹的分析结果如图 7.11 所示，其中蓝色矩形表示无人车的当前位置，红色点表示车辆匹配点 P_{now}，蓝色点表示横向误差预瞄点 P_{pos}，绿色点表示航向角误差预瞄点 P_{ang}，紫色点表示入弯点 P_{far}。

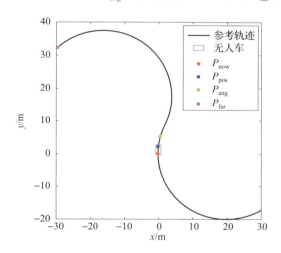

图 7.11　局部参考轨迹的分析结果

7.2.3　控制器设计

7.2.3.1　基于模糊逻辑的转向控制

由于无人车的横向误差和航向角误差具有不同的动态模型，本节设计了两个基于模糊逻辑的控制器，分别对应横向误差和航向角误差。最终的方向盘给定转角由两个控制器的输出加权叠加得出。由于在不同车速下，相同方向盘转角所带来的影响区别很大，所以在设计控制器时需要对车速带来的影响加以考虑。例如，车速的大小会影响车辆的航向角变化率，当车速较高时，需要用更小的方向盘转角来控制同样的航向角误差和横向误差；车速的正负会影响横向控制逻辑，当车辆倒车时，为了应对相同的航向角误差，方向盘转角需要与前进时相反，应对相同横向误差时则不需要。

1. 模糊子集与隶属度函数

转向控制器有 3 个输入量（v, E_{ang}, E_{pos}）和 2 个输出量（$\theta_{ang}, \theta_{pos}$）。每个输入量（或输出量）都在相应的模糊域中被划分为 5 个模糊子集。本算法中采用三角形隶属度函数来计算这 5 个变量的隶属度，如图 7.12 所示，其中 θ_{ang}、θ_{pos} 共用同一套隶属度函数，均用方向盘转角 θ 表示。

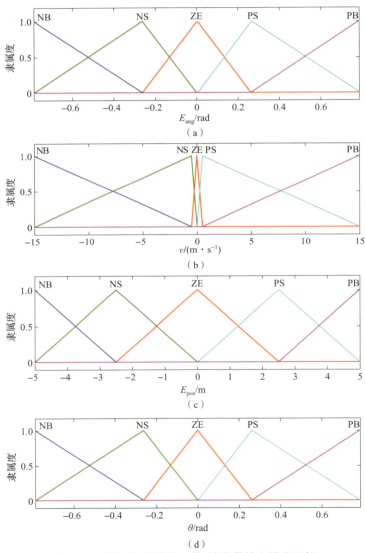

图 7.12 转向控制器输入量/输出量的隶属度函数

（a）航向角误差 E_{ang}；（b）车速 v；（c）横向误差 E_{pos}；（d）方向盘转角 θ

由于车辆横向运动具有对称性,因此将转向控制器相关的隶属度函数设计为关于 0 对称。在航向角误差和方向盘转角的隶属度函数中,模糊子集在 0 附近分布得较密集,用于实现直道上更精确的控制。在车速的隶属度函数中,中间三个模糊子集都集中在 0 附近,以实现车辆在切换前进和倒车时的挡位换向控制。

2. 设计模糊推理机

为了保证控制的实时性,需要减少模糊规则的数量。本算法中设计了两组 2 输入 1 输出的模糊规则库,以分别实现横向误差 E_{ang} 和航向角误差 E_{pos} 的控制,如表 7.2 和表 7.3 所示。模糊规则的总数为 $5^2+5^2=50$;与之相对,如果直接设计 3 输入的模糊规则库,模糊规则的数量将为 $5^3=125$。本算法使用重心法反模糊并得到控制量 θ_{ang} 和 θ_{pos}。其中,E_{ang} 的模糊规则库关于车速 v 逆对称,但 E_{pos} 的模糊规则库则关于车速 v 正对称,如图 7.13 所示。

表 7.2　E_{ang} 的模糊规则库

θ_{ang} \ E_{ang} \\ v	NB	NS	ZE	PS	PB
NB	PB	ZE	ZE	ZE	NS
NS	PB	PS	ZE	NS	NB
ZE	ZE	ZE	ZE	ZE	ZE
PS	NB	NS	ZE	PS	PB
PB	NS	ZE	ZE	ZE	PS

表 7.3　E_{pos} 的模糊规则库

θ_{pos} \ E_{pos} \\ v	NB	NS	ZE	PS	PB
NB	NS	ZE	ZE	ZE	PS
NS	NB	NS	ZE	PS	PB
ZE	NB	NS	ZE	PS	PB
PS	NB	NS	ZE	PS	PB
PB	NS	ZE	ZE	ZE	PS

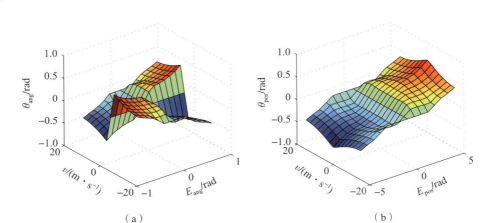

图 7.13 模糊规则库的输出曲面

(a) E_{ang} 输出曲面；(b) E_{pos} 输出曲面

通过式 (7.41) 可以很容易地理解 E_{ang} 模糊规则库的对称性。为了解释 E_{pos} 规则库的对称性，可以在车辆的横向运动学模型上添加一个虚拟轴，如图 7.14 所示。

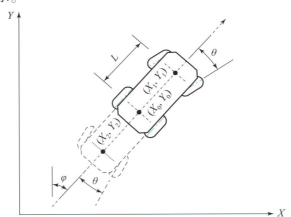

图 7.14 倒车时的虚拟轴和轴的中点

图 7.14 中，(X_2, Y_2) 是虚拟轴的中点：

$$\begin{cases} \dot{X}_2 = v\sin(\varphi - \theta) \\ \dot{Y}_2 = v\cos(\varphi - \theta) \end{cases} \quad (7.53)$$

假设车辆行驶中不发生侧滑，则倒车控制可以等效地看作以虚拟轴作为车辆前轴的前进控制，而式 (7.41) 和式 (7.53) 中 θ 的符号变化抵消了 v 的符号变化，因此 E_{pos} 的模糊规则库关于 v 对称。

第7章 行为空间：运动控制

接下来，计算方向盘转角。为了将横向误差和航向角误差进行合理求和，本控制器中设计了权重函数来对 θ_{ang} 和 θ_{pos} 进行加权求和，并得出方向盘角度控制量 θ。权重函数由下式给出：

$$\theta = \eta \theta_{\text{ang}} + (1 - \eta) \theta_{\text{pos}}, \quad 0 < \eta \leq 1 \tag{7.54}$$

式中，η——权重，表示 θ_{ang} 和 θ_{pos} 的重要程度，也表示车辆控制对横向误差 E_{pos} 和航向角误差 E_{ang} 的敏感程度。

权重 η 的选择会显著影响车辆的横向控制性能。当 η 选取得较大时，由于参考轨迹中点的位置数据中的噪声很难体现在航向角误差中，因此可以避免很多不必要的急转或方向盘抖动，系统会更加平顺。然而，参考轨迹的跟踪精度会有一定程度的降低，而这在一些需要较高控制精度的任务中是不可接受的，如泊车、避障。与之相对，较小的 η 会提高跟踪精度，但对横向位置误差的过于敏感会影响车辆在高速行驶过程中的稳定性。为了解决这些问题，本控制器中设计了对权重 η 的动态调整策略，使得在各种不同的任务中都会得到较好的性能。在对 η 的调整过程中，主要考虑局部参考轨迹的平滑性。

为了评估参考轨迹的平滑性，首先通过最小二乘法得出参考轨迹的拟合曲线，将其表示为 $\mathcal{G}$，进而评估车辆前方参考轨迹的平滑性。考虑到拟合曲线的精确性和运算复杂性，假设拟合曲线 $\mathcal{G}$ 为二次曲线：

$$x = a_0 + a_1 y + a_2 y^2 \tag{7.55}$$

在进行最小二乘计算过程中，只考虑参考轨迹上在车辆前方的点，将这些点的集合表示为

$$I_{\text{ls}} = \{(x_i, y_i) \mid N_{\text{now}} \leq i \leq N_{\text{far}}\} \tag{7.56}$$

系数矩阵 A 可以通过下式得到：

$$A = (P^{\text{T}} P)^{-1} P^{\text{T}} X \tag{7.57}$$

式中，

$$A = \begin{bmatrix} a_0 \\ a_1 \\ a_2 \end{bmatrix}, \quad P = \begin{bmatrix} 1 & y_{\text{now}} & y_{\text{now}}^2 \\ 1 & y_{\text{now}+1} & y_{\text{now}+1}^2 \\ \vdots & \vdots & \vdots \\ 1 & y_{\text{far}} & y_{\text{far}}^2 \end{bmatrix}, \quad X = \begin{bmatrix} x_{\text{now}} \\ x_{\text{now}+1} \\ \vdots \\ x_{\text{far}} \end{bmatrix} \tag{7.58}$$

将每个点 $(x_i, x_y) \in \mathcal{L}$ 在拟合曲线 $\mathcal{G}$ 上的对应点表示为 g_i，并由下式给出：

$$g_i = (a_0 + a_1 y_i + a_2 y_i^2, y_i), \quad N_{\text{now}} \leq i \leq N_{\text{far}} \tag{7.59}$$

参考轨迹平滑度的评估函数为

$$E = \frac{1}{1 + \sum_{i=N_{\text{now}}}^{N_{\text{far}}} |x_i - (a_0 + a_1 y_i + a_2 y_i^2)|} \quad (7.60)$$

式中，$E \in (0,1)$。参考轨迹越平滑，E 的取值就越大。

η 可以基于 E 进行调整：

$$\eta = 0.25 + 0.5E \quad (7.61)$$

7.2.3.2 纵向参考速度生成策略

调整车速的目的是保证无人车的稳定性和安全性，同时能够对车辆侧向加速度加以限制，从而防止侧滑或侧翻。因此，车辆的转弯半径是给定行驶速度时需要考虑的主要因素。考虑到车辆速度控制的大惯性，提前加速或减速是十分有必要的。另外，当车辆的最小转弯半径无法满足参考轨迹上的急弯时，则需要将车速调整至倒车来满足跟踪精度。因此，在纵向参考速度生成策略中，主要考虑弯道距离 D_{far} 和航向角误差的绝对值 $|E_{\text{ang}}|$，其中 D_{far} 主要用于提前加减速，$|E_{\text{ang}}|$ 可表征车辆的瞬时转弯半径。

本算法使用模糊推理机来得到给定车速。推理机具有 2 个输入量（D_{far}、$|E_{\text{ang}}|$）和 1 个输出量（给定车速 v^*），输入量/输出量的隶属度函数如图 7.15 所示，模糊推理规则如表 7.4 所示，使用重心法来进行反模糊化并得到 v^*。

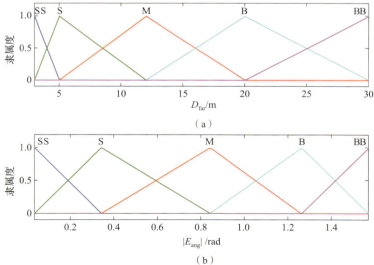

图 7.15 给定车速模糊推理机输入量/输出量的隶属度函数

（a）入弯距离 D_{far}；（b）航向角误差绝对值 $|E_{\text{ang}}|$

第 7 章 行为空间：运动控制

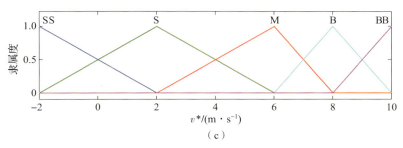

(c)

图 7.15 给定车速模糊推理机输入量/输出量的隶属度函数（续）

(c) 给定车速 v^*

表 7.4 v^* 模糊推理规则库

$\|E_{ang}\|$ \ D_{far}	SS	S	M	B	BB
SS	S	M	B	B	BB
S	S	S	M	M	B
M	S	S	S	S	M
B	SS	SS	SS	S	S
BB	SS	SS	SS	SS	SS

为了防止无人车行驶方向的频繁切换，本算法中设计了如图 7.16 所示的滞回模型。最终，v_{out} 作为纵向控制器的给定量来控制无人车行驶速度。

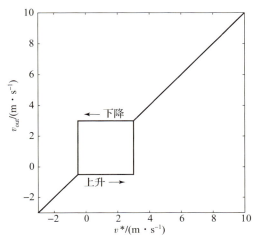

图 7.16 给定车速的滞回模型

273

给定车速模糊推理机所涉及的隶属度函数需通过多次调整来确定，以获得合理的给定车速。与转向控制器的隶属度函数不同，这里不再考虑航向角误差的符号，于是可以使用同样数量的模糊规则来实现更精细的推理。

7.2.4 运动控制系统的稳定条件分析

运动控制系统的稳定性条件可用于指导或验证模糊规则库的设计。本章使用李雅普诺夫稳定性理论来分析横向控制系统中航向角误差 E_{ang} 和横向误差 E_{pos} 的稳定性。

7.2.4.1 航向角误差 E_{ang} 的稳定性

设 $x_1 = E_{\text{ang}} = -\varphi, x_2 = v, u = \theta, \boldsymbol{x} = [x_1 \quad x_2]^{\text{T}}$，可得

$$\begin{cases} \dot{x}_1 = -\dfrac{x_2 \tan u}{L} = f_1(\boldsymbol{x}) \\ \dot{x}_2 = 0 = f_2(\boldsymbol{x}) \end{cases} \tag{7.62}$$

假设 $u = \Phi(x_1, x_2)$ 表示表 7.2 中的模糊规则，函数 $f_1(\cdot)$ 和 $f_2(\cdot)$ 在坐标原点的邻域内连续可微。

假设存在平衡点 $\Phi(0,0) = 0$，选择如下李雅普诺夫函数：

$$V(\boldsymbol{x}) = \frac{1}{2}\boldsymbol{x}^{\text{T}}\boldsymbol{x} = \frac{1}{2}x_1^2 + \frac{1}{2}x_2^2 \tag{7.63}$$

可得

$$\nabla V(\boldsymbol{x}) = [x_1 \quad x_2]^{\text{T}} \tag{7.64}$$

$$\dot{V}(\boldsymbol{x}) = [x_1 \quad x_2] \begin{bmatrix} -\dfrac{x_2 \tan \Phi(x_1, x_2)}{L} \\ 0 \end{bmatrix} \tag{7.65}$$

为了保证系统是有界的，$V(\boldsymbol{x})$ 需要有界，或

$$\begin{cases} \dot{V}(\boldsymbol{x}) < -\alpha V(\boldsymbol{x}) + C \\ -\dfrac{x_1 x_2 \tan \Phi(x_1, x_2)}{L} < -\alpha\left(\dfrac{1}{2}x_1^2 + \dfrac{1}{2}x_2^2\right) + C \end{cases} \tag{7.66}$$

式中，α, C——正常数。

当 $x_1 x_2 > 0$ 时，

$$\tan \Phi(x_1,x_2) > \frac{L\alpha(x_1^2+x_2^2)-2LC}{2x_1x_2} \tag{7.67}$$

当 $x_1x_2 < 0$ 时,

$$\tan \Phi(x_1,x_2) < \frac{L\alpha(x_1^2+x_2^2)-2LC}{2x_1x_2} \tag{7.68}$$

设模糊逻辑 $\Phi(x_1,x_2)$ 满足

$$\begin{cases} \Phi(x_1,x_2) > \arctan \dfrac{L\alpha(x_1^2+x_2^2)-2LC}{2x_1x_2}, & x_1x_2 > 0 \\ \Phi(x_1,x_2) < \arctan \dfrac{L\alpha(x_1^2+x_2^2)-2LC}{2x_1x_2}, & x_1x_2 < 0 \end{cases} \tag{7.69}$$

那么,E_{ang} 有界。

换言之,如果模糊逻辑的规则曲面 $u=\Phi(x_1,x_2)$ 在图 7.17 所示表面之上($x_1x_2>0$)或之下($x_1x_2<0$),则 E_{ang} 是有界的。图 7.17 中的红色网格曲面为模糊规则库的输出曲面。

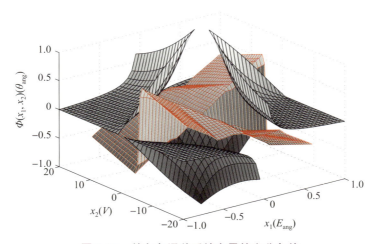

图 7.17　航向角误差系统有界的充分条件

进一步,为了保证系统在原点处稳定,需要满足 $\dot{V}(\boldsymbol{x})<0$,或

$$-\frac{x_1x_2 \tan \Phi(x_1,x_2)}{L} < -\beta \tag{7.70}$$

当 $x_1x_2 > 0$ 时,

$$\tan \Phi(x_1,x_2) > \frac{\beta L}{x_1x_2} \tag{7.71}$$

当 $x_1x_2 < 0$ 时,

$$\tan \Phi(x_1, x_2) < \frac{\beta L}{x_1 x_2} \quad (7.72)$$

【定理7.1】

考虑使用模糊逻辑控制器的系统。令 S 为状态空间中的点集，且

$$S = \left\{ \boldsymbol{x} \in \mathbb{R}^2 \mid V(\boldsymbol{x}) \leq \frac{\pi^2}{2} \right\} \quad (7.73)$$

其中，

$$V(\boldsymbol{x}) = \frac{1}{2} \boldsymbol{x}^{\mathrm{T}} \boldsymbol{x} \quad (7.74)$$

假设模糊逻辑 $\Phi(x_1, x_2)$ 满足

$$\begin{cases} \Phi(x_1, x_2) > 0, & x_1 x_2 > 0 \\ \Phi(x_1, x_2) = 0, & x_1 x_2 = 0 \\ \Phi(x_1, x_2) < 0, & x_1 x_2 < 0 \end{cases} \quad (7.75)$$

且对于任意 $\varepsilon > 0$，都存在 $\beta > 0$。$\Phi(x_1, x_2)$ 满足

$$\begin{cases} \Phi(x_1, x_2) > \arctan \dfrac{\beta L}{x_1 x_2}, & x_1 x_2 > \varepsilon \\ \Phi(x_1, x_2) < \arctan \dfrac{\beta L}{x_1 x_2}, & x_1 x_2 < -\varepsilon \end{cases} \quad (7.76)$$

则集合 S 为不变集，且是局部李雅普诺夫稳定的。

证明：由式（7.73），有

$$S = \{ \boldsymbol{x} \in \mathbb{R}^2 \mid x_1^2 + x_2^2 \leq \pi^2 \} \quad (7.77)$$

是一个半径为 π 的圆形场。对于任意 $\boldsymbol{x} \in S$，$x_1 x_2 = 0$，有

$$\dot{V} = -\frac{x_1 x_2 \tan \Phi(x_1, x_2)}{L} = 0 \quad (7.78)$$

对于任意 $\boldsymbol{x} \in S$，$x_1 x_2 \neq 0$，因为 $\Phi(x_1, x_2)$ 满足式（7.75），有

$$\dot{V} = -\frac{x_1 x_2 \tan \Phi(x_1, x_2)}{L} < 0 \quad (7.79)$$

因此，对于所有的 $\boldsymbol{x} \in S$，有 $\dot{V}(\boldsymbol{x}) \leq 0$。所以，任何从 S 内开始的轨迹 $\boldsymbol{x}(t)$ 永远留在 S 内，即集合 S 为不变集。又因 $\Phi(x_1, x_2)$ 满足式（7.75），故

$$\dot{V}(\boldsymbol{x}) < 0, \quad \forall x_1 x_2 \neq 0, \quad \boldsymbol{x} \in S \quad (7.80)$$

考虑 S 的界，其中 $x_1^2 + x_2^2 = \pi^2$。由式（7.76），在界内有 $\dot{V}(\boldsymbol{x}) < -\beta$。又因为 V 是连续的，对于任何 $\varepsilon > 0$ 存在 $\delta > 0$，且任何在 ε 邻域内的 $\boldsymbol{x}$ 满

足 $\dot{V}(x) < \beta + \delta < 0$。因此，$S$ 是局部李雅普诺夫稳定的。证明完毕。

不变集 S 在状态空间中包含两个轴，令 S_1 和 S_2 表示这两个轴：

$$S_1 = \{x \in \mathbb{R}^2 \mid x_1 = 0\} \tag{7.81}$$

$$S_2 = \{x \in \mathbb{R}^2 \mid x_2 = 0\} \tag{7.82}$$

则有

$$S = S_1 \cup S_2 \tag{7.83}$$

在 S_1 和 S_2 上的平衡点具有不同的物理意义。S_1 上的点意味着车辆正在行驶并具有非零纵向速度，且航向角误差足够小，这是控制器所期望达到的状态。然而，S_2 上的点表示车辆是停止的，且航向不可控。从图7.18所示相图中可见，任意起点具有非零 x_2 的轨迹 $x(t)$ 都会收敛至 S_1 轴。

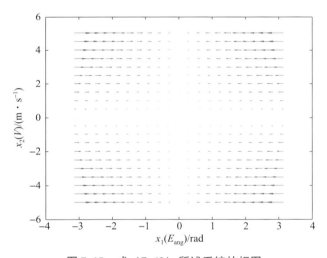

图 7.18　式（7.62）所述系统的相图

根据定理 7.1，为了保证 E_{ang} 局部李雅普诺夫稳定，模糊逻辑输出曲面 $u = \Phi(x_1, x_2)$ 需要满足式（7.75）和式（7.76），如图7.19所示，图中的红色曲面为模糊规则的输出曲面。

7.2.4.2　横向误差 E_{pos} 的稳定性

令 $x_1 = E_{pos} = -Y_0$，$x_2 = v$，$u = \theta$，$x = [x_1 \quad x_2]^T$。不失一般性，可以假设参考轨迹为一条直线 $X = 0$。由于对于横向误差使用相对较小的预瞄距离 d_p 可以近似认为横向误差 $E_{pos} = -X_0$，因此可得

$$\dot{x}_1 = \dot{E}_{pos} = -\dot{X}_0 \tag{7.84}$$

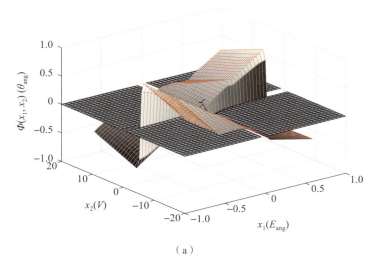

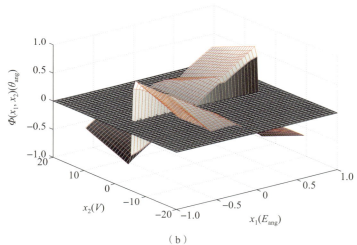

图 7.19 航向角误差系统稳定条件的示意图
（a）式（7.75）的示意图；（b）式（7.76）的示意图

根据式（7.62），可得

$$\dot{X}_0 = -\frac{\mathrm{d}}{\mathrm{d}t}(v\sin\varphi) = -\dot{v}\sin\varphi - v\frac{\mathrm{d}}{\mathrm{d}t}(v\sin\varphi) \quad (7.85)$$

因为 $\dot{v} = 0$，故有

$$\dot{X}_0 = -v(\cos\varphi)\dot{\varphi} = -v\cos\varphi\frac{v\tan\theta}{L} \quad (7.86)$$

因此，可得

$$\begin{cases} \dot{x}_1 = -x_2\cos\varphi\dfrac{x_2\tan u}{L} = f_1(\boldsymbol{x}) \\ \dot{x}_2 = 0 = f_2(\boldsymbol{x}) \end{cases} \quad (7.87)$$

假设 $u = \Phi(x_1,x_2)$ 表示表 7.3 所示的模糊逻辑。函数 $f(\cdot)$ 在坐标原点附近连续可微。假设存在平衡点 $\Phi(0,0) = 0$，选择如下李雅普诺夫函数：

$$V(\boldsymbol{x}) = \frac{1}{2}\boldsymbol{x}^{\mathrm{T}}\boldsymbol{x} = \frac{1}{2}x_1^2 + \frac{1}{2}x_2^2 \quad (7.88)$$

可得

$$\nabla V(\boldsymbol{x}) = \begin{bmatrix} x_1 & x_2 \end{bmatrix}^{\mathrm{T}} \quad (7.89)$$

$$\dot{V}(\boldsymbol{x}) = \begin{bmatrix} x_1 & x_2 \end{bmatrix} \begin{bmatrix} -\dfrac{x_2^2\cos\varphi\tan\Phi(x_1,x_2)}{L} \\ 0 \end{bmatrix} \quad (7.90)$$

为了保证系统有界，$V(\boldsymbol{x})$ 需要有界，或

$$\begin{cases} \dot{V}(\boldsymbol{x}) < -\alpha V(\boldsymbol{x}) + C \\ -\dfrac{x_2^2\cos\varphi\tan\Phi(x_1,x_2)}{L} < -\alpha\left(\dfrac{1}{2}x_1^2 + \dfrac{1}{2}x_2^2\right) + C \end{cases} \quad (7.91)$$

当 $x_1 > 0$ 时，

$$\tan\Phi(x_1,x_2) > \frac{L\alpha(x_1^2 + x_2^2) - 2LC}{2x_1 x_2^2 \cos\varphi} \quad (7.92)$$

当 $x_1 < 0$ 时，

$$\tan\Phi(x_1,x_2) < \frac{L\alpha(x_1^2 + x_2^2) - 2LC}{2x_1 x_2^2 \cos\varphi} \quad (7.93)$$

假设模糊逻辑 $\Phi(x_1,x_2)$ 满足下式：

$$\begin{cases} \Phi(x_1,x_2) > \arctan\dfrac{L\alpha(x_1^2 + x_2^2) - 2LC}{2x_1 x_2^2 \cos\varphi}, & x_1 > 0 \\ \Phi(x_1,x_2) < \arctan\dfrac{L\alpha(x_1^2 + x_2^2) - 2LC}{2x_1 x_2^2 \cos\varphi}, & x_1 < 0 \end{cases} \quad (7.94)$$

则 E_{pos} 是有界的。

换言之，如果模糊逻辑的输出曲面 $u = \Phi(x_1,x_2)$ 在图 7.20 所示的曲面之上（$x_1 > 0$）或之下（$x_1 < 0$），则 E_{pos} 是有界的。图中的红色网格曲面表示模糊逻辑的输出曲面。

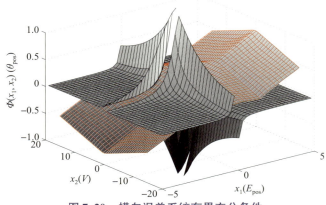

图 7.20 横向误差系统有界充分条件

进一步，为了保证系统在原点处稳定，则需要满足 $\dot{V}(\boldsymbol{x}) < 0$，或

$$-\frac{x_1 x_2^2 \cos\varphi \tan\Phi(x_1, x_2)}{L} < -\beta \tag{7.95}$$

由于过大的 φ 会导致 E_{pos} 没有意义，因此假设 $-\varphi_{\max} < \varphi < \varphi_{\max}$。当 $x_1 > 0$ 时，

$$\tan\Phi(x_1, x_2) > \frac{\beta L}{x_1 x_2^2 \cos\varphi} > \frac{\beta L}{x_1 x_2^2 \cos\varphi_{\max}} \tag{7.96}$$

当 $x_1 < 0$ 时，

$$\tan\Phi(x_1, x_2) < \frac{\beta L}{x_1 x_2^2 \cos\varphi} < \frac{\beta L}{x_1 x_2^2 \cos\varphi_{\max}} \tag{7.97}$$

【定理 7.2】

考虑使用模糊逻辑控制器的系统，即式 (7.87)。令 S 为状态空间中的点集，且

$$S = \{\boldsymbol{x} \in \mathbb{R}^2 \mid V(\boldsymbol{x}) \leq 25\} \tag{7.98}$$

其中，

$$V(\boldsymbol{x}) = \frac{1}{2}\boldsymbol{x}^\mathrm{T}\boldsymbol{x} \tag{7.99}$$

假设模糊逻辑 $\Phi(x_1, x_2)$ 满足

$$\begin{cases} \Phi(x_1, x_2) > 0, & x_1 > 0 \\ \Phi(x_1, x_2) = 0, & x_1 = 0 \\ \Phi(x_1, x_2) < 0, & x_1 < 0 \end{cases} \tag{7.100}$$

且对于任意 $\varepsilon > 0$，都存在 $\beta > 0$。$\Phi(x_1, x_2)$ 满足

$$\begin{cases} \Phi(x_1,x_2) > \arctan \dfrac{\beta L}{x_1 x_2^2 \cos\varphi_{\max}}, x_1 > \varepsilon \\ \Phi(x_1,x_2) < \arctan \dfrac{\beta L}{x_1 x_2^2 \cos\varphi_{\max}}, x_1 < -\varepsilon \end{cases} \quad (7.101)$$

则集合 S 为不变集，且是局部李雅普诺夫稳定的。

证明： 参照定理 7.1 的证明过程。

根据定理 7.2，为了保证 E_{pos} 局部李雅普诺夫稳定，模糊逻辑 $u = \Phi(x_1,x_2)$ 的输出曲面需要满足式（7.100）和式（7.101），如图 7.21 所示，图中的红色网格曲面为模糊规则的输出曲面。

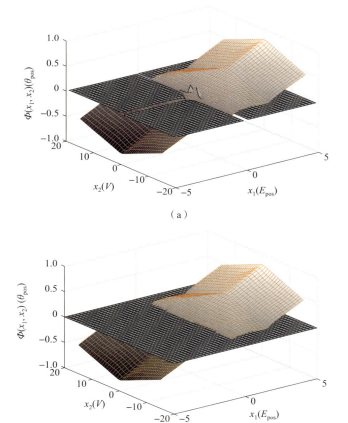

图 7.21　横向误差系统稳定条件的示意图
（a）式（7.100）的示意图；（b）式（7.101）的示意图

7.3 本章小结

本章以无人车为研究对象，介绍了两种车辆模型，基于控制系统的几何关系构建了车辆运动学模型，求解了车辆位置变化率、航向角变化率、转向半径等与车速、转向角度、轴距等之间的关系。当车速较高时，车轮速度与其车头朝向方向相同的假设不再成立，基于车轮受力分析，本章求解了车辆动力学模型，得到了车辆位置、航向角变化率与车速、转向角度、车辆属性（如车轮侧偏刚度、转动惯量等）之间的关系。通过引入横向误差和航向角误差，得到了应用于轨迹跟踪控制的动力学模型。

以运动学模型为基础，本章介绍了应用于笔者所在团队无人车的运动控制方法。首先，描述了运动控制问题，设定参考轨迹（或待跟踪状态序列）；然后，根据预瞄法对参考轨迹进行特征分析，得到了车辆匹配点、位置和航向角误差预瞄点、入弯点等，计算得到横向误差、航向角误差和入弯距离。基于模糊逻辑进行横向（转向）控制，本章通过设定模糊子集和隶属度函数，构建模糊推理机，根据车速、位置和航向误差计算获得实时转向角输出，并通过最小二乘法实时评估参考轨迹的平滑性进行控制参数调节。根据模糊推理机和滞回模型进行纵向（车速）控制，综合考虑当前车速、横向控制量、航向误差和入弯距离计算获得期望速度，从而完成无人车横纵向运动控制。该方法分别在实车和仿真环境中取得了高精度的轨迹跟踪效果，并通过相图分析和李雅普诺夫稳定性分析证明了其轨迹跟踪控制的稳定性。

第 8 章

行驶空间自主导航系统实例

在了解陆上无人系统基本概念及组成、行驶空间自主导航架构和多类型无人平台协同导航工作模式的基础上，本章将基于部分团队研究成果，分别举例简要介绍在行驶空间自主导航体系下，如何依靠无人车或无人机等无人平台所载相应传感器实现度量空间、语义空间、行为空间的构建。同时，本章将给出地面多无人平台协同跟随、空地无人平台协同定位等行驶空间协同实例。为了便于读者更直观、清楚地了解度量空间、语义空间、行为空间的基本功能，本章举例旨在定性地展示自主导航整体架构中的各模块，仅涉及方案思路、平台、结果、应用等部分，具体原理和方法请读者结合前面对应章节进行更加深入的理解。

8.1 度量空间构建实例

本节所述实例主要针对停车场等环境下自主泊车需求，利用车载全景相机实现地面无人车自主定位及全局地图构建，从而恢复自主泊车范围内环境要素的真实尺度和度量信息。本实例以北京理工大学组合导航与智能导航实验室自主改装的广汽传祺 GE3 电动汽车（其配置见图 8.1）和红旗 H7 轿车作为测试平台（图 8.2），使用全景立体视觉系统作为唯一环境感知输入。如图 8.2 所示，该系统由一组双目相机以及一套环视系统组成，其中双目相机使用两个 PointGrey Grasshopper3 USB 3.0（GS3 – 41C6 – C，4.1M 像素，CMOSIS CMV4000 – 3E5）彩色相机；360°环视系统由 4 个鱼眼相机构成；数据采集、处理及所有程序运行所使用的运算平台为 Nuvo – 6108

车载工控机、Intel Xeon E3 – 1275 CPU、NVIDIA GTX 1080Ti GPU 以及 32 GB DDR4 内存[291]。

（a）

（b）

图 8.1　自动驾驶实验平台

（a）广汽 GE3 自主泊车实验平台；(b）红旗 H7 自动驾驶实验平台

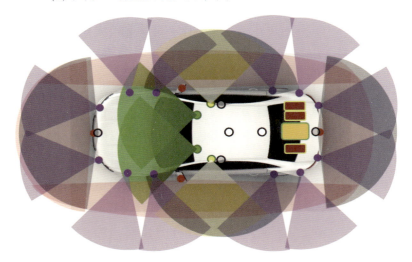

- 灰点相机 90×90×2 基线≈60 cm
- 灰点相机 90×60×2 车侧盲区<50 cm
- 鱼眼相机 180×180×4 盲区<10 cm
- 超声波传感器 ×12
- Velodyne-L16 180° ×4
- IMU+GPS ×1
- 工控机 6080×2 3500×1
- GPS 天线 ×2

图 8.2　广汽 GE3 平台传感器配置

8.1.1　测试数据来源

本节分别采用全景立体视觉系统和双目视觉系统完成稀疏点云地图、稠密点云地图、二维占据栅格地图和拓扑地图构建。其中，全景立体视觉数据集主要在北京理工大学自动化学院楼下停车场进行采集，如图 8.3 所示。对于双目视觉系统，本实例采用 KITTI 公开数据集[292]，该数据集由德国卡尔斯鲁厄理工学院（KIT）与丰田美国技术研究院联合推出，是目前自动驾驶领域最为重要最大的测试集之一，包含城市、乡村、高速公路等场景，可用于车辆、人员等三维目标检测与跟踪、语义分割、里程计等计算机视觉算法评测。图 8.4 所示为 KITTI 里程计数据集中的一帧双目图像，图像分辨率为 1 241 ×376，采集帧率为 10 帧/s。

（a） （b） （c）

图 8.3 全景立体视觉系统采集图像示例

（a）双目系统左目图像；（b）双目系统右目图像；（c）环视系统俯视图

（a） （b）

图 8.4 KITTI 里程计数据集 03 序列

（a）左目图像；（b）右目图像

8.1.2 稀疏点云地图构建

本实例采用双目相机数据进行测试，视觉 SLAM（simultaneous localization and mapping）算法使用 C++ 实现，在 ROS 环境下运行。本实例对双目相机进行了极线校正（图 8.5），减少双目特征点匹配错误率，采用 ORB - SLAM 算法[57-58]完成构图，在北京理工大学自动化学院停车场构图定位结果如图 8.6 所示。同时，本团队还在 ORB - SLAM 算法基础上，综合利用点线特征提高其定位构图精度（具体方法请见第 3 章详细介绍），其定位构图结果如图 8.7 所示。

（a）

（b）

图 8.5　校正前后的双目图像

（a）双目原始图像；（b）校正后的双目图像

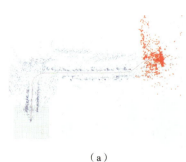 

（a）　　　　　　　　　　　　　　　（b）

图 8.6　双目立体视觉 ORB – SLAM 定位构图结果

（a）稀疏特征点云构图定位结果；（b）行驶轨迹在卫星底图中的参考位置

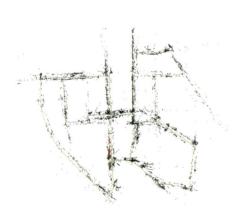 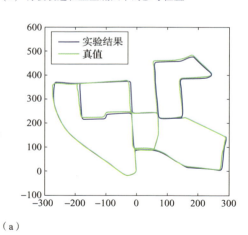

（a）

图 8.7　KITTI 数据集中利用点线特征的 SLAM 算法结果与真值比较

（a）seq – 00 数据集

第 8 章 行驶空间自主导航系统实例

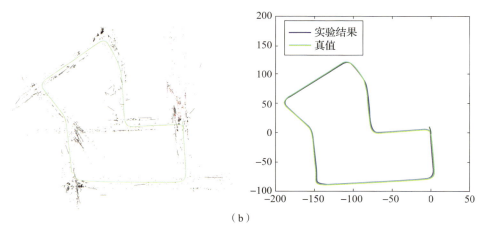

（b）

图 8.7　KITTI 数据集中利用点线特征的 SLAM 算法结果与真值比较（续）

（b）seq-07 数据集

通过采用融合后的点线特征，SLAM 算法的定位精度比仅依靠特征点略有提升，虽然由于增加了运算量，算法运行帧率平均为 10.2 Hz，但是依然能够满足自主泊车等低速行驶场景中的应用需求。图 8.8 所示为基于点线特征融合的 SLAM 构图结果，图中的直线段即检测得到的线特征在三维空间中的位姿。

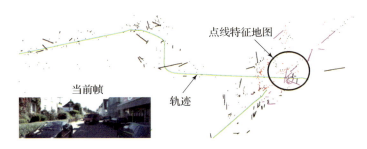

图 8.8　基于点线特征的 SLAM 算法构图结果

8.2　语义空间构建实例

本实例主要针对停车场环境下自主泊车需求，通过语义分割算法对环视鸟瞰图进行处理，对其中的障碍物、自由空间、标线特征进行预提取，为停车位检测提供语义信息,从而构建出全局一致性的"度量–拓扑–语义"混合地图。本实例采用的数据采集平台和测试平台与度量空间构建实例一致(图 8.1、图 8.2)[291]。

8.2.1 测试数据来源

本实例采用全景立体视觉系统完成环视鸟瞰图语义分割。环视鸟瞰图数据集主要在北京理工大学自动化学院楼下停车场进行采集。在 Jang 等[293]公开的环视鸟瞰图数据集基础上,针对实际泊车环境对该数据集进行了扩充,用 labelme 对采集到的环视鸟瞰图进行标注,如图 8.9 所示。图中,蓝色表示可行驶空间,红色表示车辆,绿色表示墙面、立柱等静态障碍物,白色表示标线。

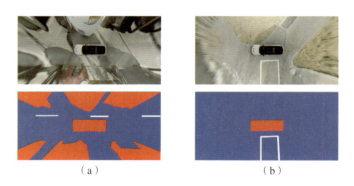

图 8.9 用于语义分割的数据集

8.2.2 全景语义分割实例

本实例使用 DeepLab[145,294]编码–解码网络对环视鸟瞰图进行语义分割,分割结果如图 8.10 所示,图中从左到右分别为原始鸟瞰图与语义分割结果,语义分割结果中的黑色区域表示可行驶自由空间,绿色区域表示标线,红色区域表示停车位,棕色区域表示车辆等障碍物。

语义分割算法模块的平均耗时为 0.116 2 s,帧率可达 8.6 Hz,占用了系统大部分耗时,可以通过使用高性能 GPU 和精简语义分割模型来减少该部分耗时。

| 第 8 章　行驶空间自主导航系统实例

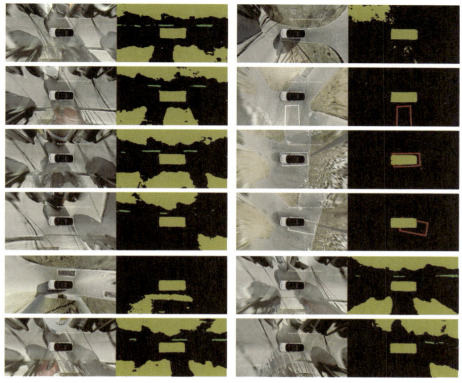

图 8.10　环视鸟瞰图语义分割结果

8.3　行为空间构建实例

本部分所述实例主要针对越野场景颠簸路面、摩擦系数分布不均匀路面等环境下自主导航需求,融合各类感知模块的输出结果(主要包括车道线、道路边缘、可通行区域、动态目标等)和低精度地理信息系统(geographic information system,GIS)(或全局路网信息),实现无人车的智能决策,保证无人车即使在感知结果出现随机扰动、路网不准确或定位精度差等情况下仍能够平稳行驶[295]。

在越野环境中,获取高精度地图的难度较大,定位不稳定,且缺少道路模型的约束,这对于无人车自主行驶是一项巨大的挑战。如图 8.11 所示,本节将介绍基于预设全局参考轨迹的越野环境无人车自主行驶行为空间构建。

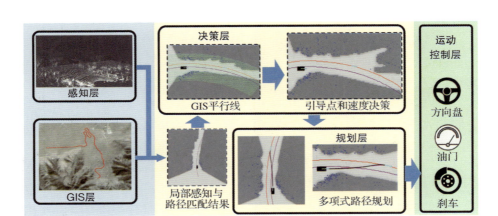

图 8.11 越野环境下的行为空间构建

该系统中，行为空间的构建主要包括以下两部分：

(1) 决策层、规划层：输入局部感知结果及全局路径匹配结果，构建局部地图，进行局部目标点决策，并利用规划方法进行局部轨迹规划。

(2) 运动控制层：输入局部轨迹，利用车辆智能驾驶模型（intelligent driver model，IDM）进行轨迹跟踪。

8.3.1　多源信息融合与局部地图构建

各个感知模块的输出结果和网络信息均被转换到车体坐标系下，并分别以有序点列或距离等格式进行存储与通信，各类信息所用格式如表 8.1 所示。其中，可通行区域是以 3 000×3 000 分辨率的障碍物栅格地图存储，代表无人车周围 60 m×60 m 的范围（前 40 m，后 20 m，左右各 30 m），即局部地图精度为 2 cm。所构建的局部地图如图 8.12 所示，图中的无人车始终位于局部坐标系的 (1 500,1 000) 处，其中 y_{local} 与车头方向一致。

表 8.1　多源信息融合模块各类输入信息格式

输入信息	格式及主要参数
可通行区域	障碍物栅格地图（3 000×3 000）
全局路网	有序点列（$P[301]$，301 个有序点）
其他信息	点列或距离值

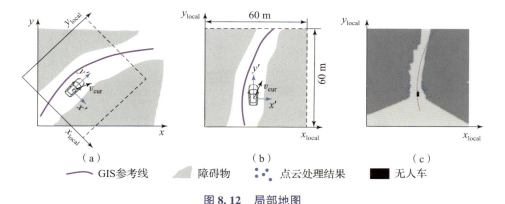

| GIS参考线   障碍物   点云处理结果   无人车

图 8.12 局部地图

(a) 大地坐标系中的全局路径；(b) 局部坐标系；(c) 局部坐标系局部路径规划

8.3.2 自主驾驶决策与规划

根据当前局部地图内的参考路径，按指定宽度生成一系列平行曲线簇，融合交通规则、驾驶舒适度、避障性能等要素设计一套评价方法，根据该方法从生成的平行曲线簇中选出一条最优曲线作为当前决策引导线，从而实现无人车的横向行为决策。图 8.13 展示了包含 GIS 参考线在内的共 81 条平行线的代价，在选择的决策引导线上，根据当前车速以及障碍物距离选择合适的局部目标点作为规划的目标点约束。

每条平行曲线（第 i 条）的当前决策代价以 $C(i)$ 表示，通过下式计算获得：

$$C(i) = \lambda_o C_o(i) + \lambda_d C_d(i) + \lambda_r C_r(i), \quad 0 \leqslant i < N \tag{8.1}$$

式中，$C_o(i), C_d(i), C_r(i)$ ——该平行曲线簇中第 i 条曲线对应的障碍物代价、距离代价和规则代价；

$\lambda_o, \lambda_d, \lambda_r$ ——这三类代价对应的权重系数。

根据车辆当前位姿 $(x_0, y_0, v_{x0}, v_{y0})$ 和目标点位姿 $(x_T, y_T, v_{xT}, v_{yT})$ 约束，利用五次多项式轨迹规划得到横纵向轨迹簇，设计轨迹的加加速度代价、加速度代价、速度代价如图 8.14 所示，选择代价最小的轨迹作为规划结果。在车辆轨迹与参考路径误差较大（图 8.15（a）（b））以及车辆航向角误差较大（图 8.15（c））情况下，均可以实现正常规划；图 8.15（d）所示为车辆跟踪目标轨迹良好的情况。

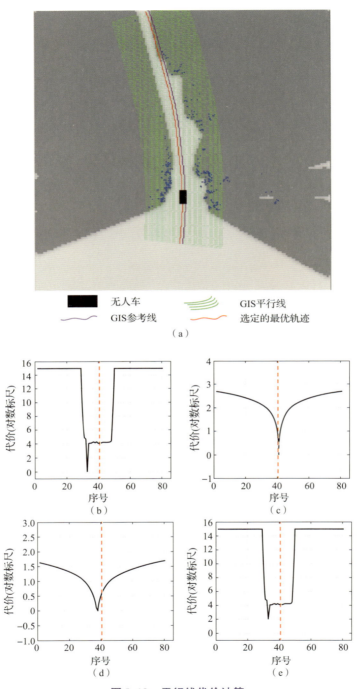

图 8.13 平行线代价计算

（a）局部匹配与感知结果；（b）障碍代价；（c）规划代价；（d）距离代价；（e）总代价

第8章 行驶空间自主导航系统实例

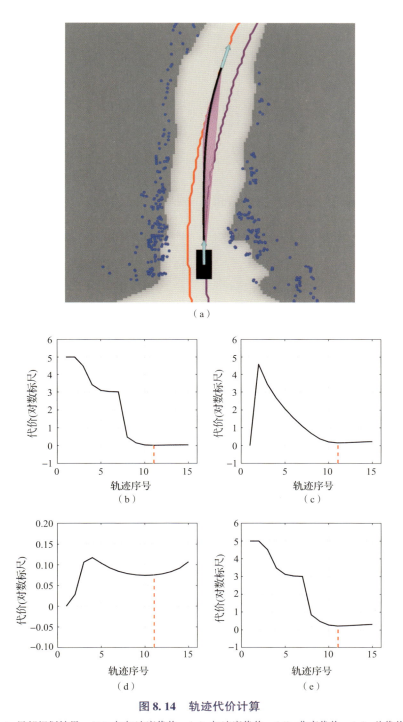

图 8.14 轨迹代价计算

（a）局部规划结果；（b）加加速度代价；（c）加速度代价；（d）曲率代价；（e）总代价

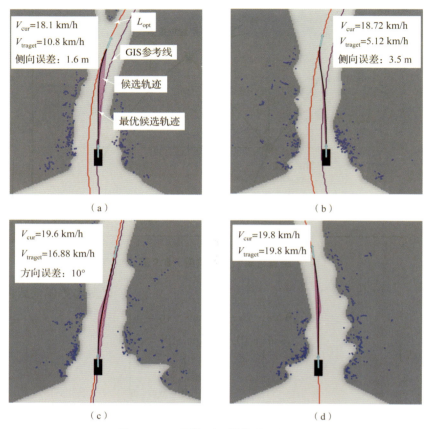

图 8.15 不同情形下的轨迹规划结果

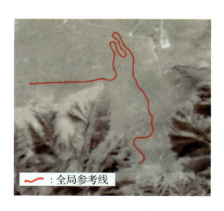

图 8.16 实验路线

为验证行为空间构建方法的有效性，本实例在越野环境中进行实车实验。其行为空间构建在 Intel i7-8700 3.20 GHz CPU 的计算机上运行，决策与规划算法的计算时间约 50 ms。实验路线如图 8.16 所示，线路全长 3.6 km，包括直道、弯道和连续 U 形弯道，最大曲率为 0.08。实验中使用的无人车长 2.8 m、宽 1.5 m、高 1.3 m，6 轮独立驱动，最大速度为 50 km/h，最大加速度为 4 m/s²。实验中，车辆的速度限制为 30 km/h，平均速度为 21 km/h，大约用时 600 s。

8.4 行驶空间协同实例

8.4.1 空地无人平台协同实例

本部分所述实例主要展示无人机与无人车的协同定位、自主起降及落锁功能。该实例采用大疆科技创新有限公司自主研发生产的 DJI Matrice 100（简称"M100"）四旋翼无人机套装，以及笔者所在团队自主研发的全地形无人车，并根据无人机和无人车的平台特性，设计了匹配的降落平台[296]。

M100 是一款平稳可靠、功能强大、可灵活扩展的四旋翼飞行平台，包含飞行控制器、动力系统、GPS 模块、DJI Lightbridge 高清图传、遥控器、智能飞行电池等。利用 M100 便捷的可扩展结构，其无人机平台还搭载了 Guidance 传感器、Manifold（妙算）开发板、X3 云台相机等设备，如图 8.17 所示。

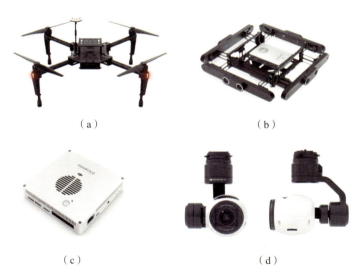

图 8.17　M100 飞行平台及配件

(a) M100 骨架；(b) Guidance 传感器；(c) Manifold（妙算）；(d) X3 云台相机

Guidance 传感器是一套为智能导航提供参考信息的传感器系统，它综合利用超声波传感器以及相机实时感知三维立体环境，为载体提供速度、位置以及障碍物距离观测信息。搭载了该系统的无人机将具备无 GPS 情况下的悬停和障碍物感知功能。Guidance 传感器的主要工作流程：首先，视觉传感器模块通过相机采集图像，同时超声波传感器采集超声波数据；然后，视觉处理模块接收图像、超声波数据，并进行计算处理；最后，把得出的定位信息通过 CAN–Bus 连接线传输给 DJI 飞控系统，或通过 USB/UART 连接线传输给其他智能系统。M100 连接 Guidance 传感器，可以实现长时间精确悬停、自主避障等功能。

妙算是一款专为 DJI SDK 开发者打造的嵌入式开发板，采用 NVIDIA 公司的低功耗、高性能嵌入式芯片 Tegra K1 作为核心处理器。该处理器由四核 ARM Cortex–A15 以及 Kepler Geforce 图像处理器构成，具备最高达到 326 GFLOPS 的计算能力。妙算还配备丰富的外部设备接口，如 USB 3.0 与 USB 2.0 接口、网络接口、mini HDMI 接口及 UART 接口等，从而让开发板具有更大的灵活性和可扩展性。DJI SDK 开发者可在妙算上开发各种基于 Linux 的应用程序，并将其挂载并应用于 M100 平台上。

X3 云台相机将相机与三轴云台完美结合，使得在无人机高速飞行的状态下相机也能拍摄得到稳定的画面。云台的可控转动范围：俯仰角，$-90°\sim+30°$；横滚角，$-30°\sim+30°$；偏航角，$320°$。云台相机与 M100 完美兼容，可在无人机平台上便捷安装及拆卸，并且相机拍摄的画面可通过 M100 搭载的 DJI Lightbridge 高清图传回地面设备。最为重要的一点是，通过妙算上的 CAM_IN 接口，处理器可以获取云台相机的视频流进行图像处理，这样极大地方便了用户的开发工作。

将以上设备进行组装，便得到了实验采用的 M100 飞行平台，如图 8.18 所示。其中 Guidance 传感器的 5 个视觉超声波模块只在朝下的方向安装了一个，用于实现实时的速度反馈，起到辅助飞行控制系统的作用。

图 8.18　实验搭配飞行平台实物

除了稳定便捷的硬件平台外，M100 无人机还封装了 SDK，可提供无人机的控制接口，便于飞行应用的开发。借助于 M100 SDK，可以实现丰富的功能：底层的飞行控制，如速度控制、位置控制；上层的飞行控制，如航点巡迹飞行、自主跟随等；飞行数据实时回传；自主避障（需搭载 Guidance 传感器）；云台的全方位实时控制等。本节所述方法采用 Onboard SDK 的 ROS 版本，图 8.19 所示为该版本 SDK 的具体功能以及无人机上层控制系统架构。

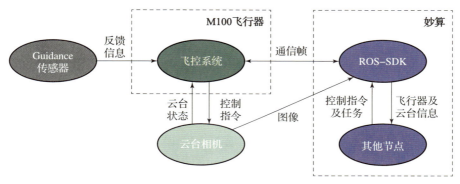

图 8.19　M100 开发系统架构以及 ROS – SDK 在其中的作用

其中，ROS – SDK 发布的无人机信息包括 M100 加速度、速度、角速度、姿态、GPS 数据、电池电量等，云台信息为其当前的姿态角。妙算的其他 ROS 节点可以向 SDK 节点发布控制指令（如期望的无人机速度、姿态）或者具体的任务（如解锁电机、停转电机等）。并且，Guidance 传感器可以直接通过 USB 接口与妙算开发板连接，超声波数据、视觉传感器的图像数据以及解算得到的速度、障碍物信息等都可以通过 Guidance SDK 被读取。

基于地面无人车，设计并制作车载无人机降落平台，是实现地空协同的前提之一。图 8.20 所示为无人车搭载降落平台示意图，主要包括团队自主开发的无人车、自主落锁起落架等设备。

图 8.21 所示为降落平台结构示意图，整个降落平台借鉴激光切割机的机械臂移动原理，横向采用双边同时收缩的结构，可以实现两根横杆的伸缩运动；为了使得无人机与无人车驾驶舱保持一定距离，给无人机的安全起飞留一定的余量，纵向采用后方杆固定、前方杆单向收缩的结构。当无人机降落后，3 根杆收缩，并在收缩过程中对无人机的位置进行调整；在收缩到位后，3 根杆锁紧，对无人机起到保护固定的作用；在无人机起飞前，锁紧杆反向运动，解除对无人机的约束作用。杆的状态即对无人机无约束的情况。

图 8.20　无人车搭载降落平台示意图

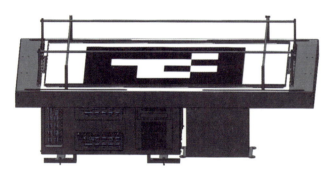

图 8.21　降落平台结构示意图

图 8.22 所示为降落平台内部驱动结构示意图。电动机采用双轴输出结构，一端与同步轮相连，另一端通过连接器延长后与另一侧的同步轮相连。支撑锁紧杆的支柱与滑轨上的滑块连接，滑块与同步带固连，这样通过步进电动机的转动带动同步带运动，牵引支柱做相对运动，使得"口"字形锁紧杆的两个对边做相对运动，进而实现"口"字形结构向"井"字形结构的变化，缩小四边形的内部空间，从而实现无人机的位置调整，当锁紧杆运动到指定位置后，正好能够实现对无人机的约束固定。

图 8.23 展示了 M100 无人机停放于降落平台上的实际效果。图中锁紧杆处于夹紧状态，将 M100 无人机固定在降落平台的中心偏后位置。降落平台上和驾驶舱后方还固定有形如二维码的标志，这种标志称为 AprilTag，广泛应用于各种有定位需求的应用场景中。两个 AprilTag 标志一大一小，在无人机自主起飞、降落实验中用于提供视觉引导。当无人机距离无人车较远时，采用云台相机搜索大标志进行视觉定位，当大标志逐渐引导无人

第8章 行驶空间自主导航系统实例

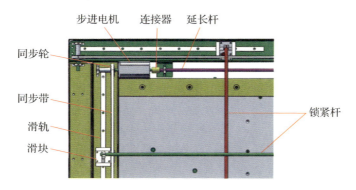

图 8.22 降落平台内部驱动结构示意图

机靠近降落平台时，转而采用小标志进行引导。小标志悬挂于驾驶舱后方，云台相机可在降落的最后阶段始终跟踪它，保持持续的视觉反馈信息，直至降落成功。

图 8.23 M100 无人机停放于降落平台的实际效果

8.4.2 无人车跟驰实例

本部分所述实例主要针对越野场景颠簸路面、摩擦系数分布不均匀路面等环境下的无人车编队跟驰需求，融合激光雷达和毫米波雷达数据，实现对引导车辆的速度、位置的跟随。该实例采用禾赛光电科技有限公司研发的 Pandar40 雷达和美国德尔福公司生产的 ESR 毫米波雷达，以及电动全驱动全地形无人车，对无人车和乘用车进行跟驰[297]。

Pandar40 为 40 线束的机械式激光雷达，有效扫描距离为 200 m，垂直视野为 7°~16°。ESR 毫米波雷达是用于探测障碍物的高频电子扫描雷达，发射波段为 76~77 GHz，同时具有中距离和远距离的扫描能力。中距离扫描距离为 60 m、水平视野为 ±45°，远距离扫描距离为 175 m、水平视野为 ±10°，数据输出频率可达 20 Hz。这些传感器安装于无人车上，如图 8.24 所示。

图 8.24　跟驰平台传感器及安装示意

无人车跟驰场景如图 8.25 所示。跟驰系统由车辆检测和运动控制组成，系统框架如图 8.26 所示，其中，A 为雷达检测目标的相对速度、位置，B 为毫米波检测目标的相对速度、位置，C 为滤波融合后目标最终的相对速度、位置。

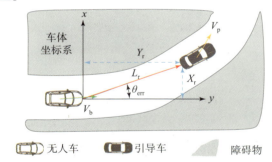

图 8.25　地面无人平台跟驰场景

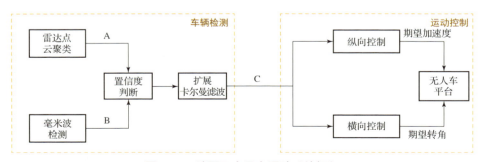

图 8.26　地面无人平台跟驰系统框架

第8章 行驶空间自主导航系统实例

使用点云聚类的方法，可以实现基于激光点云的车辆检测；毫米波传感器可通过 CAN 总线反馈目标检测的结果。考虑到毫米波雷达对动态车辆的敏感性，可根据两种传感器的检测结果进行置信度判断，以提高检测的准确率，减小误检测的概率。将两种传感器所得的目标车辆位置信息和速度信息输入扩展卡尔曼滤波器，根据模型进行状态估计，减小干扰噪声，并输出平稳连续的引导车辆位置和速度信息。车辆检测结果如图 8.27 所示。

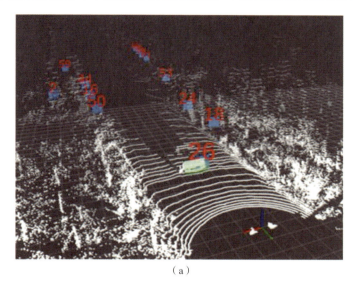

（a）

（b）

图 8.27　车辆检测结果

（a）起步时的车辆检测；（b）转弯时的车辆检测

使用 Carsim 软件与 MATLAB/Simulink 软件联合仿真，以验证跟驰控制算法的准确性和稳定性，跟驰仿真场景与规划轨迹如图 8.28（a）所示，跟驰最高速度为 35 km/h，跟驰安全距离为 5.4 m。跟驰结果分析如图 8.28（b）所示，全长 3.6 km，包括颠簸路面、低附着系数路面、直道、连续弯道、U 形弯道、不同坡度的道路和茂密树木遮挡，实现了全程车辆实时检测与跟踪和最高速度为 35 km/h、安全距离为 5 m 的精确稳定跟驰。同时，本方法已应用于 8.3 节中所述的 6 轮独立驱动无人车，在包含悬崖、陡坡、丛林、砂石路等多类型地形在内的越野环境下实现了多无人车稳定跟驰，可以满足高速、低速、急停等多种情况下自主编队跟驰任务。

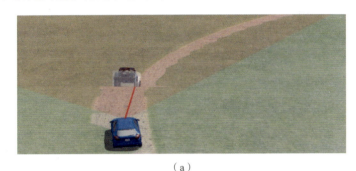

（a）

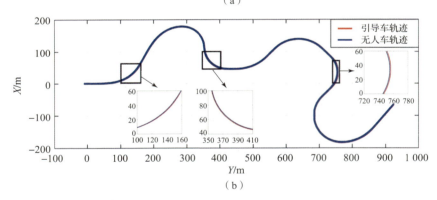

（b）

图 8.28 Carsim 与 MATLAB/Simulink 联合跟驰仿真与结果分析

（a）跟驰仿真场景与规划轨迹；（b）跟驰结果分析

8.5 本章小结

本章概括性地介绍了若干实例的系统硬件、开发方法、应用效果，以展示无人系统如何利用多源传感器实现环境度量信息获取、环境模型构建、语义要素识别、决策代价计算、规划轨迹生成、运动控制实施。同时，本章还概括性地介绍了如何利用无人车、无人机组成跨平台协同系统，完成平台间相对定位、协同感知、联合规划。

本章旨在帮助读者了解如何结合具体任务构建陆上无人系统相关解决方案，所涉及主要方法的原理与细节可参见前述内容。

参 考 文 献

[1] GALUN R G. Environment perception for autonomous vehicles in challenging conditions using stereo vision[D]. Guanajuato: Centro de Investigacion en Matemuticas, 2014.

[2] URMSON C, ANHALT J, BAGNELL D, et al. Autonomous driving in urban environments: boss and the urban challenge[J]. Journal of Field Robotics, 2008, 25(8): 425-466.

[3] MONTEMERLO M, BECKER J, SHAT S, et al. Junior: the Stanford entry in the urban challenge[J]. Journal of Field Robotics, 2008, 25(9): 569-597.

[4] MAURER M, BEHRINGER R, FURST S, et al. A compact vision system for road vehicle guidance[C]// International Conference on Pattern Recognition, Vienna, 1996: 313-317.

[5] Agency Group 06. U.S. Department of transportation releases policy on automated vehicle development[J]. FDCH Regulatory Intelligence Database, 2013.

[6] 龚建伟, 姜岩, 徐威. 无人驾驶车辆模型预测控制[M]. 北京: 北京理工大学出版社, 2014.

[7] 《中国公路学报》编辑部. 中国汽车工程学术研究综述·2017[J]. 中国公路学报, 2017, 30(6): 1-197.

[8] 谢建平, 柳培, 宋宪磊. 关于小型无人机航测外业常见问题及对策研究[J]. 电子世界, 2019(6): 92-93.

[9] 李娜英, 李惠峰. 军用无人机发展现状及趋势分析[J]. 航空制造技术, 2004(10): 34-40.

[10] 付梦印, 邓志红, 刘彤. 智能车辆导航技术[M]. 北京: 科学出版社, 2009.

[11] RUFLI M, SCARAMUZZA D, SIEGWART R. Automatic detection of checkerboards on blurred and distorted images[C]// 2008 IEEE/RSJ International Conference on Intelligent Robots and Systems, Nice, 2008: 3121-3126.

[12] COURBON J,MEZOUAR Y,ECKT L,et al. A generic fisheye camera model for robotic applications[C]// 2007 IEEE/RSJ International Conference on Intelligent Robots and Systems,San Diego,2007:1683–1688.

[13] STURM P. Pinhole camera model[M]. Cham:Springer,2014.

[14] 葛晓东,余韵致. 小孔成像现象再解释[J]. 光学仪器,2011,33(5):52–55.

[15] AGGARWAL S. Intrinsic parameter calibration procedure for a (high–distortion) fish–eye lens camera with distortion model and accuracy estimation[J]. Pattern Recognition,1996,29(11):1775–1788.

[16] BARRETO J P,DANIILIDIS K. Fundamental matrix for cameras with radial distortion[C]// The 10th IEEE International Conference on Computer Vision,Beijing,2005:625–632.

[17] HUA X J,XIA L C,GAO F X,et al. Camera calibration for model visualization with tangential distortion[J]. Journal of Engineering Graphics,2009,30(3):121–125.

[18] IOANNIDIS G T, GERAMANI K N, UZUNOGLU N, et al. A general distortion correction method for image modalities used in radiotherapy[C]// The 22nd Annual International Conference of the IEEE Engineering in Medicine and Biology Society,Chicago,2000:2181–2183.

[19] 刘璐,涂波,周喆颀,等. 高精度的宽视场镜头实时畸变矫正方法及系统:20111007023.1[P]. 2011–03–23.

[20] ZHANG Z Y. Flexible camera calibration by viewing a plane from unknown orientations[C]// The 7th IEEE International Conference on Computer Vision,Kerkyra,1999:666–673.

[21] 刘超,秦川,陶忠,等. 基于混合蛙跳优化算法的图像畸变校正研究[J]. 应用光学,2017,38(2):243–249.

[22] SCHÖNE R,HANNING T. Least squares problems with absolute quadratic constraints[J]. Journal of Applied Mathematics,2012:312985.

[23] 王平. 基于双目视觉的物体深度信息提取[D]. 太原:中北大学,2014.

[24] 邹朋朋,张滋黎,王平,等. 基于共线向量与平面单应性的双目相机标定方法[J]. 光学学报,2017,37(11):236–244.

[25] 王浩,张凤生,刘延杰. 接触线双目视觉测量系统标定及立体校正方法研究[J]. 制造业自动化,2019,3:97–101.

[26] 王俊博. 基于多视角信息融合的语义地图构建方法研究[D]. 北京:北京理工大学,2019.

[27] DUANE C B. Close-range camera calibration[J]. Photogrammetric Engineering,1971,37(8):855-866.

[28] HUA H,AHUJA N. A high-resolution panoramic camera[C]//2001 IEEE Computer Society Conference on Computer Vision and Pattern Recognition,Kauai,2001:960-967.

[29] 郭陆峰,江开勇,吴明忠. 一种新的非线性相机模型标定方法[J]. 华侨大学学报:自然科学版,2008,29(4):502-506.

[30] 王冬生. 用于越野环境的多相机协同SLAM方法研究[D]. 北京:北京理工大学,2019.

[31] 徐朝庆. 基于正交投影和等距投影的鱼眼图像校正[C]//全国冶金自动化信息网2015年会,通化,2015:551-555.

[32] 原玉磊. 鱼眼相机恒星法检校技术研究[D]. 郑州:信息工程大学,2012.

[33] 苑光明,丁承君,俞学波. 基于鱼眼镜头的全方位视觉系统建模[J]. 天津工业大学学报,2010,29(3):47-49.

[34] WANG X F,FENG W J,LIU Q J,et al. Calibration research on fish-eye lens[C]//2010 IEEE International Conference on Information and Automation,Harbin,2010:385-390.

[35] SCARAMUZZA D S,MARTINELLI A,SIEGWART R. A flexible technique for accurate omnidirectional camera calibration and structure from motion[C]//The 4th IEEE International Conference on Computer Vision Systems,New York,2006:45.

[36] STEFFEN U,LEITLOFF J,HINZ S. Improved wide-angle,fisheye and omnidirectional camera calibration[J]. ISPRS Journal of Photogrammetry and Remote Sensing,2015,108:72-79.

[37] HEIKKILA J,SILVCN O. A four-step camera calibration procedure with implicit image correction[C]//1997 IEEE Computer Society Conference on Computer Vision and Pattern Recognition,San Juan,1997:1106-1112.

[38] MAYE J,FURGALE P,SIEGWART R. Self-supervised calibration for robotic systems[C]//2013 IEEE Intelligent Vehicles Symposium,Gold Coast,2013:473-480.

[39] LI B, HENG L, KOSER K, et al. A multiple-camera system calibration toolbox using a feature descriptor-based calibration pattern[J]. IEEE International Conference on Intelligent Robots and Systems, 2013: 1301-1307.

[40] CHAN S H, WU P T, FU L C. Robust 2D indoor localization through laser SLAM and visual SLAM fusion[C]//2018 IEEE International Conference on Systems, Man, and Cybernetics, Miyazaki, 2018: 1263-1268.

[41] JOHN V, LONG Q, YUQUAN X U, et al. Sensor fusion and registration of LiDAR and stereo camera without calibration objects[C]//2015 IEEE International Conference on Vehicular Electronics and Safety, Yokohama, 2015: 231-237.

[42] 苏圣. 城市环境无人驾驶车辆目标跟踪与驾驶行为预测[D]. 北京: 北京理工大学, 2021.

[43] 百度公司. 百度举行APOLLO2.5开放技术发布会[J]. 机器人技术与应用, 2018(3): 15.

[44] DHALL A, CHELANI K, RADHAKRISHNAN V, et al. LiDAR-camera calibration using 3D-3D point correspondences[J]. arXiv preprint arXiv: 170509785.

[45] SMITH R C, CHEESEMAN P. On the representation and estimation of spatial uncertainty[J]. The International Journal of Robotics Research, 1986, 5(4): 56-68.

[46] BAILEY T, DURRANT-WHYTE H F. Simultaneous localization and mapping(SLAM): part II[J]. IEEE Robotics and Automation Magazine, 2006, 13(3): 108-117.

[47] DURRANT-WHYTE H, BAILEY T. Simultaneous localization and mapping: part I[J]. IEEE Robotics and Automation Magazine, 2006, 13(2): 99-110.

[48] CADENA C, CARLONE L, CARRILLO H, et al. Past, present, and future of simultaneous localization and mapping: toward the robust-perception age[J]. IEEE Transactions on Robotics, 2016, 32(6): 1309-1332.

[49] DISSANAYAKE G, HUANG S D, WANG Z, et al. A review of recent developments in simultaneous localization and mapping[C]//2011 the 6th International Conference on Industrial and Information Systems, Kandy,

2011:477-482.

[50] THRUN S, LIU Y, KOLLER D, et al. Simultaneous localization and mapping with sparse extended information filters [J]. The International Journal of Robotics Research,2004,23(7/8):693-716.

[51] WAN E A, VAN DER MERWE R. The unscented Kalman filter for nonlinear estimation [C] // 2000 IEEE Adaptive Systems for Signal Processing, Communications, and Control Symposium, Lake Louise, 2000: 153-158.

[52] MONTEMERLO M. FastSLAM: a factored solution to the simultaneous localization and mapping problem with unknown data association [D]. Pittsburgh: Carnegie Mellon University,2003.

[53] GRISETTI G, STACHNISS C, BURGARD W. Improving grid-based SLAM with Rao-Blackwellized particle filters by adaptive proposals and selective resampling[C]// The 2005 IEEE International Conference on Robotics and Automation, Barcelona,2005:2432-2437.

[54] DAVISON A J, REID I D, MOLTON N D, et al. MonoSLAM: real-time single camera SLAM [J]. IEEE Transactions on Pattern Analysis and Machine Intelligence,2007,29(6):1052-1067.

[55] HESS W, KOHLER D, RAPP H, et al. Real-time loop closure in 2D LiDAR SLAM[C]// 2016 IEEE International Conference on Robotics and Automation, Stockholm,2016:1271-1278.

[56] ZHANG J, SINGH S. LOAM: LiDAR odometry and mapping in real-time [C/OL] // Robotics: Science and Systems, Berkeley, 2014. DOI:10.15607/RSS.2014.X.007.

[57] MUR-ARTAL R, MONTIEL J M M, TARDOS J D. ORB-SLAM: a versatile and accurate monocular SLAM system [J]. IEEE Transactions on Robotics, 2015, 31 (5):1147-1163.

[58] MUR-ARTAL R, TARDOS J D. ORB-SLAM2: an open-source SLAM system for monocular, stereo, and RGB-D cameras [J]. IEEE Transactions on Robotics, 2017, 33 (5):1255-1262.

[59] CUMMINS M, NEWMAN P. FAB-MAP: Probabilistic localization and mapping in the space of appearance [J]. The International Journal of Robotics Research, 2008, 27 (6):647-665.

[60] RUBLEE E, RABAUD V, KONOLIGE K, et al. ORB: an efficient alternative to SIFT or SURF [C] // 2011 International Conference on Computer Vision, Barcelona, 2011: 2564-2571.

[61] BAY H, TUYTELAARS T, VAN GOOL L. SURF: speeded up robust features [M] // LEONARDIS A, BISCHOF H, PINZ A, et al. Computer Vision - ECCV 2006. Cham: Springer, 2006: 404-417.

[62] LOWE D G. Object recognition from local scale-invariant features [C] // The 7th IEEE International Conference on Computer Vision, Kerkyra, 1999: 1150-1157.

[63] HORNUNG A, WURM K M, BENNEWITZ M, et al. OctoMap: an efficient probabilistic 3D mapping framework based on octrees [J]. Autonomous Robot, 2013, 34: 189-206.

[64] YI K M, TRULLS E, LEPETIT V, et al. LIFT: learned invariant feature transform [M] // LEIBE B, MATAS J, SEBE N, et al. Computer Vision - ECCV 2016. Cham: Springer, 2016: 467-483.

[65] TATENO K, TOMBARI F, LAINA I, et al. CNN-SLAM: real-time dense monocular SLAM with learned depth prediction [C] // 2017 IEEE Conference on Computer Vision and Pattern Recognition, Honolulu, 2017: 6565-6574.

[66] QIU F, YANG Y, LI H, et al. Semantic motion segmentation for urban dynamic scene understanding [C] // 2016 IEEE International Conference on Automation Science and Engineering, Fort Worth, 2016: 497-502.

[67] YIN Z C, SHI J P. GeoNet: Unsupervised learning of dense depth, optical flow and camera pose [C] // 2018 IEEE Conference on Computer Vision and Pattern Recognition, Salt Lake City, 2018: 1983-1992.

[68] YIN D Y, ZHANG Q, LIU J B, et al. CAE-LO: LiDAR odometry leveraging fully unsupervised convolutional auto-encoder for interest point detection and feature description [J]. arXiv preprint arXiv: 200101354.

[69] ARANDJELOVIC R, GRONAT P, TORII A, et al. NetVLAD: CNN architecture for weakly supervised place recognition [C] // 2016 IEEE Conference on Computer Vision and Pattern Recognition, Las Vegas, 2016: 5297-5307.

[70] JÉGOU H, DOUZE M, SCHMID C, et al. Aggregating local descriptors

into a compact image representation [C]//2010 IEEE Computer Society Conference on Computer Vision and Pattern Recognition, San Francisco, 2010: 3304-3311.

[71] ZHANG J, SINGH S. Visual-LiDAR odometry and mapping: low-drift, robust, and fast [C]//2015 IEEE International Conference on Robotics and Automation, Seattle, 2015: 2174-2181.

[72] LI M, MOURIKIS A I. High-precision, consistent EKF-based visual-inertial odometry [J]. The International Journal of Robotics Research, 2013, 32 (6): 690-711.

[73] LIN Y, GAO F, QIN T, et al. Autonomous aerial navigation using monocular visual-inertial fusion [J]. Journal of Field Robotics, 2018, 35 (1): 23-51.

[74] NEUHAUS F, KOSS T, KOHNEN R, et al. MC2SLAM: real-time inertial LiDAR odometry using two-scan motion compensation [M]// BROX T, BRUHN A, FRITZ M. GCPR 2018: Pattern recognition. Cham: Springer, 2018: 60-72.

[75] BESL P J, MCKAY N D. A method for registration of 3-D shapes [J]. IEEE Transactions on Pattern Analysis and Machine Intelligence, 1992, 14 (2): 239-256.

[76] BIBER P, STRASSER W. The normal distributions transform: a new approach to laser scan matching [C]//2003 IEEE/RSJ International Conference on Intelligent Robots and Systems, Las Vegas, 2003: 2743-2748.

[77] SHAN T X, ENGLOT B. LeGO-LOAM: lightweight and ground-optimized lidar odometry and mapping on variable terrain [C]//IEEE/RSJ International Conference on Intelligent Robots and Systems, Madrid, 2018: 4758-4765.

[78] KAESS M, JOHANNSSON H, ROBERTS R, et al. ISAM2: incremental smoothing and mapping using the Bayes tree [J]. The International Journal of Robotics Research, 2012, 31 (2): 216-235.

[79] 宋文杰. 城市交通中智能车辆视觉感知及应用方法研究 [D]. 北京: 北京理工大学, 2018.

[80] SONG W J, YANG Y, FU M Y, et al. Critical rays self-adaptive

particle filtering SLAM [J]. Journal of Intelligent & Robotic Systems, 2018, 92 (1): 107 – 124.

[81] TSARDOULIAS E, LOUKAS P. Critical rays scan match SLAM [J]. Journal of Intelligent and Robotic Systems, 2013, 72: 441 – 462.

[82] ENDRES F, HESS J, STURM J, et al. 3 – D mapping with an RGB – D camera [J]. IEEE Transactions on Robotics, 2013, 30 (1): 177 – 187.

[83] KLEIN G, MURRAY D. Parallel tracking and mapping for small AR workspaces [C] // 2007 the 6th IEEE and ACM International Symposium on Mixed and Augmented Reality, Nara, 2007: 225 – 234.

[84] NEWCOMBE R A, LOVEGROVE S J, DAVISON A J. DTAM: dense tracking and mapping in real – time [C] // IEEE International Conference on Computer Vision, Barcelona, 2011: 2320 – 2327.

[85] CARUSO D, ENGEL J, CREMERS D. Large – scale direct SLAM for omnidirectional cameras [C] // 2015 IEEE/RSJ International Conference on Intelligent Robots and Systems, Hamburg, 2015: 141 – 148.

[86] ENGEL J, SCHÖPS T, CREMERS D. LSD – SLAM: large – scale direct monocular SLAM [M] // FLEET D, PAJDLA T, SCHIELE B, et al. Computer Vision – ECCV 2014. Cham: Springer, 2014: 834 – 849.

[87] ENGEL J, KOLTUN V, CREMERS D. Direct sparse odometry [J]. IEEE Transactions on Pattern Analysis and Machine Intelligence, 2017, 40 (3): 611 – 625.

[88] WANG R, SCHWORER M, CREMERS D. Stereo DSO: large – scale direct sparse visual odometry with stereo cameras [C] // 2017 IEEE International Conference on Computer Vision, Venice, 2017: 3923 – 3931.

[89] FORSTER C, PIZZOLI M, SCARAMUZZA D. SVO: fast semi – direct monocular visual odometry [C] // 2014 IEEE International Conference on Robotics and Automation, Hong Kong, 2014: 15 – 22.

[90] ROSTEN E, DRUMMOND T. Machine learning for high – speed corner detection [C] // European Conference on Computer Vision, Berlin, 2006: 430 – 443.

[91] YANG J, JIANG Y G, HAUPTMANN A G, et al. Evaluating bag – of – visual – words representations in scene classification [C] // Proceedings of

the 9th ACM SIGMM International Workshop on Multimedia Information Retrieval, Augsburg, 2007: 197-206.

[92] AMBROSCH K, HUMENBERGER M. Parameter optimization of the SAD-IGMCT for stereo vision in RGB and HSV color spaces [C]//Proceedings ELMAR-2010, Zadar, 2010: 463-466.

[93] 张鲁. 基于行驶空间构建的自主泊车方法研究 [D]. 北京: 北京理工大学, 2018.

[94] 朱敏昭. 基于交叉视角信息融合的地空协同感知系统 [D]. 北京: 北京理工大学, 2018.

[95] FU M Y, ZHU M, YANG Y, et al. LiDAR-based vehicle localization on the satellite image via a neural network [J]. Robotics and Autonomous Systems, 2020, 129 (7): 103519.

[96] ZHU M Z, YANG Y, SONG W J, et al. AGCV-LOAM: air-ground cross-view based LiDAR odometry and mapping [C]//2020 Chinese Control and Decision Conference (CCDC), Hefei, 2020: 5261-5266.

[97] FORSTER C, PIZZOLI M, SCARAMUZZA D. Air-ground localization and map augmentation using monocular dense reconstruction [C]//2013 IEEE/RSJ International Conference on Intelligent Robots and Systems, Tokyo, 2013: 3971-3978.

[98] ONYANGO F A, NEX F, PETER M S, et al. Accurate estimation of orientation parameters of UAV images through image registration with aerial oblique imagery [J]. International Archives of the Photogrammetry, Remote Sensing and Spatial Information Sciences - ISPRS Archives, 2017, XLⅡ-1/W1: 599-605.

[99] GAWEL A, DUBÉ R, SURMANN H, et al. 3D registration of aerial and ground robots for disaster response: an evaluation of features, descriptors, and transformation estimation [C]//2017 IEEE International Symposium on Safety, Security and Rescue Robotics, Shanghai, 2017: 27-34.

[100] WANG X P, VOZAR S, OLSON E. FLAG: feature-based localization between air and ground [C]//2017 IEEE International Conference on Robotics and Automation, Singapore, 2017: 3178-3184.

[101] KIM D K, WALTER M R. Satellite image-based localization via learned embeddings [C]//2017 IEEE International Conference on Robotics and

Automation (ICRA), Singapore, 2017: 2073 – 2080.

[102] VO N N, HAYS J. Localizing and orienting street views using overhead imagery [M]//LEIBE B, MATAS J, SEBE N, et al. Computer Vision – ECCV 2016. Cham: Springer, 2016: 494 – 509.

[103] HU S X, FENG M D, NGUYEN R M H, et al. CVM – Net: cross – view matching network for image – based ground – to – aerial geo – localization [C]//2018 IEEE/CVF Conference on Computer Vision and Pattern Recognition, Salt Lake City, 2018: 7258 – 7267.

[104] LIU L, LI H D. Lending orientation to neural networks for cross – view geo – localization [C]//2019 IEEE/CVF Conference on Computer Vision and Pattern Recognition, Long Beach, 2019: 5617 – 5626.

[105] SENLET T, ELGAMMAL A. Satellite image based precise robot localization on sidewalks [C]//2012 IEEE International Conference on Robotics and Automation, Saint Paul, 2012: 2647 – 2653.

[106] KÜMMERLE R, STEDER B, DORNHEGE C, et al. Large scale graph – based SLAM using aerial images as prior information [J]. Autonomous Robots, 2011, 30 (1): 25 – 39.

[107] RUCHTI P, STEDER B, RUHNKE M, et al. Localization on OpenStreetMap data using a 3D laser scanner [C]//2015 IEEE International Conference on Robotics and Automation, Seattle, 2015: 5260 – 5265.

[108] FLOROS G, VAN DER ZANDER B, LEIBE B. OpenStreetSLAM: global vehicle localization using OpenStreetMaps [C] // 2013 IEEE International Conference on Robotics and Automation, Karlsruhe, 2013: 1054 – 1059.

[109] VYSOTSKA O, STACHNISS C. Exploiting building information from publicly available maps in graph – based SLAM [C]//2016 IEEE/RSJ International Conference on Intelligent Robots and Systems, Daejeon, 2016: 4511 – 4516.

[110] SENLET T, ELGAMMALA. A framework for global vehicle localization using stereo images and satellite and road maps [C] // 2011 IEEE International Conference on Computer Vision Workshops, Barcelona, 2011: 2034 – 2041.

[111] DE PAULA VERONESE L, DE AGUIAR E, NASCIMENTO R C, et al.

Re‑emission and satellite aerial maps applied to vehicle localization on urban environments [C] // 2015 IEEE/RSJ International Conference on Intelligent Robots and Systems, Hamburg, 2015: 4285‑4290.

[112] JAVANMARDI M, JAVANMARDI E, GU Y, et al. Towards high‑definition 3D urban mapping: road feature‑based registration of mobile mapping systems and aerial imagery [J]. Remote Sensing, 2017, 9(10): 975.

[113] VISWANATHAN A, PIRES B R, HUBER D. Vision‑based robot localization across seasons and in remote locations [C] // 2016 IEEE International Conference on Robotics and Automation, Stockholm, 2016: 4815‑4821.

[114] GAWEL A, DEL DON C, SIEGWART R, et al. X‑View: graph‑based semantic multi‑view localization [J]. IEEE Robotics and Automation Letters, 2018, 3(3): 1687‑1694.

[115] ZHAI M H, BESSINGER Z, WORKMAN S, et al. Predicting ground‑level scene layout from aerial imagery [C] // 2017 IEEE Conference on Computer Vision and Pattern Recognition, Honolulu, 2017: 4132‑4140.

[116] REGMI K, BORJI A. Cross‑view image synthesis using conditional GANs [C] // IEEE Computer Society Conference on Computer Vision and Pattern Recognition, Salt Lake City, 2018: 3501‑3510.

[117] MÁTTYUS G, WANG S L, FIDLER S, et al. HD maps: fine‑grained road segmentation by parsing ground and aerial images [C] // 2016 IEEE Computer Society Conference on Computer Vision and Pattern Recognition, Las Vegas, 2016: 3611‑3619.

[118] WEGNER J D, BRANSON S, HALL D, et al. Cataloging public objects using aerial and street‑level images‑urban trees [C] // 2016 IEEE Conference on Computer Vision and Pattern Recognition, Las Vegas, 2016: 6014‑6023.

[119] BÓDIS‑SZOMORÚ A, RIEMENSCHNEIDER H, VAN GOOL L. Efficient volumetric fusion of airborne and street‑side data for urban reconstruction [C] // 2016 the 23rd International Conference on Pattern Recognition, Cancun, 2016: 3204‑3209.

[120] SCHULTER S, ZHAI M H, JACOBS N, et al. Learning to look around

objects for top view representations of outdoor scenes [M]//FERRARI V, HEBERT M, SMINCHISESCU C, et al. Computer Vision – ECCV 2018. Cham: Springer, 2018: 815–831.

[121] QI C R, SU H, MO K C, et al. PointNet: deep learning on point sets for 3D classification and segmentation [C]//2017 IEEE Conference on Computer Vision and Pattern Recognition, Honolulu, 2017: 77–85.

[122] QI C R, YI L, SU H, et al. PointNet++: deep hierarchical feature learning on point sets in a metric space [C]//The 31st International Conference on Neural Information Processing Systems, Long Beach, 2017: 5105–5114.

[123] MILIOTO A, VIZZO I, BEHLEY J, et al. RangeNet++: fast and accurate lidar semantic segmentation [C]//IEEE International Conference on Intelligent Robots and Systems, Macau, 2019: 4213–4220.

[124] RONNEBERGER O. Invitedtalk: U – Net convolutional networks for biomedical image segmentation [M]//MAIER – HEIN K H, DESERNO T M, HANDELS H, et al. Bildverarbeitung für die Medizin 2017. Berlin: Springer Vieweg, 2017: 3.

[125] GARCIA – GARCIA A, ORTS – ESCOLANO S, OPREA S, et al. A survey on deep learning techniques for image and video semantic segmentation [J]. Applied Soft Computing, 2018, 70: 41–65.

[126] ZAGORUYKO S, KOMODAKIS N. Learning to compare image patches via convolutional neural networks [C]//2015 IEEE Conference on Computer Vision and Pattern Recognition, Boston, 2015: 4353–4361.

[127] DELLAERT F, FOX D, BURGARD W, et al. Monte Carlo localization for mobile robots [C]//1999 IEEE International Conference on Robotics and Automation, Detroit, 1999: 1322–1328.

[128] KNOLLOVÁ I, CHYTRÝ M, TICHÝ L, et al. Stratified resampling of phytosociological databases: some strategies for obtaining more representative data sets for classification studies [J]. Journal of Vegetation Science, 2005, 16 (4): 479–486.

[129] 邱凡. 基于双目视觉的三维语义地图构建 [D]. 北京: 北京理工大学, 2016.

[130] YANG Y, QIU F, LI H, et al. Large – scale 3D semantic mapping using

stereo vision [J]. International Journal of Automation and Computing, 2018, 15 (2): 194-206.

[131] KRIZHEVSKY A, SUTSKEVER I, HINTON G E. ImageNet classification with deep convolutional neural networks [J]. Communications of the ACM, 2017, 60 (6): 84-90.

[132] SIMONYAN K, ZISSERMAN A. Very deep convolutional networks for large-scale image recognition [J]. arXiv preprint arXiv: 14091556.

[133] SERMANET P, EIGEN D, ZHANG X, et al. OverFeat: integrated recognition, localization and detection using convolutional networks [J]. arXiv preprint arXiv: 13126229v4.

[134] LONG J, ZHANG N, DARRELL T. Doconvnets learn correspondence? [J]. Advances in Neural Information Processing Systems, 2014 (1): 1601-1609.

[135] ZHANG N, DONAHUE J, GIRSHICK R, et al. Part-based R-CNNs for fine-grained category detection [M] // FLEET D, PAJDLA T, SCHIELE B, et al. Computer Vision-ECCV 2014. Cham: Springer, 2014: 834-849.

[136] CIRESAN D, GIUSTI A, GAMBARDELLA L, et al. Deep neural networks segment neuronal membranes in electron microscopy images [J]. Advances in Neural Information Processing Systems, 2012, 25: 2843-2851.

[137] FARABET C, COUPRIE C, NAJMAN L, et al. Learning hierarchical features for scene labeling [J]. IEEE Transactions on Pattern Analysis and Machine Intelligence, 2013, 35 (8): 1915-1929.

[138] HARIHARAN B, P ARBELÁEZ, GIRSHICK R, et al. Simultaneous detection and segmentation [M] // FLEET D, PAJDLA T, SCHIELE B, et al. Computer Vision-ECCV 2014. Cham: Springer, 2014: 297-312.

[139] LONG J, SHELHAMER E, DARRELL T. Fully convolutional networks for semantic segmentation [C] // 2015 IEEE Conference on Computer Vision and Pattern Recognition, Boston, 2015: 3431-3440.

[140] BADRINARAYANAN V, KENDALL A, CIPOLLA R. SegNet: a deep convolutional encoder-decoder architecture for image segmentation [J]. IEEE Transactions on Pattern Analysis and Machine Intelligence,

2017, 39 (12): 2481-2495.

[141] LIN G S, MILAN A, SHEN C H, et al. RefineNet: multi-path refinement networks for high-resolution semantic segmentation [C]// 2017 IEEE Conference on Computer Vision and Pattern Recognition, Honolulu, 2017: 5168-5177.

[142] PENG C, ZHANG X Y, YU G, et al. Large kernel matters-improve semantic segmentation by global convolutional network [C]//2017 IEEE Conference on Computer Vision and Pattern Recognition, Honolulu, 2017: 1743-1751.

[143] ZHAO H S, SHI J P, QI X J, et al. Pyramid scene parsing network [C]//2017 IEEE Conference on Computer Vision and Pattern Recognition, Honolulu, 2017: 6230-6239.

[144] HE K, ZHANG X, REN S, et al. Spatial pyramid pooling in deep convolutional networks for visual recognition [J]. IEEE Transactions on Pattern Analysis and Machine Intelligence, 2014, 37 (9): 1904-1916.

[145] CHEN L C, PAPANDREOU G, KOKKINOS I, et al. DeepLab: semantic image segmentation with deep convolutional nets, atrous convolution, and fully connected CRFs [J]. IEEE Transactions on Pattern Analysis and Machine Intelligence, 2017, 40 (4): 834-848.

[146] ROTHER C, KOLMOGOROV V, BLAKE A. GrabCut: interactive foreground extraction using iterated graph cuts [J]. ACM Transactions on Graphics, 2004, 23 (3): 309-314.

[147] KOHLI P, LADICKÝ L, TORR P H S. Robust higher order potentials for enforcing label consistency [J]. International Journal of Computer Vision, 2009, 82 (3): 302-324.

[148] KRÄHENBÜHL P, KOLTUN V. Efficient inference in fully connected CRFs with Gaussian edge potentials [J]. Physical Review C, 2012, 97 (6): 064319.

[149] VALADA A, OLIVEIRA G L, BROX T, et al. Deep multispectral semantic scene understanding of forested environments using multimodal fusion [M]// KULIĆ D, NAKAMURA Y, KHATIB O, et al. 2016 International Symposium on Experimental Robotics. Cham: Springer, 2016: 465-477.

[150] VIOLA P, JONES M. Rapid object detection using a boosted cascade of simple features [C] // 2001 IEEE Computer Society Conference on Computer Vision and Pattern Recognition, Kauai, 2001.

[151] STRIEKER M, ORENGO M. Similarity of color images [J]. Proceedings of SPIE Storage and Retrieval for Image and Video Databases, 1995, 2420: 381-392.

[152] LOWE D G. Distinctive image features from scale-invariant keypoints [J]. International Journal of Computer Vision, 2004, 60 (2): 91-110.

[153] PAPAGEORGIOU C P, OREN M, POGGIO T. A general framework for object detection [C] // The 6th IEEE International Conference on Computer Vision, Bombay, 1998: 555-562.

[154] GIRSHICK R, DONAHUE J, DARRELL T, et al. Rich feature hierarchies for accurate object detection and semantic segmentation [C] // 2014 IEEE Conference on Computer Vision and Pattern Recognition, Columbus, 2014: 580-587.

[155] WANG X L, SHRIVASTAVA A, GUPTA A. A-Fast-RCNN: hard positive generation via adversary for object detection [C] // 2017 IEEE Conference on Computer Vision and Pattern Recognition, Honolulu, 2017: 3039-3048.

[156] REN S, HE K, GIRSHICK R, et al. Faster R-CNN: towardsreal-time object detection with region proposal networks [J]. IEEE Transactions on Pattern Analysis and Machine Intelligence, 2017, 39 (6): 1137-1149.

[157] LIU W, ANGUELOV D, ERHAN D, et al. SSD: singleshot multibox detector [M] // LEIBE B, MATAS J, SEBE N, et al. Computer Vision-ECCV 2016. Cham: Springer, 2016: 21-37.

[158] REDMON J, DIVVALA S, GIRSHICK R, et al. You only look once: unified, real-time object detection [C] // 2016 IEEE Conference on Computer Vision and Pattern Recognition, Las Vegas, 2016: 779-788.

[159] UIJLINGS J R R, VAN DE SANDE K E A, GEVERS T, et al. Selective search for object recognition [J]. International Journal of Computer Vision, 2013, 104 (2): 154-171.

[160] EVERINGHAM M, VAN GOOL L, WILLIAMS C K I, et al. The pascal

visual object classes (VOC) challenge [J]. International Journal of Computer Vision, 2010, 88 (2): 303-338.

[161] DENG J, DONG W, SOCHER R, et al. ImageNet: a large-scale hierarchical image database [C]//2009 IEEE Conference on Computer Vision and Pattern Recognition, Miami, 2009: 248-255.

[162] REN S Q, HE K M, GIRSHICK R, et al. Faster R-CNN: towards real-time object detection with region proposal networks [J]. IEEE Transactions on Pattern Analysis and Machine Intelligence, 2017, 39 (6): 1137-1149.

[163] 李浩. 基于视觉的城市路口检测与认知 [D]. 北京: 北京理工大学, 2018.

[164] YANG Y, LI H, ZHU H, et al. Intersection scan model and probability inference for vision based small-scale urban intersection detection [C]// 2017 IEEE Intelligent Vehicles Symposium, Los Angeles, 2017: 1393-1398.

[165] MEI X, LING H B. Robust visual tracking using $\ell 1$ minimization [C]// The 12th IEEE International Conference on Computer Vision, Kyoto, 2009: 1436-1443.

[166] HENRIQUES J F, CASEIRO R, MARTINS P, et al. High-speed tracking with kernelized correlation filters [J]. IEEE Transactions on Pattern Analysis and Machine Intelligence, 2015, 37 (3): 583-596.

[167] DANELLJAN M, HÄGER G, KHAN F S, et al. Accurate scale estimation for robust visual tracking [C]//The British Machine Vision Conference, Nottingham, 2014.

[168] DANELLJAN M, HÄGER G, KHAN F S, et al. Learning spatially regularized correlation filters for visual tracking [C]// 2015 IEEE International Conference on Computer Vision, Santiago, 2015: 4310-4318.

[169] BERTINETTO L, VALMADRE J, HENRIQUES J F, et al. Fully-convolutional Siamese networks for object tracking [M]// HUA G, JÉGOU H. Computer Vision-ECCV 2016 Workshops. Cham: Springer, 2016: 850-865.

[170] LI B, YAN J J, WU W, et al. High performance visual tracking with Siamese region proposal network [C]// 2018 IEEE Computer Society

Conference on Computer Vision and Pattern Recognition, Salt Lake City, 2018: 8971-8980.

[171] WANG Q, ZHANG L, BERTINETTO L, et al. Fast online object tracking and segmentation: a unifying approach [C]// IEEE/CVF Conference on Computer Vision and Pattern Recognition, Long Beach, 2019: 1328-1338.

[172] TANG S Y, ANDRES B, ANDRILUKA M, et al. Subgraph decomposition for multi-target tracking [C]// IEEE Conference on Computer Vision and Pattern Recognition, Boston, 2015: 5033-5041.

[173] TANG S Y, ANDRES B, ANDRILUKA M, et al. Multi-person tracking by multicut and deep matching [M]// HUA G, JÉGOU H. Computer Vision-ECCV 2016. Cham: Springer, 2016: 100-111.

[174] TANG S Y, ANDRILUKA M, ANDRES B, et al. Multiple people tracking by lifted multicut and person re-identification [C]// 2017 IEEE Conference on Computer Vision and Pattern Recognition, Honolulu, 2017: 3701-3710.

[175] SANCHEZ-MATILLA R, POIESI F, CAVALLARO A. Online multi-target tracking with strong and weak detections [M]// HUA G, JÉGOU H. Computer Vision-ECCV 2016 Workshops. Cham: Springer, 2016: 84-99.

[176] KIM C, LI F X, CIPTADI A, et al. Multiple hypothesis tracking revisited [C]// 2015 IEEE International Conference on Computer Vision (ICCV), Santiago, 2015: 4696-4704.

[177] CHEN J H, SHENG H, ZHANG Y, et al. Enhancing detection model for multiple hypothesis tracking [C]// IEEE Conference on Computer Vision and Pattern Recognition Workshops, Honolulu, 2017: 2143-2152.

[178] BAE S H, YOON K J. Confidence-based data association and discriminative deep appearance learning for robust online multi-object tracking [J]. IEEE Transactions on Pattern Analysis and Machine Intelligence, 2017, 40(3): 595-610.

[179] SON J, BAEK M, CHO M, et al. Multi-object tracking with quadruplet convolutional neural networks [C]// IEEE Conference on Computer Vision and Pattern Recognition, Honolulu, 2017: 5620-5629.

[180] MILAN A, REZATOFIGHI S H, DICK A, et al. Onlinemulti – target tracking using recurrent neural networks [C]//The 31st AAAI Conference on Artificial Intelligence, San Francisco, 2017: 4225 – 4232.

[181] SADEGHIAN A, ALAHI A, SAVARESE S. Tracking theuntrackable: learning to track multiple cues with long – term dependencies [C]//IEEE International Conference on Computer Vision, Venice, 2017: 300 – 311.

[182] WEINZAEPFEL P, REVAUD J, HARCHAOUI Z, et al. DeepFlow: large displacement optical flow with deep matching [C] // 2013 IEEE International Conference on Computer Vision, Sydney, 2013: 1385 – 1392.

[183] JIA Y Q, SHELHAMER E, DONAHUE J, et al. Caffe: convolutional architecture for fast feature embedding [C]//The 22nd ACM International Conference on Multimedia, Utrecht, 2014: 675 – 678.

[184] GEIGER A. Probabilistic models for 3D urban scene understanding from movable platforms [M]. Karlsruhe : KIT Scientific Publishing, 2013.

[185] KUHN H W. The Hungarian method for the assignment problem [J]. Naval Research Logistics, 2005, 52 (1): 7 – 21.

[186] 闫光. 基于多传感器信息融合的动态目标检测与识别 [D]. 北京: 北京理工大学, 2015.

[187] STEIN F. Structural indexing: efficient 3 – D object recognition [J]. IEEE Transactions on Pattern Analysis and Machine Intelligence, 1992, 14 (2): 125 – 145.

[188] TUYTELAARS T, MIKOLAJCZYK K. Local invariant feature detectors: a survey [J]. Foundations and Trends in Computer Graphics and Vision, 2008, 3 (3): 177 – 280.

[189] ZHANG X D. A matrix algebra approach to artificial intelligence [M]. Cham: Springer, 2020.

[190] GARTEN H, TAL Y, SWIRSKI Y, et al. Recognition of tanks using laser radar (LADAR) images [J]. Proceedings of the SPIE, 2004, 5613: 166 – 176.

[191] ZHOU X, DEVORE M D. Shape recognition from three – dimensional point measurements with range and direction uncertainty [J]. Optical Engineering, 2005, 44 (12): 127202.

[192] GREEN T J, SHAPIRO J H. Detecting objects in three – dimensional

laser radar range images [J]. Optical Engineering, 1994, 33 (3): 865-874.

[193] 孙剑峰，李琦，陆威，等. 基于数字信号处理器的激光成像雷达目标识别算法实现 [J]. 中国激光, 2006, 33 (11): 1467-1471.

[194] SUN J F, LU W, LI Q, et al. Correlation target recognition for laser radar [J]. Proceedings of SPIE, 2006, 6027: 31-37.

[195] JOHNSON A E, HEBERT M. Using spin images for efficient object recognition in cluttered 3D scenes [J]. IEEE Transactions on Pattern Analysis and Machine Intelligence, 2002, 21 (5): 433-449.

[196] ZHENG Q F, DER S Z, MAHMOUD H I. Model-based target recognition in pulsed LADAR imagery [J]. IEEE Transactions on Image Processing, 2001, 10 (4): 565-572.

[197] PAL N R, CABOON T C, BEZDEK J C, et al. A new approach to target recognition for LADAR data [J]. IEEE Transactions on Fuzzy Systems, 2001, 9 (1): 44-52.

[198] ZHOU Y, TUZEL O. VoxelNet: end-to-end learning for point cloud based 3D object detection [C] // 2018 IEEE Conference on Computer Vision and Pattern Recognition, Salt Lake City, 2018: 4490-4499.

[199] LUO W J, YANG B, URTASUN R. Fast and furious: real time end-to-end 3D detection, tracking and motion forecasting with a single convolutional net [C] // 2018 IEEE Computer Society Conference on Computer Vision and Pattern Recognition, Salt Lake City, 2018: 3569-3577.

[200] CHEN X Z, MA H M, WAN J, et al. Multi-view 3D object detection network for autonomous driving [C] // 2017 IEEE Conference on Computer Vision and Pattern Recognition, Honolulu, 2017: 6526-6534.

[201] LIANG M, YANG B, WANG S L, et al. Deep continuous fusion for multi-sensor 3D object detection [C] // The European Conference on Computer Vision (ECCV), Munich, 2018: 641-656.

[202] ELFES A. A stochastic spatial representation for active robot perception [C] // The 6th Conference on Uncertainty in Artificial Intelligence, Cambridge, 1990.

[203] HIMMELSBACH M, HUNDELSHAUSEN F V, WUENSCHE H J. Fast

segmentation of 3D point clouds for ground vehicles［C］∥2010 IEEE Intelligent Vehicles Symposium，La Jolla，2010：560-565.

［204］杨毅，付梦印，王伟，等. 移动机器人复杂环境下的3D激光点云导航方法［C］∥第二十九届中国控制会议论文集，北京，2010：3798-3803.

［205］YANG Y，ZHU H，FU M Y，et al. Lane recognition self-learning scheme of mobile robot based on integrated perception system［C］∥2013 IEEE Intelligent Vehicles Symposium，Gold Coast，2013：1046-1051.

［206］YANG Y，FU M Y，YANG X，et al. Autonomous ground vehicle navigation method in complex environment［C］∥2010 IEEE Intelligent Vehicles Symposium，La Jolla，2010：1060-1065.

［207］KÄSTNER R，ENGELHARD N，TRIEBEL R，et al. A Bayesian approach to learning 3D representations of dynamic environments［M］∥KHATIB O，KUMAR V，SUKHATME G. Experimental robotics. Berlin：Springer，2014：461-475.

［208］刘艳丰. 基于kd-tree的点云数据空间管理理论与方法［D］. 长沙：中南大学，2009.

［209］LOWE D G. Distinctive image features from scale-invariant keypoints［J］. International Journal of Computer Vision，2004，60（2）：91-110.

［210］JIANG M Y，WU Y R，ZHAO T Q，et al. PointSIFT：a SIFT-like network module for 3D point cloud semantic segmentation［J］. arXiv preprint arXiv：180700652.

［211］RUSU R B，BLODOW N，BEETZ M. Fast point feature histograms（FPFH）for 3D registration［C］∥2009 IEEE International Conference on Robotics and Automation，Kobe，2009：3212-3217.

［212］SIVIC J，ZISSERMAN A. Efficient visual search of videos cast as text retrieval［J］. IEEE Transactions on Pattern Analysis and Machine Intelligence，2009，31（4）：591-606.

［213］张凯. 地面无人平台的运动决策与规划方法研究［D］. 北京：北京理工大学，2021.

［214］LACROIX S，MALLET A，BONNAFOUS D，et al. Autonomous rover navigation on unknown terrains：functions and integration［J］. International Journal of Robotics Research，2002，21（10/11）：917-942.

[215] PFAFF P, TRIEBEL R, BURGARD W. An efficient extension to elevation maps for outdoor terrain mapping and loop closing [J]. The International Journal of Robotics Research, 2007, 26 (2): 217-230.

[216] 周智, 蔡自兴, 余伶俐. 基于直线特征提取的自主车辆可通行区域检测 [J]. 华中科技大学学报: 自然科学版, 2011 (S2): 188-191.

[217] KHAN M M, ALI H, BERNS K, et al. Road traversability analysis using network properties of roadmaps [C] // 2016 IEEE/RSJ International Conference on Intelligent Robots and Systems (IROS), Daejeon, 2016: 2960-2965.

[218] YE C, BORENSTEIN J. A new terrain mapping method for mobile robots obstacle negotiation [J]. Proceedings of SPIE – The International Society for Optical Engineering, 2003, 5083: 52-62.

[219] TANZMEISTER G, FRIEDL M, WOLLHERR D, et al. Efficient evaluation of collisions and costs on grid maps for autonomous vehicle motion planning [J]. IEEE Transactions on Intelligent Transportation Systems, 2014, 15 (5): 2249-2260.

[220] ISHIGAMI G, OTSUKI M, KUBOTA T. Range-dependent terrain mapping and multipath planning using cylindrical coordinates for a planetary exploration rover [J]. Journal of Field Robotics, 2013, 30 (4): 536-551.

[221] 孙建, 陈宗海, 王鹏, 等. 基于代价地图和最小树的移动机器人多区域覆盖方法 [J]. 机器人, 2015, 37 (4): 435-442.

[222] WELLINGTON C, COURVILLE A, STENTZ A. Interacting Markov random fields for simultaneous terrain modeling and obstacle detection [J]. Robotics: Science and Systems, 2005, 6: 1-8.

[223] BAI C C, GUO J F. Uncertainty-based vibration/gyro composite planetary terrain mapping [J]. Sensors, 2019, 19 (12): 2681.

[224] PEYNOT T, LUI S T, MCALLISTER R, et al. Learned stochastic mobility prediction for planning with control uncertainty on unstructured terrain [J]. Journal of Field Robotics, 2014, 31 (6): 969-995.

[225] QUANN M, OJEDA L, SMITH W, et al. Off-road ground robot path energy cost prediction through probabilistic spatial mapping [J]. Journal

of Field Robotics, 2020, 37 (3): 421 – 439.

[226] HIROSE N, SADEGHIAN A, VÁZQUEZ M, et al. GONet: a semi – supervised deep learning approach for traversability estimation [C] // 2018 IEEE/RSJ International Conference on Intelligent Robots and Systems, Madrid, 2018: 3044 – 3051.

[227] HO K, PEYNOT T, SUKKARIEH S. Traversability estimation for a planetary rover via experimental kernel learning in a Gaussian process framework [C] // 2013 IEEE International Conference on Robotics and Automation, Karlsruhe, 2013: 3475 – 3482.

[228] KARUMANCHI S, ALLEN T, BAILEY T, et al. Non – parametric learning to aid path planning over slopes [J]. The International Journal of Robotics Research, 2010, 29 (8): 997 – 1018.

[229] KREBS A, PRADALIER C, SIEGWART R. Adaptive rover behavior based on online empirical evaluation: rover – terrain interaction and near – to – far learning [J]. Journal of Field Robotics, 2010, 27 (2): 158 – 180.

[230] ENGLERT P, VIEN N A, TOUSSAINT M. Inverse KKT: learning cost functions of manipulation tasks from demonstrations [J]. The International Journal of Robotics Research, 2017, 36 (13/14): 1474 – 1488.

[231] SILVER D, BAGNELL J A, STENTZ A. Learning from demonstration for autonomous navigation in complex unstructured terrain [J]. The International Journal of Robotics Research, 2010, 29 (12): 1565 – 1592.

[232] WULFMEIER M, RAO D, WANG D Z, et al. Large – scale cost function learning for path planning using deep inverse reinforcement learning [J]. International Journal of Robotics Research, 2017, 36 (10): 1073 – 1087.

[233] PETERSON J, CHAUDHRY H, ABDELATTY K, et al. Online aerial terrain mapping for ground robot navigation [J]. Sensors, 2018, 18 (2): 630.

[234] KWON W, LEE S. Performance evaluation of decision making strategies for an embedded lane departure warning system [J]. Journal of Robotic

Systems,2002,19(10):499-509.

[235] TIAN R,LI S S,LI N,et al. Adaptive game-theoretic decision making for autonomous vehicle control at roundabouts[C]//2018 IEEE Conference on Decision and Control,Miami,2018:321-326.

[236] CHINCHALI S P,LIVINGSTON S C,CHEN M,et al. Multi-objective optimal control for proactive decision making with temporal logic models[J]. The International Journal of Robotics Research,2019,38(12/13):1490-1512.

[237] KERNBACH S,HÄBE D,KERNBACH O,et al. Adaptive collective decision-making in limited robot swarms without communication[J]. The International Journal of Robotics Research,2013,32(1):35-55.

[238] ZHE X,FITCH R,UNDERWOOD J,et al. Decentralized coordinated tracking with mixed discrete-continuous decisions[J]. Journal of Field Robotics,2013,30(5):717-740.

[239] 徐亮,张自力. 基于 MAS 的驾驶行为决策模型的研究[J]. 计算机工程与科学,2010,32(5):154-158.

[240] VANHOLME B,GRUYER D,LUSETTI B,et al. Highly automated driving on highways based on legal safety[J]. IEEE Transactions on Intelligent Transportation Systems,2012,14(1):333-347.

[241] 彭刚,黄心汉,杨涛,等. 基于神经网络和模糊推理的移动机器人行为决策与控制[J]. 华中科技大学学报:自然科学版,2004(S1):129-132.

[242] ULBRICH S,MAURER M. Probabilistic online POMDP decision making for lane changes in fully automated driving[C]//The 16th International IEEE Conference on Intelligent Transportation Systems,The Hague,2013:2063-2067.

[243] LU J,YAN Z,HAN J L,et al. Data-driven decision-making(D^3M):framework,methodology,and directions[J]. IEEE Transactions on Emerging Topics in Computational Intelligence,2019,3(4):286-296.

[244] NASIR A. Markov decision process for emotional behavior of socially assistive robot[C]//IEEE Conference on Decision and Control,Miami,2018:1198-1203.

[245] OMIDSHAFIEI S, AGHA – MOHAMMADI A, AMATO C, et al. Decentralized control of multi – robot partially observable Markov decision processes using belief space macro – actions [C]//2015 IEEE International Conference on Robotics and Automation, Seattle, 2015: 5962 – 5969.

[246] 朱大奇,颜明重. 移动机器人路径规划技术综述 [J]. 控制与决策, 2010, 25 (7): 961 – 967.

[247] 张晓玲. 经典 Dijkstra 算法及其改进的分析比较 [J]. 科技信息, 2009 (27): 170 – 171.

[248] KOENIG S, LIKHACHEV M, FURCY D. Lifelong planning A* [J]. Artificial Intelligence, 2004, 155 (1/2): 93 – 146.

[249] STENTZ A. Optimal and efficient path planning for partially – known environments [C]//1994 IEEE International Conference on Robotics and Automation, San Diego, 1994: 3310 – 3317.

[250] LIKHACHEV M, FERGUSON D. Planning long dynamically feasible maneuvers for autonomous vehicles [J]. International Journal of Robotics Research, 2009, 28 (8): 933 – 945.

[251] DOLGOV D, THRUN S, MONTEMERLO M, et al. Path planning for autonomous vehicles in unknown semi – structured environments [J]. The International Journal of Robotics Research, 2010, 29 (5): 485 – 501.

[252] 任晓兵,郭敏. 基于 Voronoi 图改进 A* 算法在机器人路径规划中的应用 [J]. 中国高新技术企业, 2012 (21): 33 – 36.

[253] ALGFOOR Z A, SUNAR M S, ABDULLAH A. A new weighted pathfinding algorithms to reduce the search time on grid maps [J]. Expert Systems with Applications, 2017, 71: 319 – 331.

[254] ELBANHAWI M, SIMIC M. Sampling – based robot motion planning: a review [J]. IEEE Access, 2014, 2: 56 – 77.

[255] WEBB D J, VAN DEN BERG J. Kinodynamic RRT*: optimal motion planning for systems with linear differential constraints [J]. arXiv preprint arXiv: 12055088.

[256] STENNING B E, MCMANUS C, BARFOOT T D. Planning using a network of reusable paths: a physical embodiment of a rapidly exploring

random tree [J]. Journal of Field Robotics, 2013, 30 (6): 916 – 950.

[257] OTTE M, FRAZZOLI E. RRTX: asymptotically optimal single – query sampling – based motion planning with quick replanning [J]. The International Journal of Robotics Research, 2015, 35 (7): 797 – 822.

[258] 王道威, 朱明富, 刘慧. 动态步长的 RRT 路径规划算法 [J]. 计算机技术与发展, 2016, 26 (3): 105 – 107.

[259] KINGSTON Z, MOLL M, KAVRAKI L E. Exploring implicit spaces for constrained sampling – based planning [J]. The International Journal of Robotics Research, 2019, 38 (10/11): 1151 – 1178.

[260] LUNA R, MOLL M, BADGER J, et al. A scalable motion planner for high – dimensional kinematic systems [J]. The International Journal of Robotics Research, 2020, 39 (4): 361 – 388.

[261] ZHANG K, YANG Y, FU M Y, et al. Traversability assessment and trajectory planning of unmanned ground vehicles with suspension systems on rough terrain [J]. Sensors, 2019, 19 (20): 4372.

[262] ZHANG K, YANG Y, FU M Y, et al. Two – phase A^*: a real – time global motion planning method for non – holonomic unmanned ground vehicles [J]. Proceedings of the Institution of Mechanical Engineers, Part D: Journal of Automobile Engineering, 2020, 235 (4): 095440702094839.

[263] PARK M G, LEE M C. A new technique to escape local minimum in artificial potential field based path planning [J]. KSME International Journal, 2003, 17 (12): 1876 – 1885.

[264] SHENG J, HE G, GUO W, et al. An improved artificial potential field algorithm for virtual human path planning [M] // ZHANG X, ZHONG S, PAN Z, et al. Entertainment for Education. Digital Techniques and Systems. Edutainment 2010. Berlin：Springer, 2010: 592 – 601.

[265] RASEKHIPOUR Y, KHAJEPOUR A, CHEN S K, et al. A potential field – based model predictive path – planning controller for autonomous road vehicles [J]. IEEE Transactions on Intelligent Transportation Systems, 2017, 18 (5): 1255 – 1267.

[266] FOX D, BURGARD W. The dynamic window approach to collision avoidance [J]. IEEE Robotics and Automation Magazine, 1997, 4 (1): 23 – 33.

[267] FU M Y, ZHANG K, YANG Y, et al. Collision-free and kinematically feasible path planning along a reference path for autonomous vehicle [C]// 2015 IEEE Intelligent Vehicles Symposium, Seoul, 2015: 907-912.

[268] VANNOY J, XIAO J. Real-time adaptive motion planning (RAMP) of mobile manipulators in dynamic environments with unforeseen changes [J]. IEEE Transactions on Robotics, 2008, 24 (5): 1199-1212.

[269] MCLEOD S, XIAO J. Real-time adaptive non-holonomic motion planning in unforeseen dynamic environments [C] // 2016 IEEE/RSJ International Conference on Intelligent Robots and Systems, Daejeon, 2016: 4692-4699.

[270] ROSS S, MELIK-BARKHUDAROV N, SHANKAR K S, et al. Learning monocular reactive UAV control in cluttered natural environments [C]//2013 IEEE International Conference on Robotics and Automation, Karlsruhe, 2013: 1765-1772.

[271] LEVINE S, FINN C, DARRELL T, et al. End-to-end training of deep visuomotor policies [J]. Journal of Machine Learning Research, 2016, 17: 1-40.

[272] MIROWSKI P, PASCANU R, VIOLA F, et al. Learning to navigate in complex environments [J]. arXiv preprint arXiv: 161103673.

[273] TAI L, PAOLO G, LIU M. Virtual-to-real deep reinforcement learning: continuous control of mobile robots for mapless navigation [J]. arXiv preprint arXiv: 170300420.

[274] PARK J S, PARK C, MANOCHA D. I-Planner: intention-aware motion planning using learning-based human motion prediction [J]. The International Journal of Robotics Research, 2018, 38 (1): 23-39.

[275] ZUCKER M, RATLIFF N, DRAGAN A D, et al. CHOMP: covariant Hamiltonian optimization for motion planning [J]. The International Journal of Robotics Research, 2013, 32 (9/10): 1164-1193.

[276] KRÜSI P, FURGALE P, BOSSE M, et al. Driving on point clouds: motion planning, trajectory optimization, and terrain assessment in generic nonplanar environments [J]. Journal of Field Robotics, 2017, 34 (5): 940-984.

[277] MANCHESTER Z, DOSHI N, WOOD R J, et al. Contact-implicit

trajectory optimization using variational integrators [J]. International Journal of Robotics Research, 2019, 38 (12/13): 1463-1476.

[278] GUIZILINI V, RAMOS F. Variational Hilbert regression for terrain modeling and trajectory optimization [J]. International Journal of Robotics Research, 2019, 38 (12/13): 1375-1387.

[279] WATTERSON M, LIU S, SUN K, et al. Trajectory optimization on manifolds with applications to quadrotor systems [J]. The International Journal of Robotics Research, 2020, 39 (2/3): 303-320.

[280] ZHANG K, MCLEOD S, LEE M, et al. Continuous reinforcement learning to adapt multi-objective optimization online for robot motion [J]. International Journal of Advanced Robotic Systems, 2020, 17 (2): 1729881420911491.

[281] GILLESPIE T D. 车辆动力学基础 [M]. 赵六奇, 金达锋, 译. 北京: 清华大学出版社, 2006.

[282] WANG D W, QI F. Trajectory planning for a four-wheel-steering vehicle [C] // 2001 IEEE International Conference on Robotics and Automation, Seoul, 2001: 3320-3325.

[283] ACKERMANN J. Robust control prevents car skidding [J]. IEEE Control Systems, 1997, 17 (3): 23-31.

[284] 陈慧岩, 熊光明, 龚建伟, 等. 无人驾驶汽车概论 [M]. 北京: 北京理工大学出版社, 2014.

[285] GULDNER J, TAN H S, PATWARDHAN S. Analysis of automatic steering control for highway vehicles with look-down lateral reference systems [J]. Vehicle System Dynamics, 1996, 26 (4): 243-269.

[286] RAJAMANI R. Vehicle dynamics and control [M]. Boston: Springer, 2012.

[287] 王新宇. 结构化道路环境下自主车环境感知及运动控制 [D]. 北京: 北京理工大学, 2016.

[288] WANG X Y, FU M Y, MA H Y, et al. Lateral control of autonomous vehicles based on fuzzy logic [J]. Control Engineering Practice, 2015, 34: 1-17.

[289] GILLESPIE T. Fundamentals of vehicle dynamics [M]. Warrendale: Society of Automotive Engineers, 1992.

[290] KOŠECKÁ J, BLASI R, TAYLOR C J, et al. A comparative study of vision – based lateral control strategies for autonomous highway driving [C]//1998 IEEE International Conference on Robotics and Automation, Leuven, 1998: 1903 – 1908.

[291] 王健行. 面向泊车环境的同时定位与混合地图构建 [D]. 北京: 北京理工大学, 2020.

[292] GEIGER A, LENZ P, STILLER C, et al. Vision meets robotics: the KITTI dataset [J]. International Journal of Robotics Research, 2013, 32 (11): 1231 – 1237.

[293] JANG C, SUNWOO M. Semantic segmentation – based parking space detection with standalone around view monitoring system [J]. Machine Vision and Applications, 2018, 30 (2): 309 – 319.

[294] CHEN L C, PAPANDREOU G, SCHROFF F, et al. Rethinking atrous convolution for semantic image segmentation [J]. arXiv preprint arXiv: 170605587.

[295] 封志奇. 动态环境下无人驾驶汽车智能决策与规划方法研究 [D]. 北京: 北京理工大学, 2021.

[296] 张宽. 面向无人车平台的无人机自主起降控制 [D]. 北京: 北京理工大学, 2016.

[297] YANG S C, FU M Y, YANG Y, et al. Autonomous vehicle following system in off – road environment [C]//2020 3rd International Conference on Unmanned Systems (ICUS), Harbin, 2020: 1173 – 1179.